ID

새로운

실내건축제도

INTERIOR DESIGN DRAFTING

김 형 대 저

기 문 당

머리말

제도는 실내건축 시공 및 디자인을 하기 위한 기본적인 것으로서 실내건축가가 의도하는 설계내용을 도면으로 표현하는 것이다.

도면은 바른 표현방법에 의해 정확하게 그려지고 모든 부분이 상세하게 표현되어야 현장에서 도면을 파악하기가 쉽고, 시공 시 문제점이 발생되지 않으므로 예비 실내건축가들은 **올바른 제도방법**을 충실하게 익혀야 한다. 그 동안 건축설계 경험이 많지 않은 대부분의 인테리어 실무자들이 작성해 사용한 인테리어 도면은 제도의 표현방법에 문제점이 많았었고, 갖추어야 할 도면들이 체계적으로 갖추어지지 않은 경우가 많았었다.

본서는

1. Design이 잘 되고 **체계가 갖추어진 도면**들을 선택하여
2. **잘 그린 도면**이 되도록 제도통칙에 따라 주의 깊게 그렸으며,
3. 수작업 제도 연습이 용이하도록 기존 교재에서 표현되지 않은 **보조선**을 살려서 그렸으며,
4. 실무에서 실제로 그려지는 도면은 CAD를 이용하여 그리므로 **CAD로 그린 도면**도 함께 수록하였다.
5. 제도의 연습 정도에 따라 **단계적**으로 **연습**할 수 있도록 규모가 작은 것부터 중규모 이상까지 규모별로 수록하였다.
6. 주택, Cafe, Fashion Shop, Restaurant 등 도면을 **Project별로 다양**하게 수록하였다.

CAD도면이 상용화된 현실에서 실무가 많은 실내건축가일수록 **수작업**을 통한 제도의 **중요성**을 인식하고 있다.

본서를 통해 실내디자인에 입문하는 예비 실내건축가 모두가 바른 제도법을 익힘과 동시에 길지 않은 도면 연습 시간에 도면을 잘 그릴 수 있게 되기를 바란다.

이 책이 만들어지는데 도움을 주신 인테리어 회사의 여러 관계자들과 Drawing작업에 애를 많이 쓴 학생들, 도서출판 기문당의 편집부 직원들과 강해작 사장님께 감사를 드린다.

2009년 1월

저자 씀

목 차

제1장 제도용구의 종류 및 선택법

1. 제도판 · 제도대 · 제도의자 9
■ 제도판 : 평행제도판 / 만능제도판 / 휴대용 제도판

2. 제도용지 · 삼각자 10
■ 제도용지 : 백색제도용지 / 황색트레이싱지 / 트레팔지
■ 삼각자 : 삼각자 / 각도자

3. 삼각 스케일 · 지우개 · 지우개판 11
■ 삼각스케일 : 보통 삼각스케일 / 소형 삼각스케일
■ 지우개 : 연필지우개 / 잉크지우개 / 전동지우개 / 홀더형 지우개

테이프 11
■ 테이프 : 종이테이프 / 매직테이프

4. 펜 · 홀더 · 잉킹 펜 · 잉크 12
■ 펜 : 샤프펜 / 홀더 / 홀더심 갈이 / 잉킹 펜 / 잉크

5. 컴퍼스 · 형판 13
■ 컴퍼스 : 일반컴퍼스 / 바우컴퍼스
■ 형판 : 원형 · 대원형 / 타원형 · 이중 타원형 / 종합형 / 가구형 · 위생설비형

6. 제도비 · 토시 14
■ 제도비 : 털제도비 ■ 토시

기타 용구 14
■ 기타 용구 : 운형자 / 자유곡선자 / 제도기 SET / T자

제2장 제도의 기본사항

1. 도면 · 펜 · 글씨 17
2. 글씨연습 18
3. 선의 종류 27
4. 치수선과 치수기입법 28
5. 도면작성 시 유의사항 29
6. 각종 약어 32
7. 선연습 35
8. 표시기호 38

제3장 설계도의 종류 및 도면 작성순서

1. 설계도면의 종류 45

2. 도면별 작성순서 및 실례 46

제4장 실내건축제도의 실례 및 연습

1. 상업공간 A 59

- 의류점-A
- 의류점-B

2. 주거공간 69

- 고급주거

3. 상업공간 B 103

- Restaurant

4. 상업공간 C 137

- Cafe

제1장

제도용구의 종류 및 선택법

1. 제도판 · 제도대 · 제도의자
2. 제도용지
3. 삼각자
4. 삼각 스케일
5. 지우개 · 지우개판
6. 테이프
7. 펜
8. 컴퍼스
9. 제도비 · 토시
10. 형판
11. 기타 용구

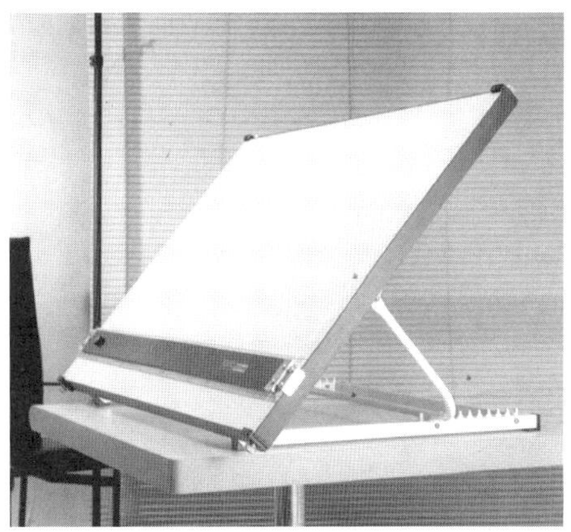

1. 제도판 · 제도대 · 제도의자

(1) 평행제도판은 건축제도 · 실내디자인 제도 · 토목제도 등에 주로 쓰인다.

A0판 (대판) B0판 (중판) A1판 (소판)	1,200×900 1,050×750 900×600
A3판 (휴대용 소판)	600×450 450×325

① 설계 사무실용으론 주로 A0판이 쓰이며, 학교 실습용으로는 B0판 또는 A1판이 쓰인다. 탁상용은 학생들이 집에서 책상 위에 직접 올려놓고 사용하기에 알맞는 크기이며, 휴대용은 출장지에서의 간단한 제도에 주로 쓰인다.

② 평행제도판에는 수평선을 긋기 위한 I자가 붙어 있다.

③ 평행제도판에는 바탕이 철판으로 된 것과 합판으로 된 것이 있다.

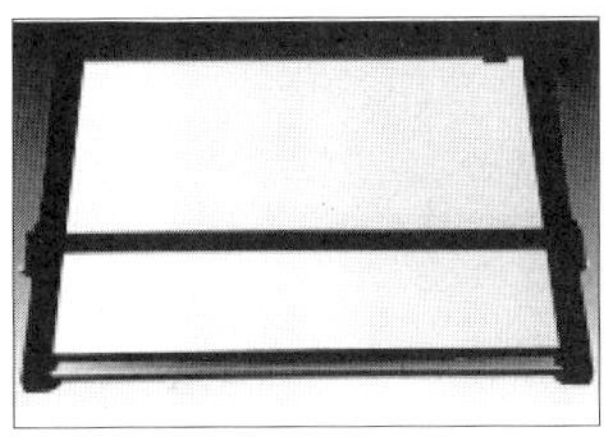

(2) 만능 제도판은 기계제도 등에 주로 쓰인다.

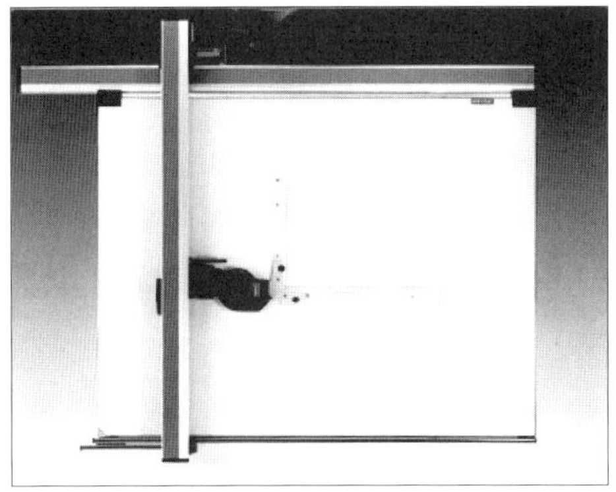

만능 제도판

휴대용 제도판 가방

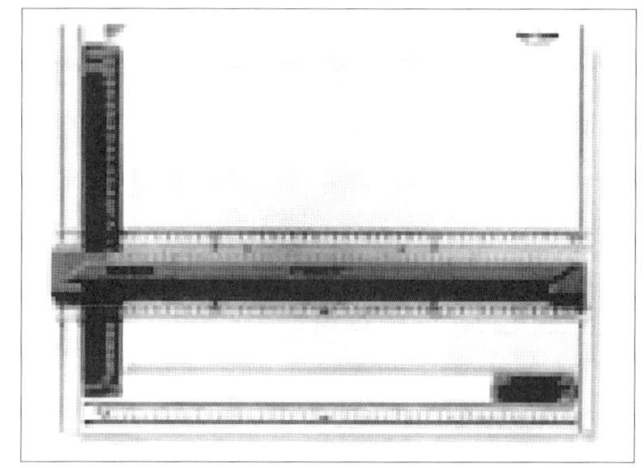

휴대용 제도판

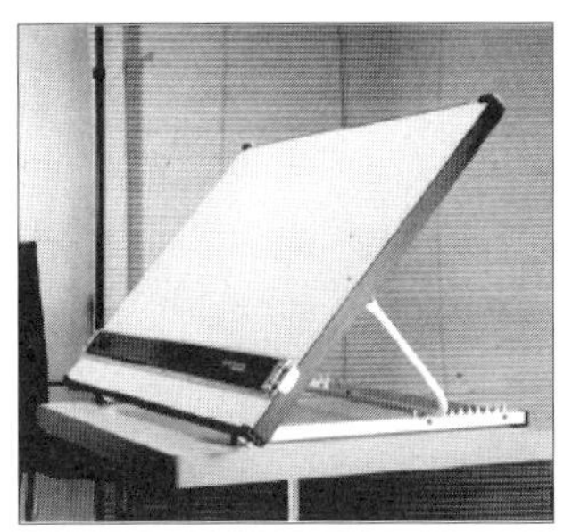

탁상용 평행제도판

제도용 의자

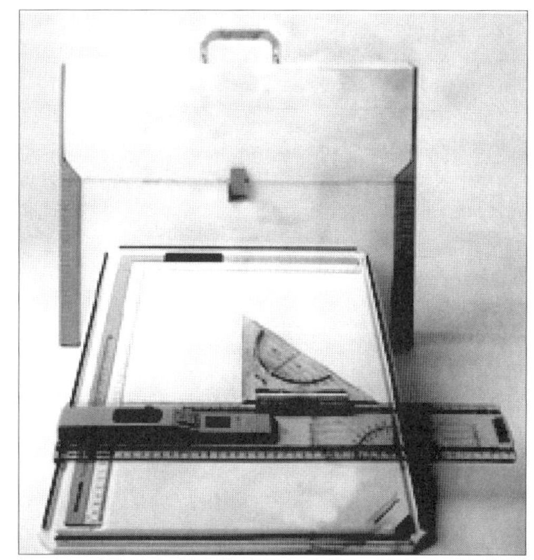

휴대용 제도판과 케이스

(1) 백색 제도용지(트레이싱지)

① 제도시 일반적으로 사용하는 종이이다.

② 경질이므로 쉽게 찢어지지 않는다.

③ 청사진 Copy가 잘 된다.

④ 습기에 약한 단점이 있다.

※ 습기가 있으면 샤프심으로 긋는 선이 잘 그어지지 않으며, 습기가 마르면 우그러져 좋지 않다. 물이 닿았다가 마르게 되면 심하게 우굴쭈굴 해진다. 비오는 날 제도시에는 샤프심을 HB→B로, H→HB로 써야 선이 잘 그어진다. 제도를 중지한 후 비가 올 것이 예상되면 도면 전체를 잘 덮고 눌러놓아 도면이 습기차지 않도록 해야 한다.

(2) 황색 트레이싱지

① 계획 도면의 SKETCH에 주로 사용된다.

② 종이가 얇고 약하여 실시도면을 위한 제도용지로는 쓰이지 않는다.

③ 주로 두루마리 형태로 쓰인다.

■ 백색 트레이싱지에 비해 값이 많이 싸다.

(3) 트레팔지

① 대형 Project와 같이 공사기간이 길고, 오래 보관해야 할 도면의 제도에 쓰인다.

② 합성수지로 된 백색 종이로 두껍고 질기며, 트레이싱지 보다 선이 잘 그어지며, 잉킹하기에도 적합하다.

③ 가격이 높아 많이 사용되지 않는다.

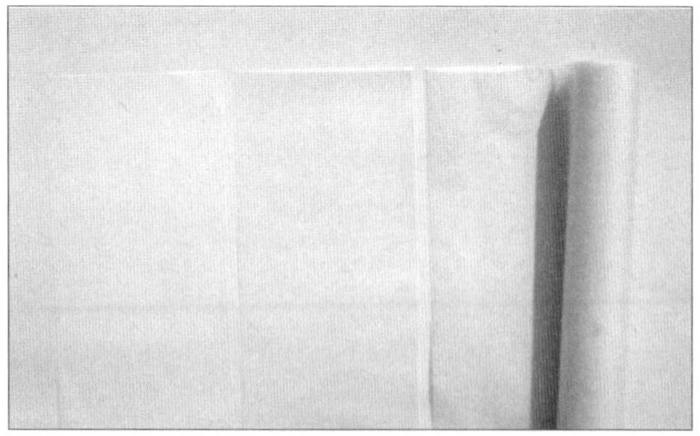

▲ 트레팔지 ▲ 백색 제도용지 ▲ 황색 트레이싱지

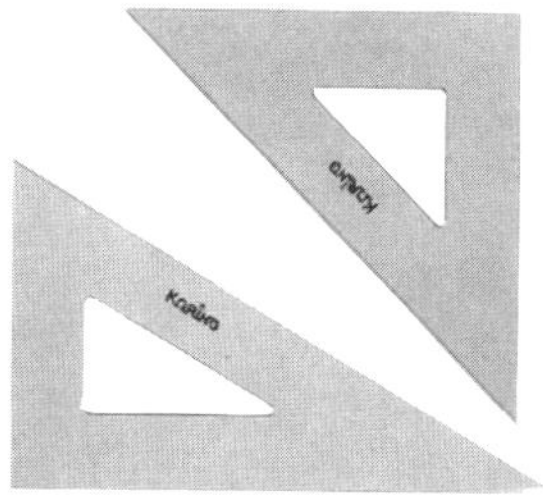

삼각자

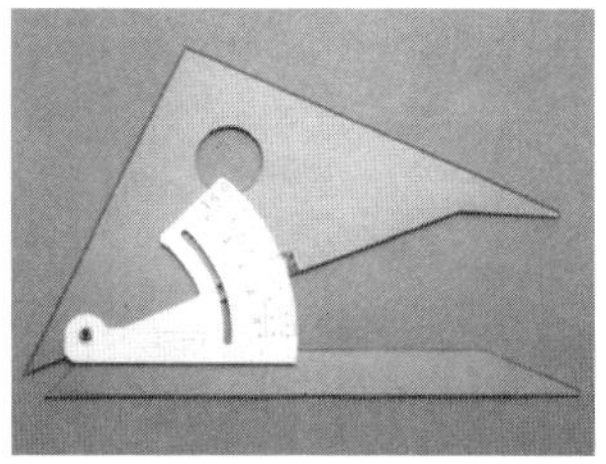

각도자

(1) 삼각자

① 수직선과 사선을 그을 때 사용한다.(수평선은 I자 또는 T자를 사용하여 긋는다.)

② 눈금이 없는 것을 사용한다.(치수는 삼각스케일을 사용한다.)

③ 두꺼운 것이 좋다. 두꺼워야 자의 끝이 들뜨지 않는다.

④ 각도자보다는 삼각자가 능률적이다.

⑤ 삼각자는 30˚, 45˚, 60˚, 90˚에 사용되고, 각도자는 어느 각도에서나 사용이 가능하다.

⑥ 주로 많이 긋게 되는 수직선 긋기에는 30˚· 60˚자 보다 능률적인 45˚자가 많이 쓰인다.

⑦ 45˚자를 기준으로 15cm형, 18cm형, 24cm형, 30cm형, 36cm형, 45cm형이 있으며, 일반적으로 가장 능률적인 30cm 또는 36cm형이 많이 쓰인다.

⑧ 제도용지 위에서 가장 많이 쓰이는 도구이므로 자가 깨끗한 상태이어야 한다. 자가 깨끗하지 못하면 도면이 지저분하게 된다.

⑨ 삼각자는 45˚자와 30˚· 60˚자가 1set로 되어 있다.

※ 삼각자는 국산과 외국산의 품질에 차이가 없으나, 각도자는 외국산 품질이 우수하다. 외국산 각도자 중에도 얇은 것은 자의 끝이 들뜨므로 좋지 않다.

※ 각도자를 사용하면 삼각자가 필요 없으나, 각도자는 삼각자 보다 능률이 떨어진다. 삼각자와 각도자 두 가지를 모두 구입해야 편리하게 쓸 수 있다.

■ I자 / 평행 제도대에 모두 부착되어 있다.

■ T자 / 요즘은 I자로 대체되어 거의 쓰이지 않고 있다.

(1) 삼각 스케일

① 길이가 30cm · 15cm 두 종류가 있으며, 제도에는 능률적인 30cm 스케일이 주로 쓰이며, 15cm짜리는 휴대용으로 적합하다.

② 6면에 축척이 1/100, 1/200, 1/300, 1/400, 1/500, 1/600로 표기되어 있으며, 1/100은 1/1, 1/10, 1/100, 1/1000, 1/10000 등으로 경우에 따라 활용되는 것이다.

③ 눈금의 숫자가 상하 두 줄로(좌로부터 우로, 우로부터 좌로) 새겨져 있는 것이 편리하다. 한 줄로(좌로부터 우로) 새겨져 있는 것은 우에서 좌로 읽을 경우에 치수 보기가 불편하다.

※ 국산도 품질이 양호하다. 외국산이 눈금의 정확도와 선명도에서 조금 낫다.

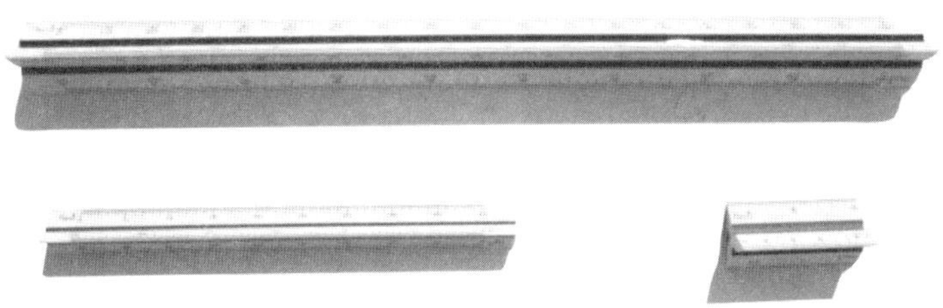

(2) 지우개

① 제도용 지우개는 부드러우며 지우개 가루가 많이 생기지 않는 것이 좋다. 잘 지워지는 데생용을 쓰기도 하나 지우개 가루가 너무 많이 생기는 단점이 있다. 단단한 지우개는 제도용으로 적합하지 않다.

※ 국산이 좋다.

② 잉킹한 것을 지우는 것은 쉽지 않다. 잉크 지우개가 있으나 잘 지워지지 않는다. 모래가루가 섞인 봉 지우개를 사용하는 전동 지우개를 사용하면 보다 쉽게 지울 수 있다.

- 수정부분이 많을 때 사용한다. 작은 수정 부분은 문구용 칼로 긁어내는 것이 편리하다.

※ 잉킹을 지운 부분에 다시 잉킹을 하게 되면 잉크가 번지게 되므로 지운 부분에 잉킹해서는 안 된다.

※ 전동 지우개는 거의 쓰이지 않는다.

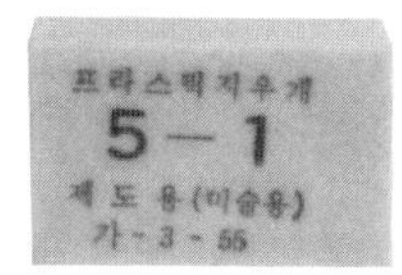

홀더형 지우개

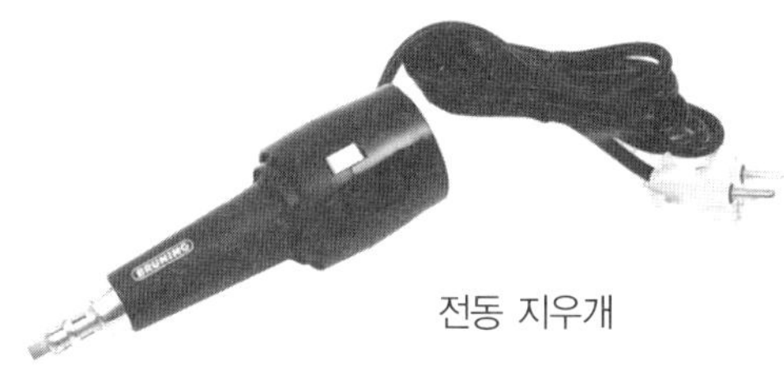

전동 지우개

(3) 지우개 판

① 지우개 판은 얇을수록 좋다. 또 파인 홈들은 좁은 것에서부터 넓은 것이 단계적으로 5단 이상 많은 것이 좋다.

② 대부분 스테인리스제가 쓰인다.

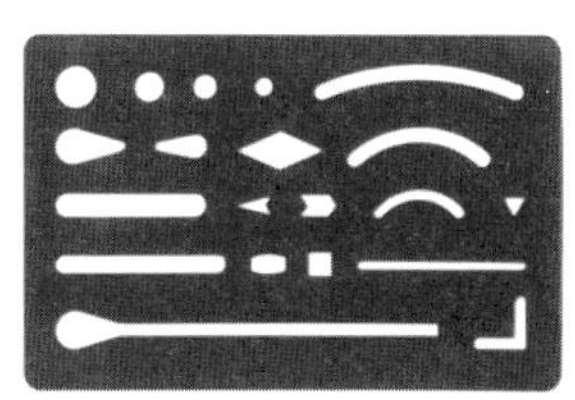

지우개판

(1) 종이 테이프(마스킹 테이프)

① 종이 테이프가 가장 많이 쓰인다. 도면을 붙이고 떼어낼 때 잘 붙고 잘 떨어지는 종이 테이프를 사용하는 것이 편리하다. 셀로판(스카치) 테이프를 사용하면 잘 붙기는 하지만 잘 떨어지지 않아 불편하다.

② 종이 테이프의 폭은 1cm 정도가 쓰기에 편리하다.

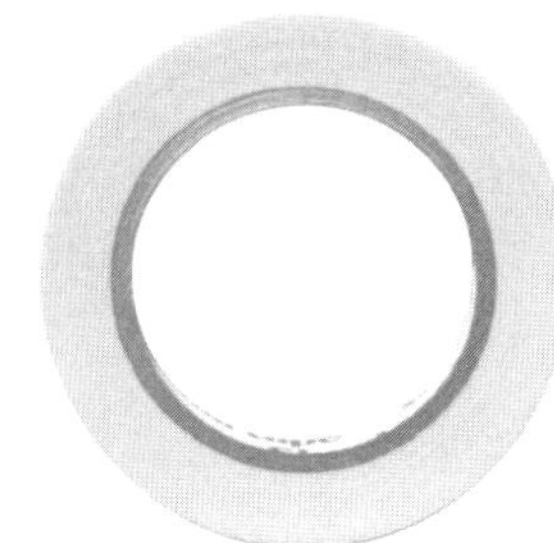

(2) 매직 테이프

① 매직 테이프는 우윳빛 색의 얇은 테이프이다. 도면이 찢어졌을 때 도면의 뒷면에 붙이는 테이프로 청사진 작업 시 테이프 자국이 거의 나타나지 않는다.

② 도면의 뒷면에 매직 테이프를 붙일 때에는 깨끗한 손으로 붙여야 한다. 손이 더러우면 테이프의 접착 면에 더러움이 묻어 이 더러움 자국이 청사진에 나타나게 된다.

③ 잘 붙고 잘 떨어지므로 종이 테이프 대신 쓰기도 한다.

※ 다른 테이프에 비해 고가이다.

4. 펜 · 홀더 · 잉킹 펜 · 잉크

(1) 샤 프

① 샤프는 제도용과 필기용이 있으므로 반드시 제도용을 구입해야 한다. 제도용은 맨 앞 끝 부분의 촉이 필기용보다 길게 되어 있으며, 손잡이 부분이 미끄러지지 않게 되어 있다.

② 샤프는 0.5mm용 HB심과 H심, 0.7mm HB심을 각각 사용할 수 있도록 3자루를 색깔별로 구입하는 것이 좋다.

③ 0.7mm HB심은 벽체선 등 굵은 선을 그을 때 사용하면 편리하다.

※ 제도용 샤프는 국산과 외국산의 품질 차이가 거의 없다.

※ 국산 샤프심의 품질이 우수하다. 시중의 외국산 샤프심은 품질이 불량한 가짜가 많다.

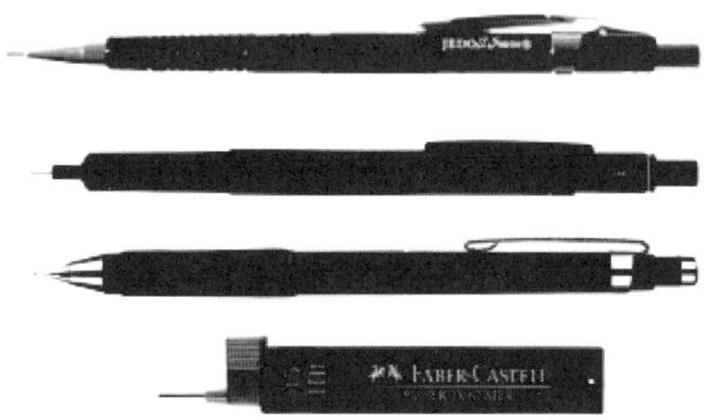

(2) 홀더

- 홀더심의 굵기는 연필심의 굵기와 비슷하다.
- 제도를 많이 하여 노련한 사람은 도면효과의 증대를 위하여 홀더를 사용, 제도하기도 한다.
- 홀더 심갈이를 이용하면 균일하고 능률적으로 홀더심을 갈 수 있다.

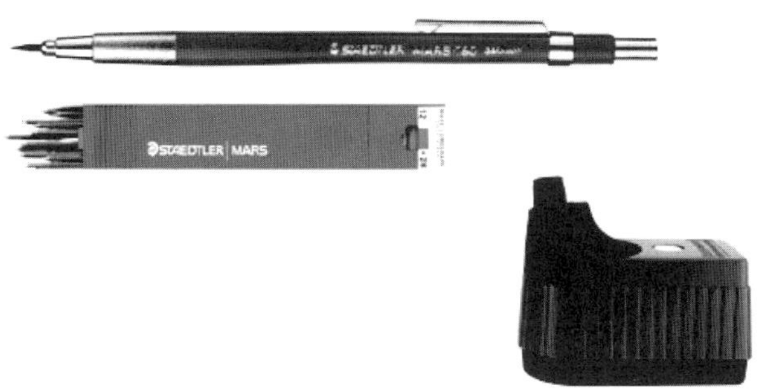

(3) 잉킹 펜과 제도 잉크

① 제도 잉크를 사용한다. 대부분 카트리지 잉크를 많이 사용한다.

② 잉킹을 할 때는 잉킹 펜을 종이와 수직으로 하고 일정한 속도로 그어야 한다.

③ 샤프로 그린 것보다 깨끗하고 선명하며 쉽게 지워지지 않는다.

④ 지우기가 어려우므로 한 번에 정확히 그려야 한다. 잘못된 곳은 칼로 긁어내거나, 유리가루가 섞인 지우개심을 사용하는 전동 지우개로 지운다.

※ 한 번 지운 곳에 잉킹을 다시 하게 되면 잉크가 번지게 된다.

⑤ 촉이 가는 것은 자주 막히며, 가는 촉일수록 잘 휘어지고 고장나기 쉽다. (특히 0.1 · 0.2촉 사용 시 유의해야 함) 촉이 막히면 상하로 여러 번 흔들어 사용해야 하며, 가는 촉일수록 자주 흔들어야 한다. 흔든 다음은 촉 끝을 휴지로 닦아내고 선을 그어야 한다.

※ 촉이 가는 것의 가격이 비싸다.

⑥ 오랫동안 사용하지 않을 경우는 잉크를 빼고 촉이 붙은 드로잉콘을 물 또는 세척액으로 닦아 놓아야 한다.

⑦ 구입은 4개 set나 바우콤파스가 있는 4개 set가 사용에 무난하다. 3개~15개짜리 set가 있다. 낱개로도 판매하며, 촉이 가늘수록 가격이 높다.

※ 제도기 Set에 있는 먹줄펜은 사용하기가 불편하고 정밀도가 떨어져 사용되지 않으며, 요즘은 잉킹펜을 사용한다.

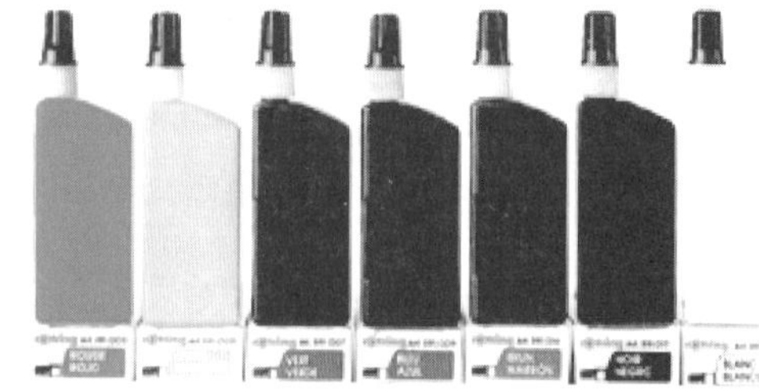

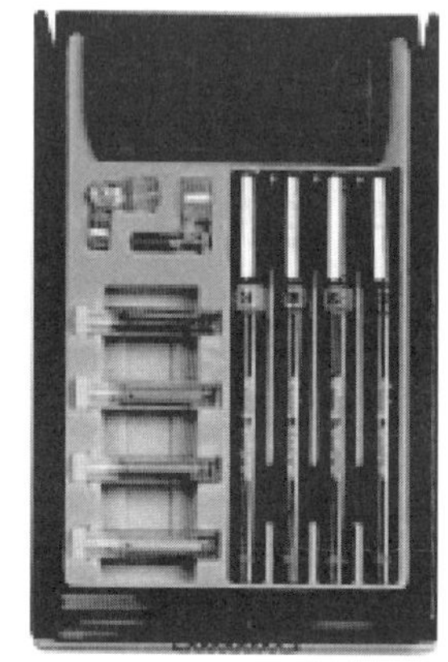

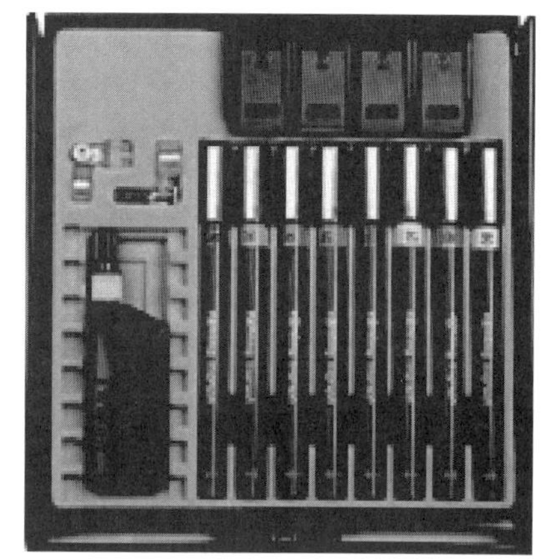

1회용 카트리지 잉크

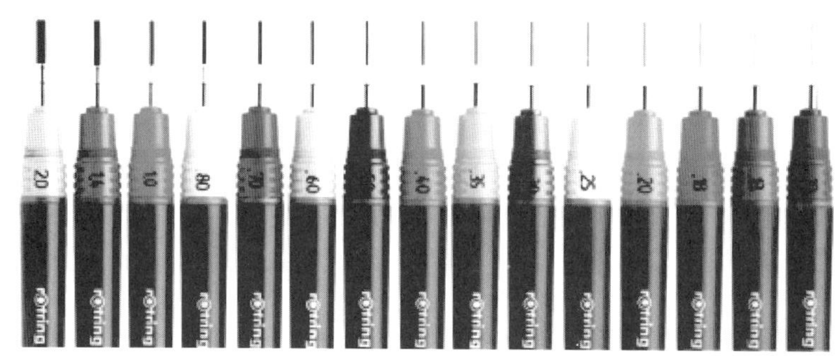

5. 컴퍼스 · 형판

(1) 컴퍼스

① 일반 컴퍼스 · 바우컴퍼스 · 소형바우컴퍼스 · 컴퍼스 set 등이 있으나 「바우컴퍼스와 연장대 set」만을 준비해도 무난하다.

② 연장대는 큰 원을 그릴 때에 컴퍼스에 연결해서 사용한다.

③ 바우컴퍼스가 일반 컴퍼스 보다 정밀하고 안정감이 높다.

(2) 형판

① 원형 · 타원형 · 사각형 · 삼각형 · 육각형 · 종합형 · 욕실 및 화장실 설비형 · 기타의 형판이 scale별로 있다.

② 형판의 홈은 잉킹시 번짐의 방지를 위해 경사지게 파여 있다.

※ 잉킹시는 뒤집은 상태에서 사용해야 한다.

③ 셀룰로이드판과 아크릴판이 있다. 셀룰로이드판이 얇고 잘 휘어지므로 부러지지 않는다.

④ 복잡한 도형을 편리하게 그릴 수 있도록 보여진 것 외에도 여러 형태의 형판이 있으나 원형 · 타원 · 종합가구 · 위생설비 형판을 준비하면 무난하다.

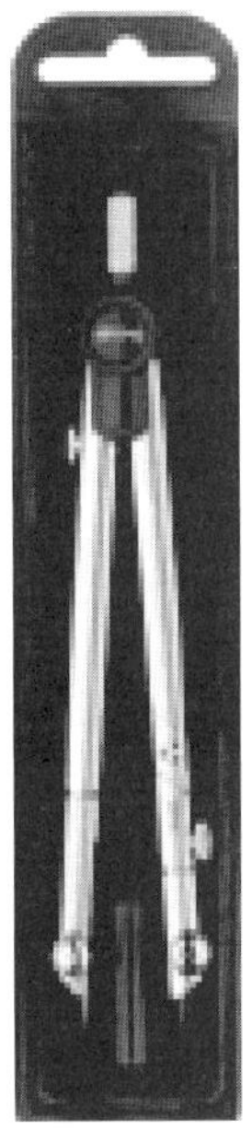
일반 컴퍼스

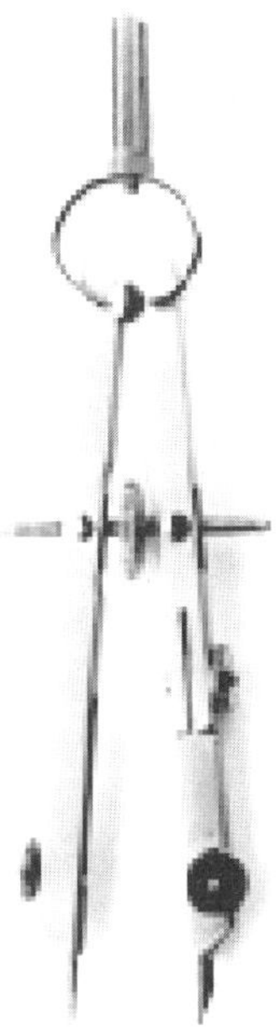
소형 바우 컴퍼스

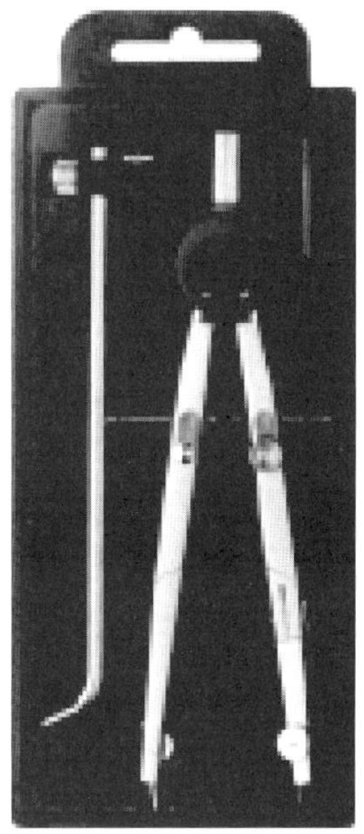
바우 컴퍼스와 연장대

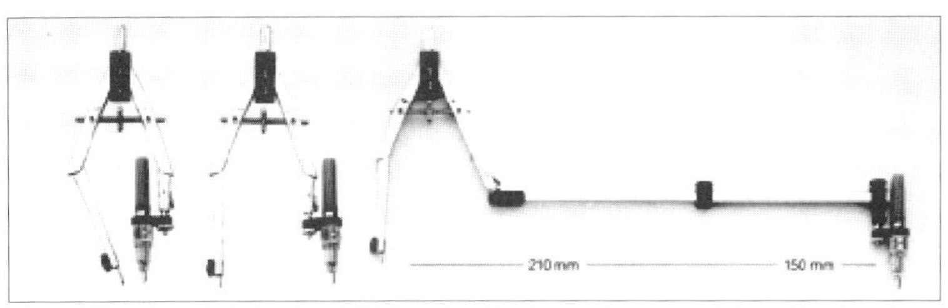

10㎜에서 720㎜ 직경까지의 원을 작도할 수 있다.
큰 원을 그릴 때는 연장대를 사용하며, 420㎜의 원까지 작도 가능하고 추가 연장대를 끼우면 720㎜원까지 작도 가능하다.

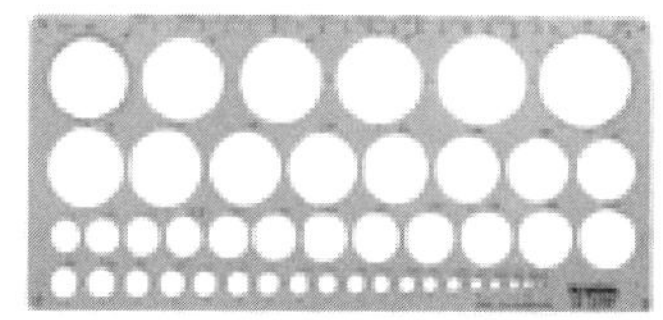
원형 형판

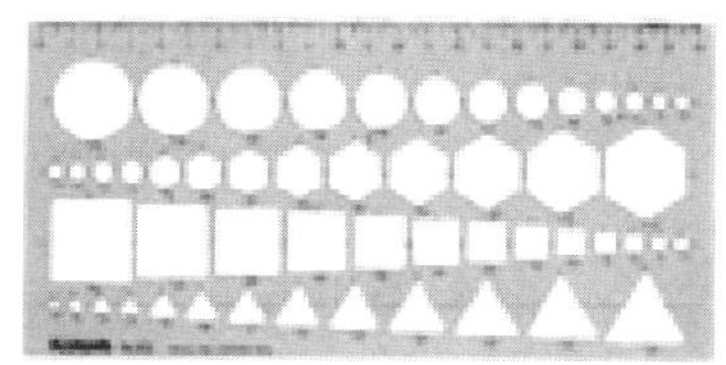
종합형 형판

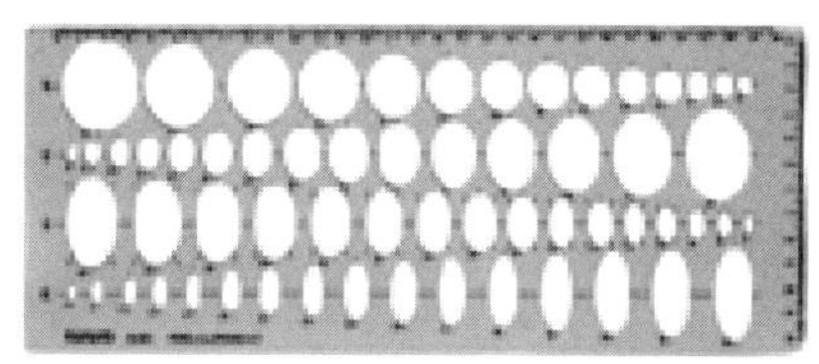
타원형 형판

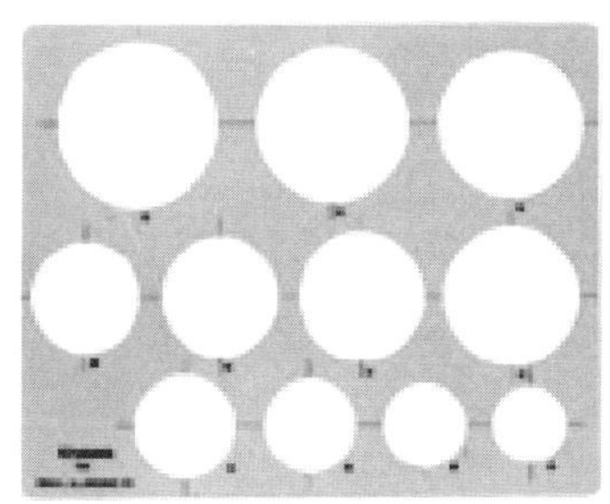
대원형 형판

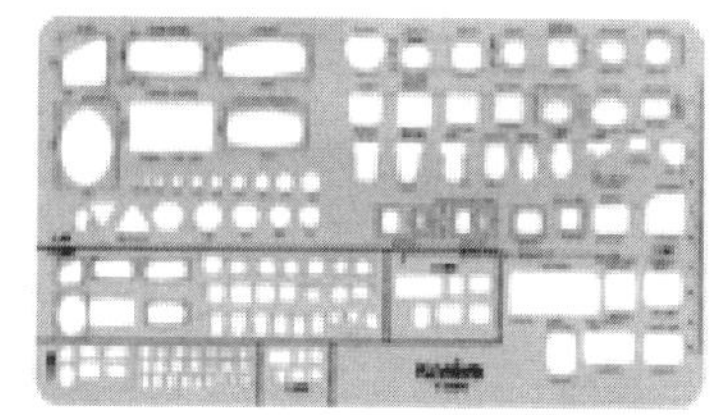
위생설비 형판

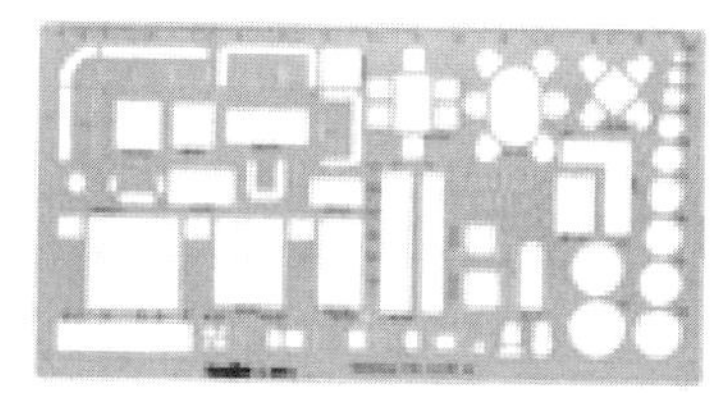
가구 형판

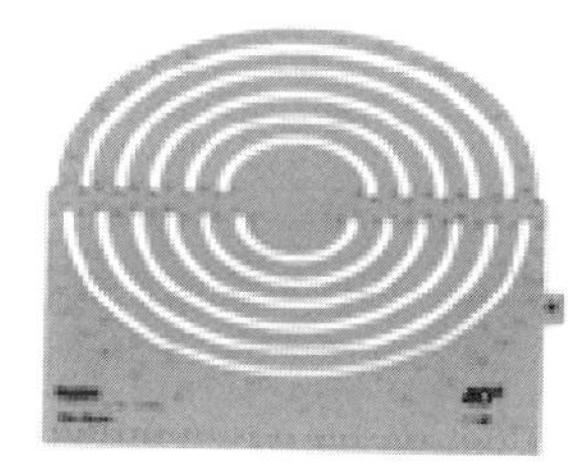
이중 타원 형판

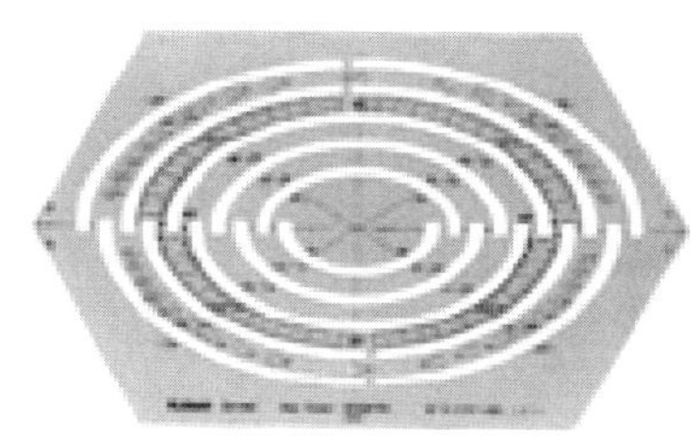
이중 타원 형판

(1) 제도비

① 제도비는 제도시 많이 생기는 지우개 가루를 치우는데 쓰이며, 제도판 위의 먼지를 치우는데 쓰이는 편리한 도구이다.

② 제도비의 털이 합성섬유털로 된 것은 지우개 가루가 잘 쓸리지 않아 못쓰며, 돼지털과 같은 동물털로 된 것이 잘 쓸려 좋은 것이다. 합성섬유털에는 돼지털이 반 정도는 섞여야 한다.

※ 지우개 가루를 바로 치우지 않으면 지우개 가루가 I자의 플라스틱에 붙어 플라스틱을 녹이며 서로 붙는다.

이 상태에서 I자를 계속 사용하면 I자에 붙은 지우개 가루가 도면을 더럽히게 된다.

※ 제도가 끝난 후는 반드시 제도판 위의 지우개 가루를 제도비로 쓸어내어 깨끗하게 청소해야 한다.

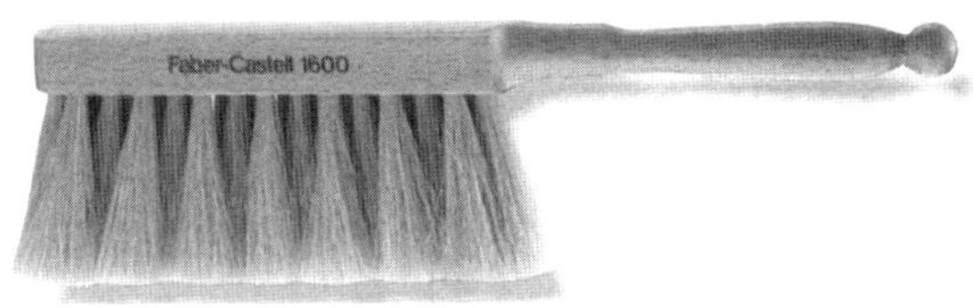

(2) 도면통(화통)

① 도면을 휴대하고 이동할 때 도면이 구겨지지 않도록 보관하는 것이 좋다.

② 소판, 중판, 대판의 도면을 넣을 수 있도록 통의 길이를 조절할 수 있도록 되어 있다.

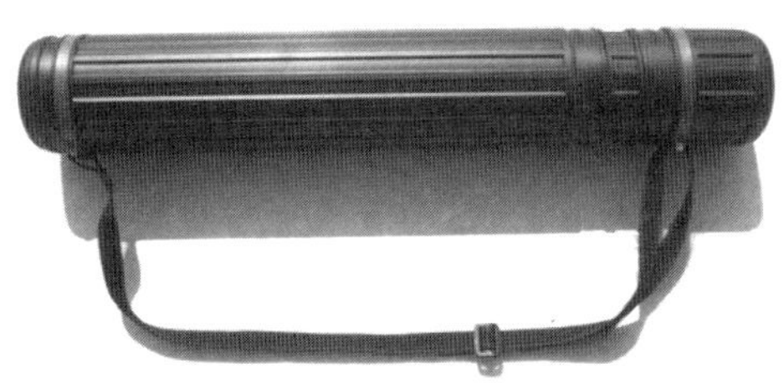

도면통

(3) 토시

① 토시는 능률적인 작업을 위해 반드시 필요한 것이다.
토시를 미착용 시는 옷 소매가 쉽게 검게 되므로 신경이 쓰여 작업을 편히 할 수 없게 된다.

② 토시의 재질은 통풍이 잘 되는 얇은 천으로 된 것이 좋다. 비닐류로 된 것은 통풍이 안 되고 부드럽지 않아 좋지 않다.

③ 아무림을 위한 고무줄이 굵고 튼튼한 것으로 된 것이어야 오래 쓸 수 있다.

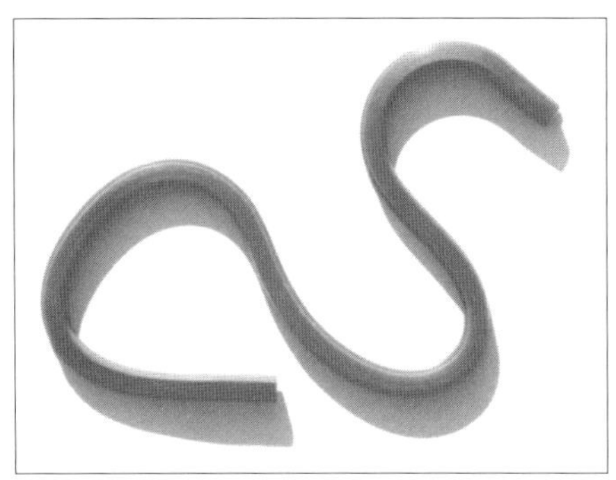

자유곡선자

(4) 기타 용구

※ 기타 용구는 거의 쓰이지 않는다.

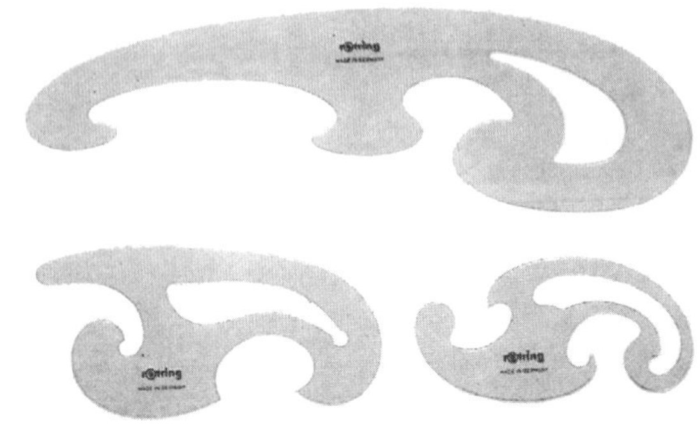

운형자 (French Curve)

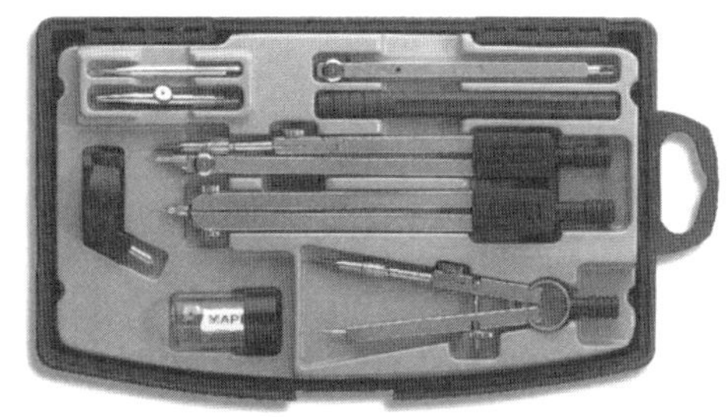

제도기 SET

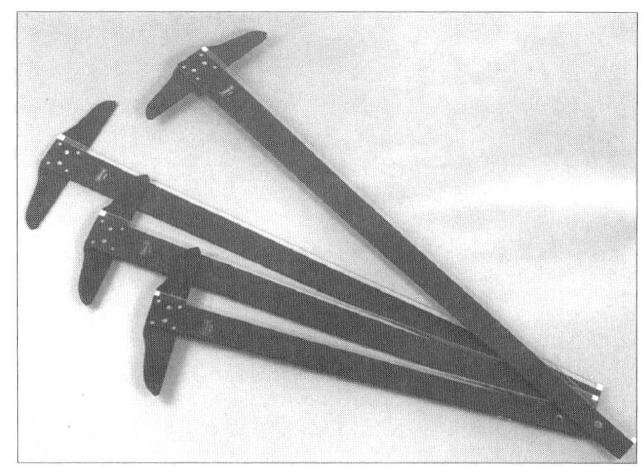

T자

제2장
제도의 기본사항

1. 도면 · 펜 · 글씨
2. 글씨 연습
3. 렌더링 연습
4. 선의 종류
5. 치수선과 치수기입법
6. 도면작성 시 유의사항
7. 각종 약어
8. 선 연습
9. 표시기호

■ Drawn by, Checked by, Approved by
(Architectural by, Electical by, Mechanical by)의 란에는 반드시 정자로 해당자의 이름을 명확히 기입해야 한다.

■ Revision란에는 수정번호, 수정내용, 수정자 이름, 수정날짜를 기입한다.

OH INTERIOR ARCHITECTURE ARCHITECTURE INTERIOR FURNISHING	NO	DATE	REVISION DESCRIPTION	DRWN	CHKD	APPD	공사명 PROJECT	승 인 APPD	설 계 DESIGN	검 토 CHKD	도면명 TITLE	도면번호 DRWG. NO.
								담 당 DRWN	일 자 DATE	축 척 SCALE		

1. 도면 · 펜 · 글씨

(1) 도면의 크기

① 중판인 A1판을 가장 많이 쓰며, 소판인 A2판은 학교에서의 실습용과 소형 Project의 도면 작성에 쓴다. Project가 큰 경우는 A1판 또는 A0판을 쓴다.(A0판은 쓰이는 경우가 거의 없다) A4~A6판은 잘 쓰이지 않는다.(대판=A0판, 중판=A1판, 소판=A2판, 작은 소판=A3판을 칭한다.)

② 도면의 테두리를 만들 때에는 테두리의 여백을 10㎜ 정도로 한다.

③ 도면을 철할 때에는 도면의 좌측을 철함을 원칙으로 하고, 철하는 도면은 철하는 쪽에 2.5㎝ 이상의 여백을 둔다.

④ 도면 크기는 1:$\sqrt{2}$의 비율이다.

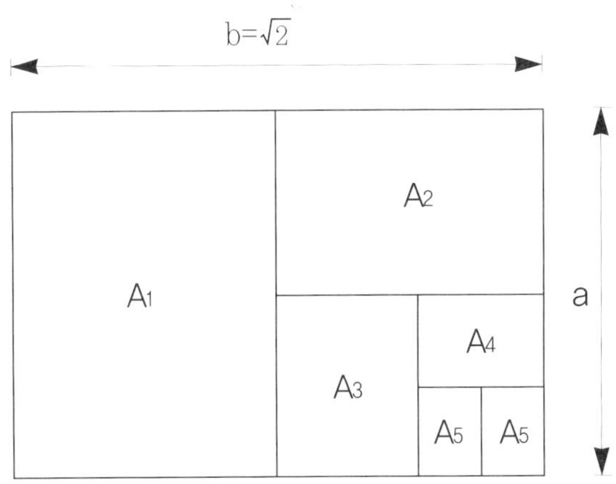

■제도용지의 크기

제도 용지의 치수	A0	A1	A2	A3	A4	A5	A6
a×b	841 × 1,189	594 × 841	420 × 594	297 × 420	210 × 297	148 × 210	105 × 148

(2) 펜(샤프 · 홀더 · 연필) 쓰는 법

① 펜은 요철부를 잡아야 하며, 펜과 제도판의 기울기는 60° 정도로 한다.

② 선이 명쾌하고, 선의 굵기가 일정하게 하기 위해 손목을 서서히 돌려 펜이 돌아가도록 하며 긋는다.

※ 펜을 손가락으로 많이 돌릴 필요는 없다.

③ 짧은 선이거나 긴 선이거나 반드시 손목을 돌리면서 긋는다.

④ 긋고자 하는 선의 길이를 미리 생각하고 긋는다.
 - 손목 돌리기의 조절을 적정하게 할 수 있다.

⑤ 선긋기의 처음부터 끝까지 고르게 힘을 주어야 한다.

※ 제도 작업은 대부분 쓰기 편리한 샤프를 사용한다.

(3) 글자 쓰기

① 읽기 쉬우며, 이해하기 쉽게 써야 한다.

② 고딕체로, 흘림이 없이, 진하게 쓴다.

③ 수직 바르게 쓴다. 숫자나 알파벳의 경우는 수직 '또는 15° 경사로 쓰기도 한다.

④ 항상 보조선을 흐리게 긋고 문자의 크기를 일정한 크기로 쓴다. 작은 글씨는 2선, 큰 글씨는 3선을 긋고 쓴다.

⑤ 네 자리 이상의 숫자는 세자리마다 자리점을 찍는다. (예, 82,000)

※ 글자를 쓸 때 내려긋기가 반드시 수직으로 되어야 글자의 형태가 바르게 된다.

※ 글자 연습은 보조선이 있는 상태에서 먼저 큰 글자로 연습하고, 점차 작은 글자를 연습하는 것이 효율적이다.
글씨 연습 시 Grid Paper(Section Paper)를 사용하면 편리하다.

평면도 천장도 입면도 단면상세도 투시도 아이소메트릭 조감도

배치도 정면도 우측면도 좌측면도 배면도 재료마감표 도면목록표

가구배치도 전등배관도 전기배선도 평면상세도 디테일 엑소노메트릭

일층평면도 위치도 입면도 단면상세도 투시도 재료마감표 조감도

배치도 정면도 우측면도 좌측면도 배면도 평면상세도 단면상세도

평면도 천장도 입면도 단면상세도 투시도 디테일 도면목록표

가구배치도 계단실 거실 침실 안방 주방 화장실 식당 다용도실 욕실 창고 회의실 현관

사장실 비서실 탕비실 대기실 응접실 소회의실 대회의실 전산실 전실 서고 창고 안내데스크

로비 라운지 접견실 안내 쇼룸 공부방 놀이방 차고 테라스 썬큰가든 임원실 원장실 드레스룸

가구배치도 계단실 거실 침실 안방 주방 화장실 식당 다용도실 욕실 창고 회의실 현관

사장실 비서실 탕비실 대기실 금고 서고 창고 응접실 소회의실 대회의실 전산실 안내데스크 전실

로비 라운지 접견실 안내 쇼룸 공부방 놀이방 차고 테라스 썬큰가든 임원실 원장실 드레스룸

지정 카페트 마감 지정 타일 마감 지정 천 벽지 마감 졸라톤 마감 브라인드 설치 간접조명 지정페인트 마감 합판위 지정페인트 마감

상부선반 설치 지정 후로링 마감 인조석 물갈기 스테인드 그라스 강화도어 반사유리 스틸절곡 지정 칼라락카 마감 모자이크 타일 마감

석고보드위 비닐페인트 마감 할로겐 램프 FL 20W×2 U-램프 M.D.F위 지정칼라락카마감 챈넬몬트 안티코 스터코 멀티스펙 16㎜ 페어그라스

지정 무늬목 취부 위 투명락카마감 세라믹 타일 노출콘크리트 지정 비닐시트 마감 인테리어 필름 마감 지정 패브릭 마감. 오크무늬목 위 스테인 위 투명 락카 마감

지정 데코타일 마감 지정 P-TILE 마감 콩자갈깔기 포천석 물갈기 베니구이 혹두기 데코레이션 시멘트 몰탈위 본타일 텍템보드취부후 지정페인트 마감

상부아아치 우드후레임 시멘트벽돌 벽난로 지정 몰딩 취부 라왕각재틀 마루틀 단높임 지정 타일 마감 지정 실크벽지 마감. 커튼박스설치. 지정네온 매입

상부선반설치 지정 후로링 마감 인조석 물갈기 스테인드 그라스 강화도어 반사유리 스틸절곡 지정칼라락카마감 모자이크 타일 마감. 16㎜ 페어그라스

세면대 옷장 평면도 전개도 입면도 파사드 옷장 단면도 디테일 투시도 계단실 마루 거실 안방 방 침실 화장실 드레스룸
회의실 욕실 변기 비데 다용도실 부엌 식당 홀 현관 복도 콘솔 씽크대 수성페인트 투명락카 오크무늬목 수직블라인드 카펫
이건창호 스틸파이프 위 칼라락카 마감 수직블라인드 전화박스 걸레받이 인조석 이동파티션 식탁 책상 침대 안내 시사실 쇼룸
전시실 쇼룸 사무실 신축방지 사장실 비서실 공부방 놀이방 창고 와이어메쉬 지하실 모자이크타일 온돌방 황토방 임원실 옷
서까래 왕대공 거실 쇼케이스 시멘트 모르타르 콘크리트제거후 라왕 스테인 도장 상세도 축척도 배치도 동선 단풍나무 배치도 보티치노
일주문 보행자공간 간호 중정 장독대 화단 벽난로 의자 소파 보조테이블 치과 원장실 진료실 치료실 세공실 탈의실 팬코일 가구 전실 비닐
반침 보강 온경 후레임 피아노 치장벽돌 장판지 다락방 브론즈 도배 자외선 보호막 헬스크럽 조약돌 중도리 처마도리 반자돌 달대볼트 조경
단지조경 건축미학 구조 역학 외부환경 우레탄 방수 알루미늄 창틀짜기 지정 무늬목 마감 카페트깔기 염화비닐타일 석고보드 합판 장판지
도서관 청소년 수련장 빈 집 복합 문화센터 지정 천벽지 마감 지정 비닐시트 마감 지정 몰딩 커버 커튼박스 테라스하우스 태양열 주택
단열재 차음재 극장 영화관 세계지도 실크인쇄 컴퓨터 테이블 열람실 자유개가식 서랍장 서재 수납공간 계산대 카운터 제도책상
상담실 은행 극장 객장 금고 민원실 모노륨 마감 다운라이트 스포트라이트 간접조명 예비안가 견적서 영사실 옥상정원 강의실
바닥 쇼윈도우 동파이프 쇼케이스 각재 라왕 실런트 코킹 지정페인트마감 지정 네온 설치 플로어램프 양면치기 부식도장 아연도금
인테리어 장선 멍에 인조석물갈기 아스팔트방수 철근 콘크리트 콩자갈다짐 시멘트기와 스테인레스 너트 용접 반사유리 강화도어
스테인레스 스틸 절곡 스틸 절곡 후 무광 은색도장 마감 세라믹타일 타공 세라믹타일 도기질타일 시멘트벽돌 바닥마감선 욕조 사다리
타일 접착재 메탈라스 루핑 모자이크타일 시이트방수 콩자갈 청수마치 스핑크스 고딕 로마네스크 르네상스 바로크 로코코 스테인레스
버드아이메이플 유성페인트 바닥난방 보호판 신축판 누름벽돌 우레탄 폼 상업공간 병원 바 스텐실 주방 락카페 방습층 커피숍
발상과 표현기법 외부공간의 미학 공간구성 오피스랜드스케이프 그리드 스튜디오 세미나 형태구성원리 비례 통일 조화 대비 균형
리듬 질감 색채 의장 호텔 리조트 리셉션 점포 스텝 백화점 슈퍼마켓 트윈베드 화장대 옷걸이 응접실 안내 인포메이션
외부 내부 노출 식품 창고 변전실 냉장고 전화 학교 실험실 음악실 과학실 칠판 조도 대웅전 부도 석등 의장 시이트 침대 안내
체육관 비데 다용도실 사무실 사장실 시멘트 모르타르 화단 신축방지 증축 개축 의자 소파 인테리어 투시도 입면도 전개도
구성 색채실습 용접 인테리어 반사유리 스텝 스테인드글라스 민원실 앵커볼트 유성 페인트 수성페인트 대리석 도어
간접조명 카펫 플라톤마감 평면도 입면도 천장도 투시도 아이소메트릭 엑소노메트릭 단면도 상세도 지붕도 배치도 동선 전개도
인테리어코오디네이션 디테일 계단 마루 거실 안방 화장실 서재 노모방 비데 청소기 욕실 침실 다용도실 식당 홀 현관
평면도 입면도 배치도 천장도 전개도 투시도 아이소메트릭 수평 수직 곡선 지붕도 동선 오락실 탁아소 라운지 인테리어 식당

평면도 천장도 입면도 단면상세도 투시도 아이소메트릭 조감도

배치도 정면도 우측면도 좌측면도 배면도 재료마감 도면목록표

가구배치도 전등배관도 전기배선도 평면상세도 디테일 엑소노메트릭

일층평면도 위치도 입면도 단면상세도 투시도 재료마감표 조감도

배치도 정면도 우측면도 좌측면도 배면도 평면상세도 단면상세도

평면도 천장도 입면도 단면상세도 투시도 디테일 도면목록표

가구배치도 계단실 거실 침실 안방 주방 화장실 식당 다용도실 욕실 창고 회의실

사장실 비서실 탕비실 대기실 응접실 소회의실 대회의실 전산실 전실 서고 창고

로비 라운지 접견실 안내 쇼룸 공부방 놀이방 차고 테라스 썬큰가든 임원실 침실

가구배치도 계단실 거실 침실 안방 주방 화장실 식당 다용도실 욕실 창고 회의실

사장실 비서실 탕비실 대기실 응접실 소회의실 대회의실 전산실 전실 서고 창고

로비 라운지 접견실 안내 금고 서고 창고 놀이방 테라스 소회의실 대회의실 안내데스크

지정카페트 마감 지정 타일 마감 지정 천 벽지 마감 졸라톤 마감 브라인드 설치 간접조명 지정 페인트 마감 반사유리

상부 선반 설치 지정 후로링 마감 인조석 물갈기 스테인드 그라스 강화도어 반사유리 스틸절곡 지정 칼라락카 마감

석고보드위 비닐 페인트 마감 할로겐램프 FL 20W×2 U-램프 M·D·F위 지정 칼라락카 마감 헤디코트 멀티스펙

16MM 페어그라스 지정 무늬목 취부 위 투명락카 마감 세라믹타일 노출 콘크리트 지정 비닐시트 마감 인테리어 필름 마감

지정 데코타일 마감 지정 P-TILE 마감 콩 자갈 깔기 포천석 물갈기 버너구이 혹두기 데코레이션 시멘트 몰탈위 본타일

상부아아치 우드 후레임 시멘트 벽돌 벽난로 지정 몰딩 취부 라왕 각재틀 마루틀 단높임 지정 타일마감 지정 실크벽지마감

모자이크 타일마감 커튼 박스설치 지정네온 매입 지정 패브릭 마감 강화도어 오크 무늬목 위 스테인 위 투명락카 마감

세면대 옷장 평면도 전개도 입면도 파사드 옷장 단면도 디테일 투시도 계단실 마루 거실 안방 방 침실 화장실
회의실 욕실 변기 비데 다용도실 부엌 식당 홀 현관 복도 콘솔 씽크대 수성페인트 투명락카 오크무늬목 카펫
이건창호 스틸파이프 위 칼라락카마감 수직블라인드 전화박스 걸레받이 인조석 이동파티션 식탁 책상 침대 안내 쇼룸
전시실 사무실 신축방지 사장실 비서실 공부방 놀이방 차고 와이어메쉬 지하실 모자이크타일 온돌방 황토방 입원실
서까래 황대공 거실 쇼케이스 시멘트 모르타르 콘크리트 제거후 라왕 스테인 도장 상세도 축척도 배치도 동선 단풍나무 배치도 보타치노
일주문 보행자공간 안뜰 중정 장독대 화단 벽난로 의자 쇼파 보조테이블 치과 원장실 진료실 치료실 세공실 탈의실 팬코일
반침 보강 은경 후레임 피아노 치장벽돌 장판지 다락방 브론즈 도배 자외선 보호막 헬스크럽 호박돌 중도리 처마도리 반자틀 조경
단지조경 건축미학 구조 역학 외부환경 우레탄 방수 알루미늄 형틀짜기 지정무늬목 마감 카페트깔기 염화비닐타일 석고보드 합판 장판지
도서관 청소년 수련장 빈 집 복합 문화센터 지정 천벽지 마감 지정 비닐시트 마감 지정 몰딩 취부 커튼 박스 테라스 하우스 태양열 주택 입원실
단열재 차음재 극장 객장 금고 민원실 모노륨 마감 다운 라이트 스포트 라이트 간접조명 예배단가 견적서 영사실 옥상정원 갱의실
바닥 쇼윈도우 동파이프 쇼케이스 각재 라왕 씰런트 코킹 지정페인트 마감 지정 네온 설치 플로어 램프 양면치기 부식도장 아연도금
상담실 은행 극장 영화관 세계지도 실크인쇄 컴퓨터 테이블 열람실 서랍장 서재 수납공간 계산대 카운터 제도책상 합판
인테리어 장선 멍에 인조석 물갈기 아스팔트 방수 철근 콘크리트 콩자갈 다짐 시멘트 기와 스테인레스 너트 용접 반사유리 강화도어
스테인레스 스틸 절곡 스틸 절곡 후 무광 은색도장 마감 세라믹 타일 도기질 타일 시멘트 벽돌 바닥 마감선 욕조 사다리 옥상정원
타일 접착재 메탈 라스 루핑 모자이크타일 시이트 방수 콩자갈 첩두아치 스핑크스 고딕 로마네스크 르네상스 바로크 로코코 스테인레스
베드아이매틀 유성페인트 바닥블럭 보호판 신축판 누름벽돌 우레탄 폼 상업공간 병원 바 스텐실 주방 락카페 방습층 욕조
발상과 표현기법 외부공간의 미학 공간구성 오피스랜드스케이프 그리드 스튜디오 세미나 형태구성원리 비례 통일 조화 대비 균형
리듬 질감 색채 의장 호텔 리조트 리셉션 점포 스텝 백화점 슈퍼마켓 트윈베드 화장대 옷걸이 응접실 안내
외부 내부 노출 식품 창고 변전실 냉장고 전화 학교 실험실 음악실 과학실 칠판 조도 대웅전 부도 석등 의장
체육관 비대 다용도실 사무실 사장실 시멘트 모르타르 화단 신축방지 증축 개축 의자 쇼파 인테리어 투시도 입면도 전개도
구성 색채실습 용접 인테리어 반사유리 스텝 스테인드 글라스 민원실 옷 행거 보울트 유성 페인트 수성페인트 대리석 도어
간접조명 카펫 졸라톤 마감 평면도 입면도 천장도 투시도 아이소메트릭 엑소노메트릭 단면도 상세도 지붕도 배치도 동선 전개도
인테리어 코오디네이션 디테일 계단 마루 거실 안방 화장실 서재 노모방 비데 청소기 욕실 침실 다용도실 식당 홀
평면도 입면도 배치도 천장도 전개도 투시도 아이소메트릭 수평 수직 곡선 지붕도 동선 오락실 탁아소 라운지
쇼케이스 호텔 루핑 우레탄 스텝 스튜디오 상업공간 세미나 영사실 계산대 의자 쇼파 스텐실 칠판 병원 로비

평면도 천장도 입면도 단면상세도 투시도 배치도 정면도 우측면도 조감도
좌측면도 배면도 재료마감표 도면목록표 가구배치도 전등배관도 평면도 도면
전기배선도 평면상세도 디테일 일층평면도 위치도 입면도 단면상세도 입면도
재료마감표 조감도 배치도 정면도 우측면도 좌측면도 배면도 평면상세도 평면도
가구배치도 계단실 거실 침실 안방 주방 화장실 식당 다용도실 욕실 단면상세도
창고 회의실 현관 사장실 비서실 탕비실 대기실 응접실 소회의실 투시도 정원
대회의실 전산실 전실 서고 창고 안내데스크 로비 라운지 접견실 일층평면도
안내 쇼룸 공부방 놀이방 차고 테라스 썬큰가든 임원실 원장실 안내
드레스룸 지정카페트마감 지정타일마감 지정천벽지마감 졸라톤마감 브라인드설치
간접조명 지정페인트마감 합판위지정페인트마감 현관 상부선반설치 간접조명
지정후로링마감 인조석물갈기 스테인드글라스 강화도어 반사유리 스틸절곡
지정칼라락카마감 모자이크타일마감 지정데코타일 석고보드위비닐페인트마감
할로겐램프 U-램프 핸디코트 안타코스터코 멀티스펙 세라믹타일 노출콘크리트
인테리어필름마감 지정패브릭마감 포천석물갈기 버너구이 혹두기 데코레이션
시멘트몰탈위 본 타일 텍텀보드취부후지정페인트마감 상부아아치 우드후레임

평면도 천장도 입면도 단면상세도 투시도 배치도 정면도 우측면도 조감도 좌측면도
배면도 재료마감표 도면목록표 가구배치도 전등배관도 평면도 도면 실내건축과 입면도
전기배선도 평면상세도 디테일 일층평면도 위치도 입면도 단면상세도 배치도 정면도
재료마감표 조감도 배치도 정면도 우측면도 좌측면도 배면도 평면상세도 평면도 위치도
가구배치도 계단실 거실 침실 안방 주방 화장실 식당 다용도실 욕실 단면상세도
창고 회의실 현관 사장실 비서실 탕비실 대기실 응접실 소회의실 투시도 정원 계단실
대회의실 전산실 전실 서고 창고 안내데스크 로비 라운지 접견실 일층평면도 제도
안내 쇼룸 공부방 놀이방 차고 테라스 썬큰가든 임원실 원장실 실내디자인제도
드레스룸 지정카페트마감 지정타일마감 지정천벽지마감 졸라톤마감 브라인드설치 간접조명
평면도 천장도 입면도 단면상세도 투시도 배치도 정면도 우측면도 조감도 좌측면도 배면도 재료마감표 도면목록표
가구배치도 전등배관도 평면도 도면 실내건축과 입면도 전기배선도 평면상세도 디테일 일층평면도 위치도
입면도 단면상세도 배치도 정면도 우측면도 좌측면도 배면도 평면상세도 평면도 창고 회의실 현관 계단실
간접조명 지정페인트마감 지정타일마감 지정천벽지마감 졸라톤마감 브라인드설치 지정후로링마감 인조석물갈기 강화도어
스테인드글라스 반사유리 스틸절곡 지정칼라락카마감 모자이크타일마감 지정데코타일 석고보드위비닐페인트마감
할로겐램프 나-램프 핸디코트 안타코스터코 멀티스펙 세라믹타일 노출콘크리트 인테리어필름마감 지정패브릭마감
포천석물갈기 버너구이 혹두기 데코레이션 시멘트몰탈위 본 타일 텍텀보드 취부후 지정페인트마감 상부아아치 우드후레임 시멘트벽돌
벽난로 지정몰딩취부 라왕각재틀 마루틀 단높임 지정타일마감 지정실크벽지마감 커튼박스설치 지정네온매입 상부선반설치
지정후로링마감 인조석물갈기 지정 P-TILE 마감 강화도어 반사유리 스틸절곡 페어그라스 졸라톤마감 모자이크타일
평면도 천장도 입면도 단면상세도 투시도 배치도 정면도 우측면도 조감도 좌측면도 배면도 재료마감표 도면목록표
가구배치도 전등배관도 평면도 도면 실내건축과 입면도 전기배선도 평면상세도 디테일 일층평면도 위치도 간접조명
지정페인트마감 할로겐램프 나-램프 핸디코트 멀티스펙 세라믹 타일 노출콘크리트 우드후레임 시멘트벽돌 최정은

A B C D E F G H I J K L M N O P Q R S T U V W X Y Z

FLOOR PLAN CEILING & LIGHTING ELEVATION SECTION

DETAIL PERSPECTIVE SCALE OPEN VOID SOLID DETAIL

DUCT BEAM GRID CHEST BLIND BOX INFORMATION SOFA

STORAGE FITTING ROOM CARPET TILE TOILET WATER SINK

DIFFUSER MDF DUCT BEAM GRID PLANT BOX INFORMATION HANGER STAND

LAMP SPOT LIMIT LIGHT DOWN LIGHT STAND FIN. PAINT STRONG GRASS BOARD

HOTEL SPACE COUNTER WIREMASH STAINLESS PIPE BED STOP EXPENTION OAK

EQUIPMENT RANGE HOTEL FACADE SOFA STOOL TEL BOOTH GATE TOILET WOOD

SHUTTER DECORATION PERSPECTIVE ISOMETRIC AXIS CONCEPT ZONING LOBBY

MEMORY SOFA INTERIOR VOLUMN OPEN STACK FACADE BENCH AUTO DOOR FACE

1 2 3 4 5 6 7 8 9 0 1 2 3 4 5 6 7 8 9 0 100 200 300 400

1.000 3.600 1.900 1.500 1.350 2.000 4.700 6.000

900 950 700 250 400 800 750 100 300 550 600

640 730 820 910 150 250 350 160 360 470 580

150 250 350 450 550 650 750 850 950 1.050 2.050

100 270 360 400 540 630 770 860 950 1.220 110 210 310 410 510 610

910 120 220 320 420 520 620 720 820 130 230 330 430 530 630

1.520 2.430 3.750 4.620 5.790 6.340 7.000. 8.000 9.000 10.000 1.800

15 25 35 45 55 65 75 85 95 100 250 300 450 500 650 700 850 900 1.050

1234567890 10 20 30 40 50 60 70 80 90 100 200 300 400 500 600 700

A B C D E F G H I J K L M N O P Q R S T U V W X Y Z

FLOOR PLAN CEILING & LIGHTING ELEVATION SECTION

DETAIL PERSPECTIVE SCALE OPEN VOID SOLID DETAIL

DUCT BEAM GRID CHEST BLIND BOX INFORMATION SOFA

STORAGE FITTING ROOM CARPET TILE TOILET WATER SINK

DIFFUSER MDF DUCT BEAM GRID PLANT BOX INFORMATION HANGER STAND LAMP

SPOT LIMIT LIGHT DOWN LIGHT STAND FIN. PAINT STRONG GLASS BOARD

HOTEL SPACE COUNTER WIREMASH STAINLESS PIPE BED STOP EXPENTION

OAK EQUIPMENT RANGE HOTEL FACADE SOFA STOOL TEL BOOTH GATE

SUPER SHUTTER DECORATION PERSPECTIVE ISOMETRIC AXIS CONCEPT OAK

MEMORY SOFA INTERIOR VOLUMN OPEN STACK FACADE BENCH AUTO DOOR

1 2 3 4 5 6 7 8 9 0 1 2 3 4 5 6 7 8 9 0 100 200 300

1.000 3.600 1.900 1.500 1.350 2.000 4.700 6.000

900 950 700 250 400 800 750 100 300 550 600 400

640 730 820 910 150 250 350 160 360 470 580 800

150 250 350 450 550 650 750 850 950 10.500 2.050

100 270 360 400 540 630 770 860 950 1.220 110 210 310 410

910 120 220 320 420 520 620 720 820 920 130 230 330 430 530 630

1.520 2.430 3.750 4.620 5.790 6.340 7.000 8.000 9.000 10.000

15 25 35 45 55 65 75 85 95 100 250 300 450 500 650 700 850 900

1 2 3 4 5 6 7 8 9 0 10 20 30 40 50 60 70 80 90 100 200 300 400

평창동 주택 설계도

현대빌딩 신축 설계도

OFFICE PROJECT

OFFICE PROJECT

3. 선의 종류 및 선 연습

(1) 선의 종류

① 실선 : 보이는 부분의 물체를 표시하는 선

② 파선 : 보이지 않는 부분의 구조체나 움직이는 가구를 표시하는 선

(2) 선의 굵기

도면의 표현을 효과적으로 하기 위해서 선의 굵기를 구분한다. 3선 또는 4선으로 구분하며, 보조선을 포함하여 4선 또는 5선으로 구분한다.

(3) 선 긋기의 유의사항

① 도면상의 목적에 따라 선의 굵기를 구분하여 사용해야 한다.
  (예, 천장도-천장 형태와 조명기구 배치를 굵은 선으로, 배근도-철근을 굵은 선으로)

② 시작부터 끝까지 일정한 힘과 일정한 속도로 긋는다.

※ 선은 처음과 끝이 명확해야 하며, 굵기와 진하기가 일정해야 한다.

③ 펜(샤프 등)은 손목을 이용하여 우로 돌리며 긋는다.

④ 좌에서 우로, 아래에서 위로 긋는다.

⑤ 반복해서 그을 경우는 먼저 그은 선과 역으로 긋지 않아야 한다.

⑥ 긴 선의 경우 나누어 긋지 말고 가능한 한 번에 긋는다.

⑦ 파선은 길이와 간격을 일정하게 해야 한다.

※ 길이를 간격보다 길게 해야 한다.

⑧ 각을 이루어 만나는 선은 양 끝이 정확히 만나도록 해야 한다.

명칭		굵기	구분	용도	
실선	굵은 실선	0.4 0.5	HB	상세단면선 철근선	• 물체를 수평·수직으로 잘랐을 때 나타나는 형태를 그릴 때 사용한다. • 입면도와 전개도에서 외형을 그릴 때 사용한다.
	보통 실선	0.3 0.4	HB	단면선 외형선	
	가는 실선	0.2 0.1	H	치수선, 지시선 마감선, 해칭선	• 마감선·해칭선은 0.1굵기로 진하게 그린다. • 해칭선은 벽돌 표시와 같이 단면 부분에 45°로 흐리게 그은 선이다.
	가늘고 흐린선	0.1	HB H	보조선	선과 선의 연장 효과를 위해, 글씨를 줄 바르고 고르게 쓰기 위해 사용한다.
허선	파선	0.3 0.2	HB	숨은선	물체의 보이지 않는 부분의 모양과 보이지 않는 부분 구조체를 표현하는 데 사용한다.
	일점 쇄선	0.2 0.1	H	중심선	기둥·벽체 등의 중심축을 표시하는 데 사용한다.
		0.3~0.4	HB	절단선	건물의 절단위치를 표시할 때 사용한다.(단면 표시선)
	이점 쇄선	0.3~0.4	HB	확대선 가상선	• 부분을 상세도로 확대 작성할 때 쓰인다. • 물체가 있는 것으로 가상되는 부분을 표시할 때 쓰인다.

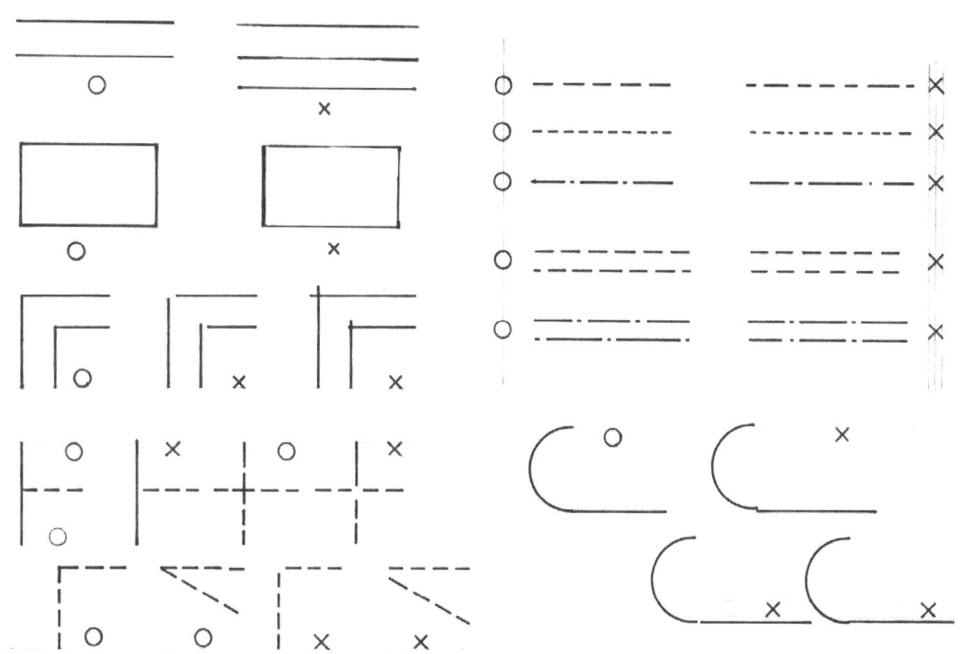

(4) 수직선 · 사선 긋기법

① 수직선과 사선은 삼각자를 I자에 붙여대고 긋는다.

② 수직선은 삼각자의 좌측에서, 아래에서 위로 올려 긋는다.

③ 사선은 그림과 같이 좌상향 선은 아래에서 위로 긋고, 우하향 선은 위에서 아래로 긋는다.

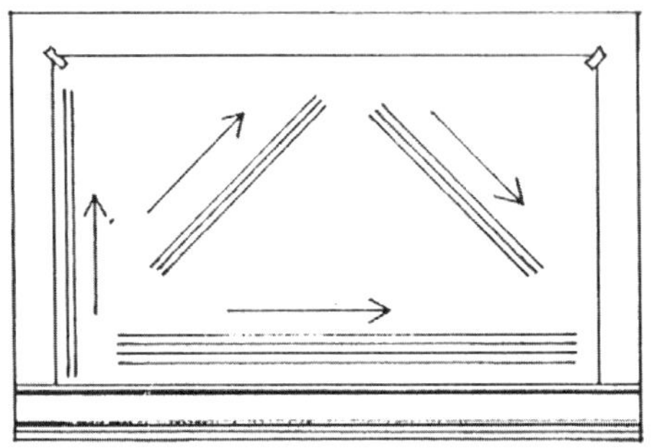

선그리기 진행방향

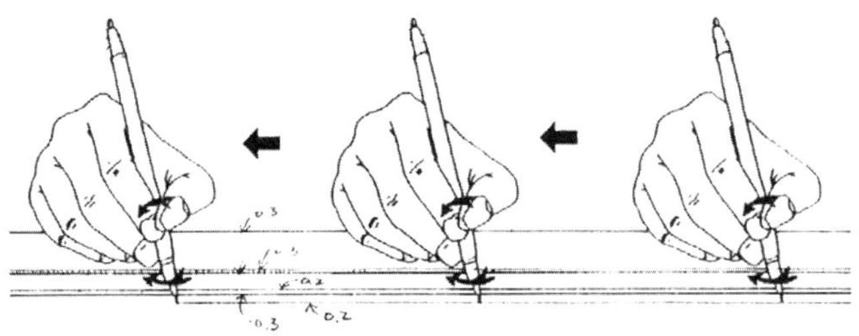

손의 이동과 펜의 회전

(1) 치수선과 치수 기입법

① 치수선은 H심을 사용하여 가늘고 진하게(명쾌하게) 긋는다.

② 시공도 작성 시는 치수선과 구조물선을 보조선으로 연결해 주어야 도면을 정확히 보기가 용이하다.

③ 보조선을 사용치 않고 치수선과 구조물선을 직접 연결하게 되면 때론 구조물과 치수선의 구별이 뚜렷하지 않아 혼란스런 경우가 있게 된다.

④ 치수선의 간격은 10㎜ 정도로 상 · 하 · 좌 · 우를 모두 같게 통일한다. 건축물이 커서 치수선이 많이 긴 경우는 10~12㎜ 보다 넓게 하는 것이 좋고, 치수선이 짧은 경우는 9~8㎜로 하는 것이 좋다.

⑤ 치수보조선의 길이는 좌측 것과 우측 것이 같게 하고, 상측 것과 하측 것이 같게 하는 것이 좋다. 여백이 많은 경우라도 5㎝ 이상 너무 길게 하지 않는 것이 좋다.

⑥ 치수선은 4단 이하로 해야 복잡하지 않다.(3단 이하가 적당하다.)

⑦ 점의 크기는 크지도 작지도 않게 하고, 정확한 위치에 정확한 형상으로 그린다.

⑧ 치수 쓰는 위치는, 상 · 하 치수선에는 치수선의 위쪽에, 좌 · 우의 치수선은 치수선의 좌측에 쓴다.

⑨ 치수는 치수선에 닿지 않고 줄 바르게 쓰기 위해 치수선 위로 2선(숙련 시는 1선)의 보조선을 긋고 쓴다.

치수보조선 사이의 중앙에 쓰며, 너무 크거나 작지 않게 쓰며, 명확하게 써야 한다.

⑩ 치수는 ㎜ 단위까지 쓰며, 세자리에서 자리점을 찍는다.(자리점은 m를 표시함)

(예, 4.385는 4m 38㎝ 5㎜를 뜻함.)

※ 치수 기재 후는 치수의 기재가 누락된 것이 없나 확인을 해야 한다.

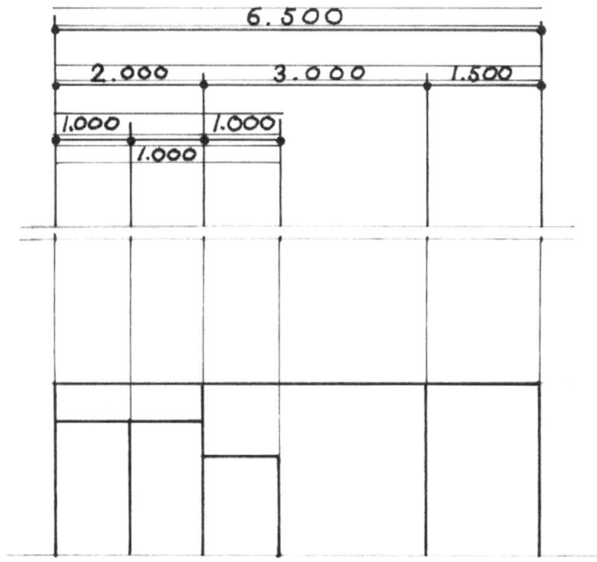

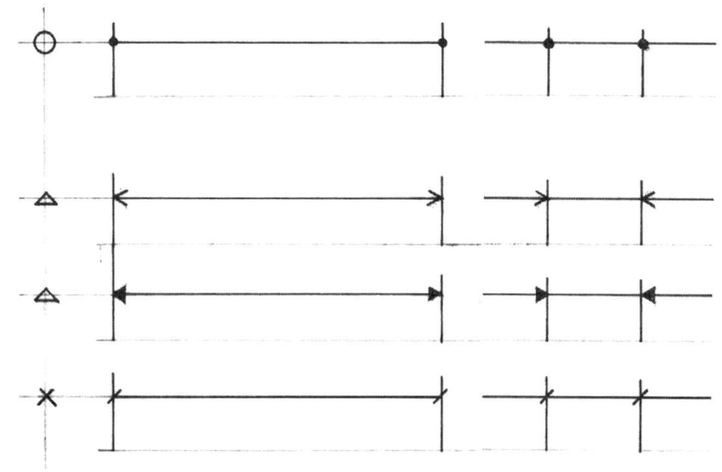

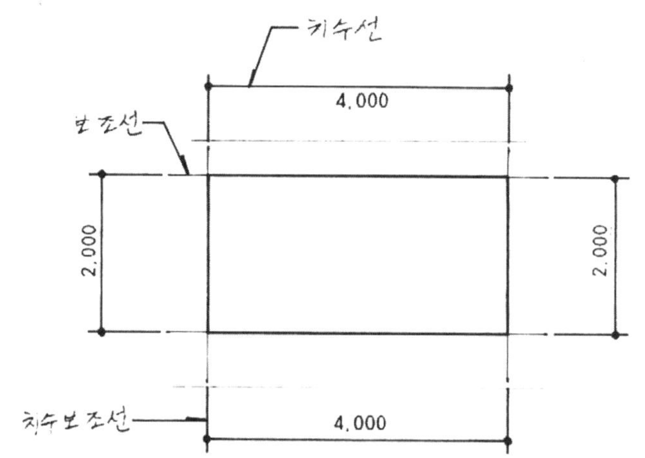

5. 도면 작성시 유의사항

① 표현하고자 하는 도면의 목적을 제도규칙에 따라 명확하게 표현해야 한다.

- 평면도 : 기둥 · 벽체 · 창 · 문 · 가구 등의 위치 · 크기 · 두께 · 재료 표시 등이 명확하게 표현되어야 한다.
- 단면도 : 벽체 · SLAB · 창 · 문 등의 위치 · 높이 · 두께 등의 구조가 명확하게 표현되어야 한다.

※ 단면도 겸 전개도로 그리는 경우도 많다.

- 전개도 · 입면도 : 평면도와 단면도에 준해서 건물의 형태(폭과 높이), 창과 문의 위치, 가구의 폭과 높이, 액자의 위치 등이 명확히 표현되어야 한다.
- 천장도 : 천장의 형태 · 등기구의 종류 및 위치 등이 명확히 표현되어야 한다.
- 상세도 : 합리적인 구조를 만들기 위한 각 부재의 조합과 아무림이 명확히 표현되어야 한다.

※ 표현하고자 하는 각 도면의 목적에 따라 굵기와 농도가 쓰여져야 한다.

(예, 천장도 : 천장의 요철(형태)과 조명기구를 진하게 그려야 한다. 벽체는 흐리게 그린다.)

② 도면은 자신감을 갖고 힘 있게 그려야 한다. 자신감이 결여되면 전체적으로 농도가 너무 낮게 그려져 힘 없어 보이는 도면이 된다.

※ 보조선을 포함하여 4~5선으로 구분이 되면 대체로 농도가 맞게 된다.

③ 선들은 농도가 3선 이상으로 구분되어야 한다. 일반적으로 보조선을 포함하면 4선, 보조선과 상세단면선을 포함하면 5선으로 구분하여 그려야 한다.

④ 선은 처음과 끝이 명확해야 하며, 중간에서 흐려지거나 진해져서는 안 되며, 진하기와 굵기가 처음부터 끝까지 일정해야 한다.

⑤ 도면 그리는 순서는 대체로 시공순서에 준해서 그린다.

중심선 → 구조선 → 창 · 문 → 마감선 → 지시선 · 치수선 → 글씨 → 뒷면에 재료표시

⑥ 시공도에서는 선과 선의 연계를 뚜렷이 나타내기 위해 보조선을 적절히 이용하는 것이 좋다.

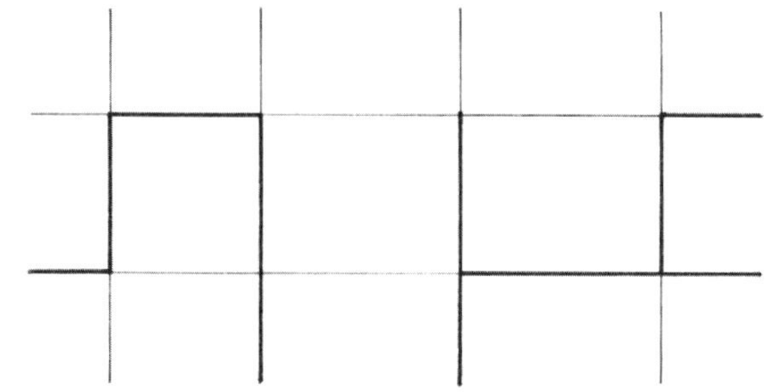

⑦ 중심선(Center Line)은

- 기둥과 기둥, 벽체와 벽체, 열과 열 사이에 점을 찍어야 한다.
- H로 가늘고 진하게 그린다.–때론 도면 작성 후 도면의 뒷면에 잉킹펜(0.2 또는 0.1)으로 그어 중심선을 명확히 한다.

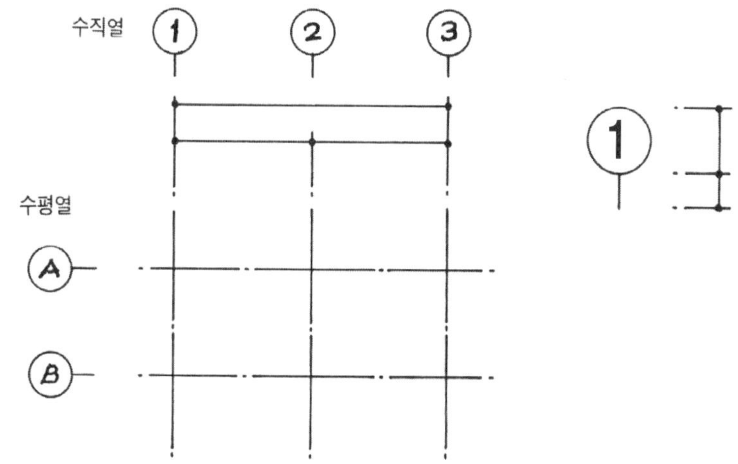

⑧ LEVEL 표시

- ±0.000을 기준으로 높은 곳은 +, 낮은 곳은 −로 나타낸다.
-  에서 원의 크기는 Ø 4~5 정도가 적당하다.

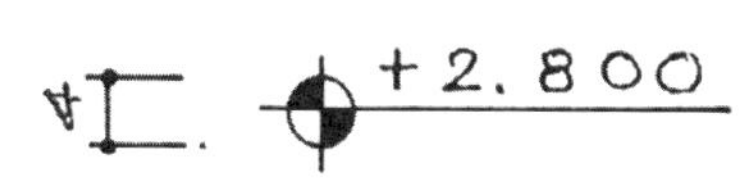

⑨ 도면 배치 방법

- 실제도 · 치수선 · Title의 위치와 크기를 충분히 고려하여 도면이 한편으로 쏠려 배치되지 않도록 해야 한다. 단, 도면의 내용이 작을 경우에는 좌 · 상측에 배치하여 그린다.
- 평면 · 단면 · 입면(전개도)의 연계관계를 고려해서 배치하는 것이 좋다.

※ 여백이 많다고 해서 치수선을 길게 하여 도면을 메우는 것은 좋지 않다.

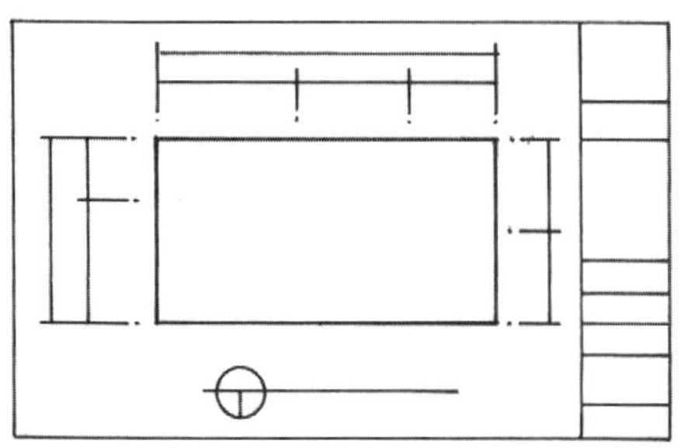

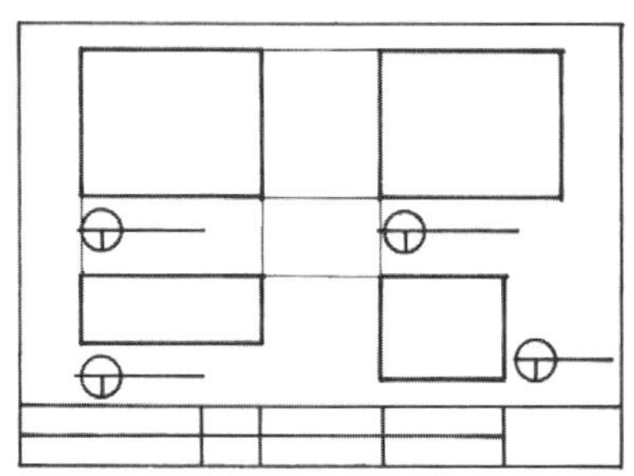

⑩ TITLE 쓰기

- 제목은 보조선을 흐리게 3선으로 긋고 쓴다.
- Scale은 보조선을 흐리게 2선을 긋고 쓴다.
- 제목의 글씨간격을 잘 맞추어 쓴다.
- 제목의 처음이나 끝에 Scale을 맞추어 쓴다.
- 타이틀의 크기는 그린 도면의 크기에 따라 알맞는 크기로 한다.
- 타이틀의 위치는 그린 도면의 중앙으로 하거나, 그린 도면의 좌측 선상에서부터 그린다.

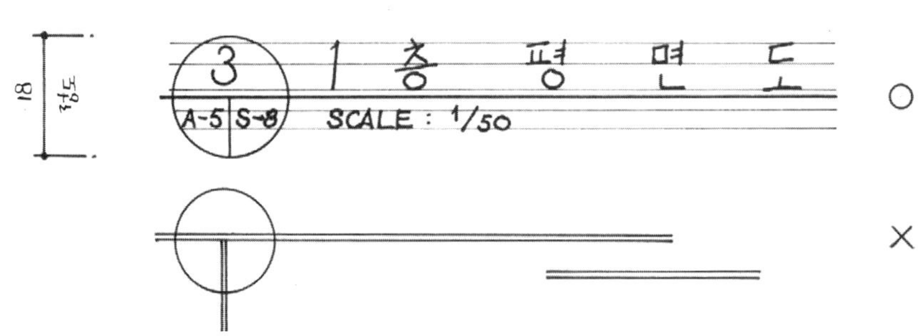

⑪ 지시선

- 선 지시의 경우

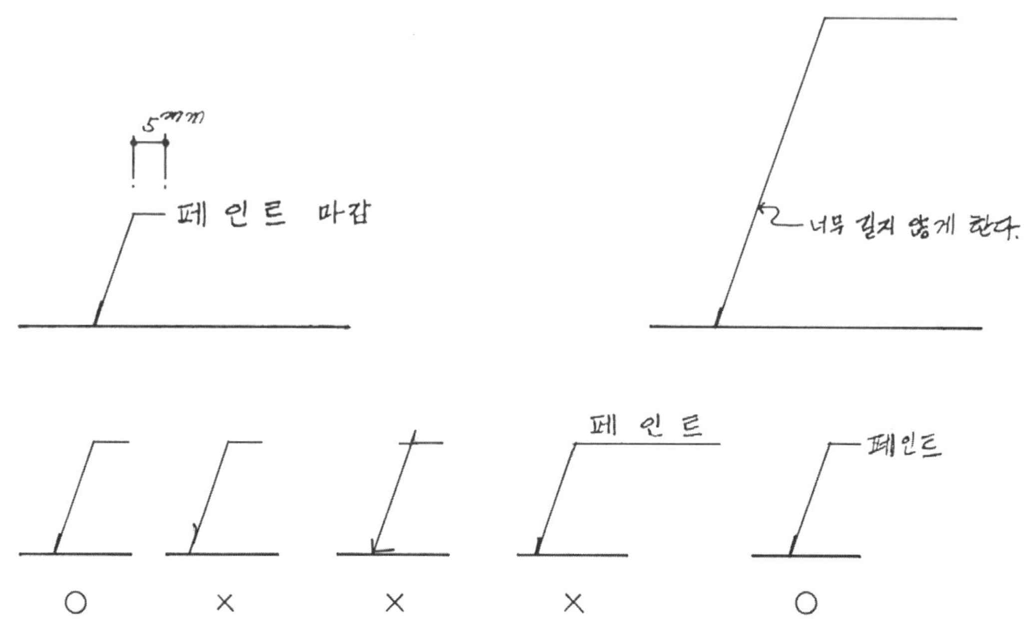

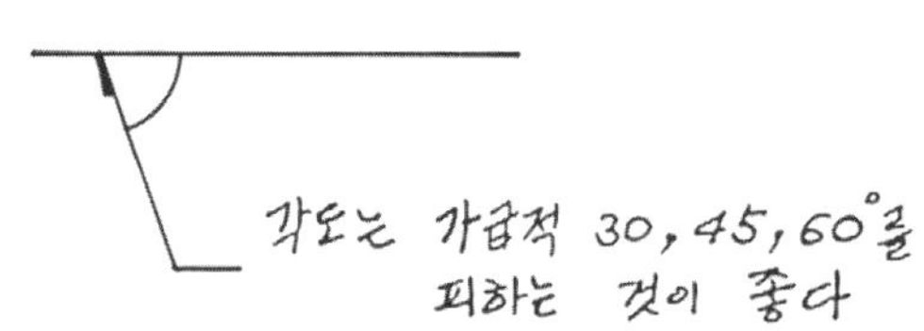

- 면 지시의 경우

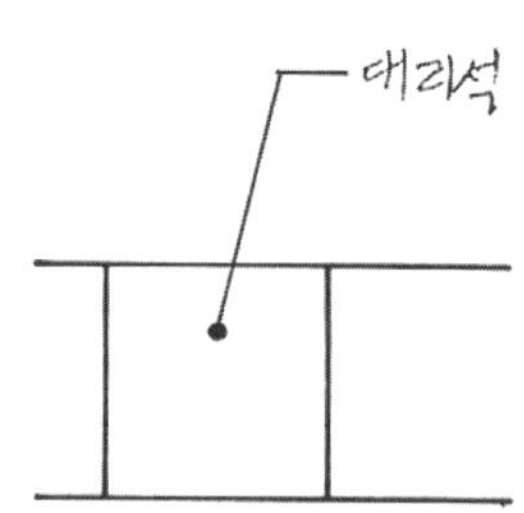

- 단면 지시의 경우

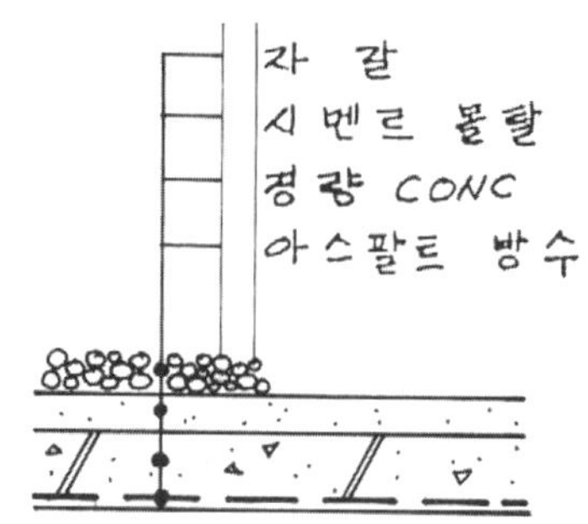

⑫ 재료의 표시

■ 벽돌의 표시

- 해칭선의 간격 · 농도를 일정하게 해야 한다.
- 해칭선이 벽돌선 밖으로 나가거나 짧지 않게 해야 한다.

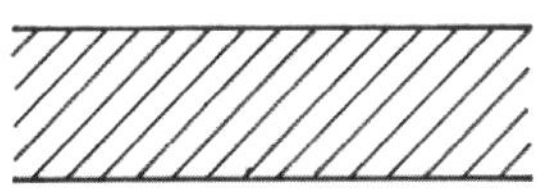

○

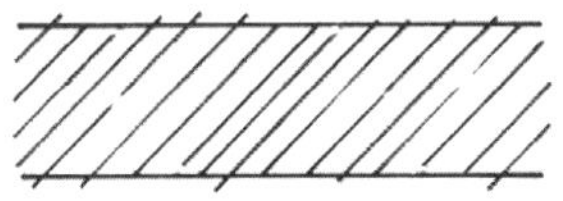

×

■ 철근콘크리트의 표시

- 자갈 · 모래의 표시는 너무 많지 않게 하는 것이 좋다.
- 철근 표시인 3선이 서로 다른 부분에 있어도 일직선으로 위치되게 그리는 것이 좋다. 3선의 간격이 너무 좁거나 넓지 않게 하며 가늘고 진하게 그린다.

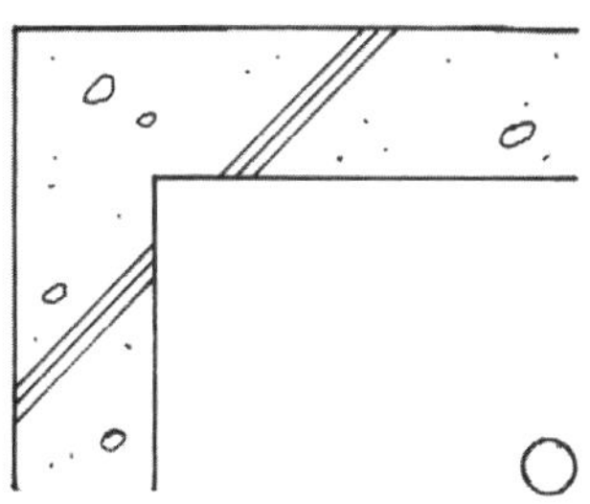

○

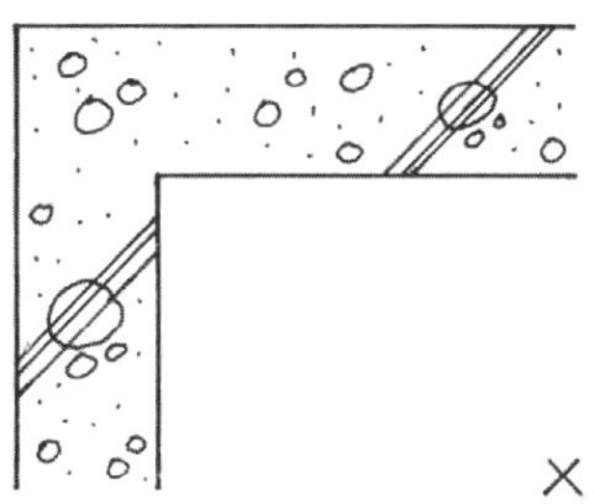

×

⑬ 도면 수정표시

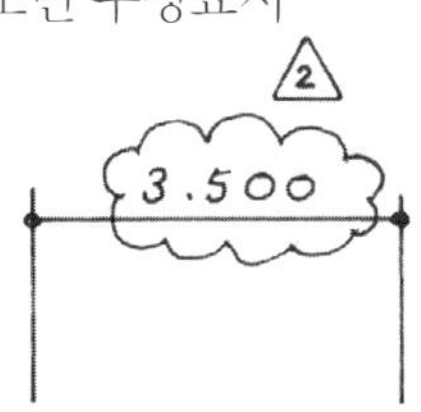

 는 수정부분을 표시하며,

 는 수정기재란의 2번째 내용을 참고하라는 표시이다.

⑭ 구조물선, 지시선, 치수선, 각종 기호, 글씨가 가급적 겹치지 않게 하여 도면이 혼잡스럽게 보이지 않도록 해야 한다.

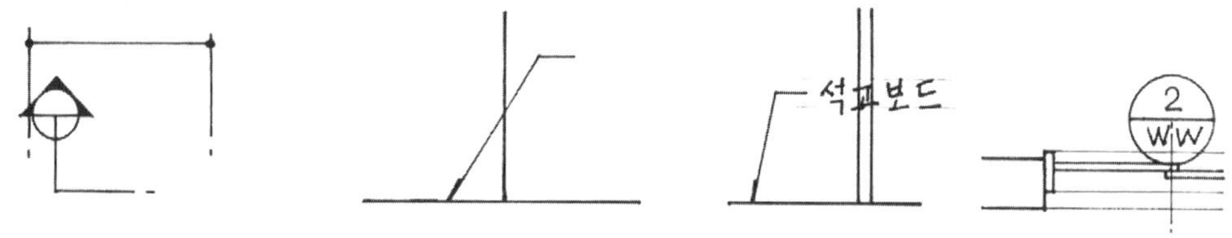

× × × ×

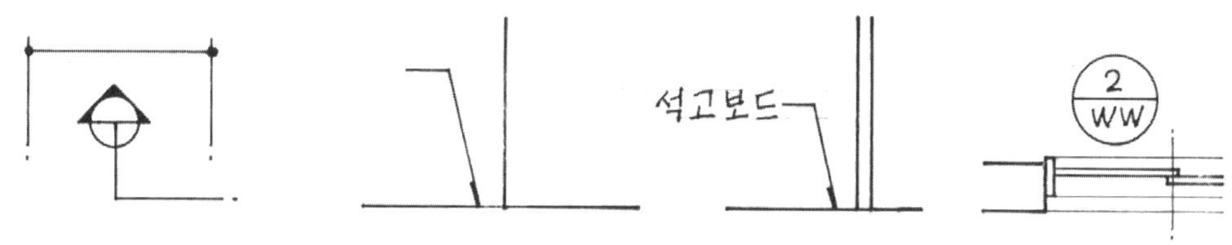

○ ○ ○ ○

⑮ 계단의 오름, 내림의 시점 표시 · 방향(화살)표시 · 절단의 표시가 정확해야 한다.

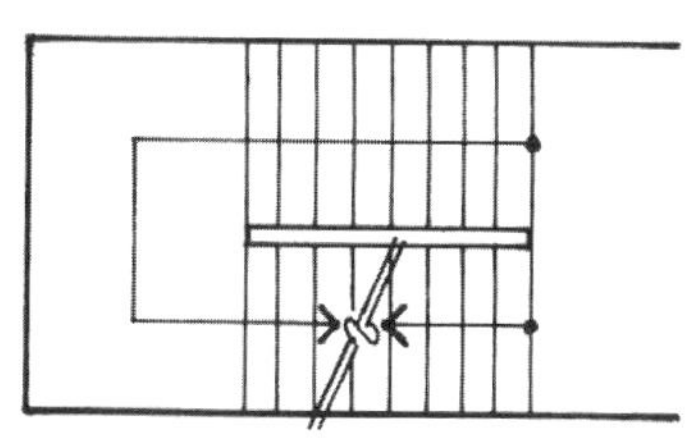

○

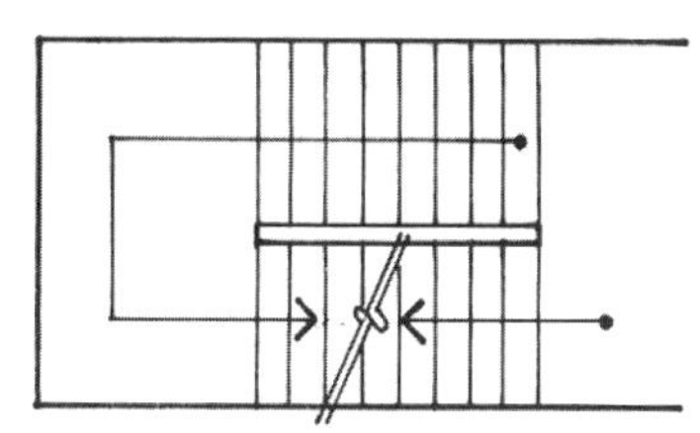

×

6. 각종 약어 및 한·영 주요 실내 건축 용어

	약호	원어	우리말	약호	원어	우리말	약호	원어	우리말
일반	ø	Dia	지름	H.L	Horizontal Line	수평선	FIN.	Finish	마감
	#	Number	번호	V.L	Vertical Line	수직선	TYP.	Typical	표준형의
	@	At, Interval	간격	W.L	Wall Line	벽면선	DWG.	Drawing	제도
	℄	Center Line	중심선	C.L	Ceiling Line	천장면선	ENT.	Enterance	현관, 입구
	l	Length	길이	F.L	Floor Line	바닥면선	EXT.	Exterior	외관
	w/	with		G.L.	Ground Line	지반선	MAX.	Maximum	최대치
	□	Equal Rectangular	정방형 각재	FL.	Floor	층	Min.	Minimum	최소치
	▫▫	Unequal Rectangular	장방형 각재	C/L	Closet	옷장	F.C.U.	Fan Coil Unit	팬코일 유니트
	U	Up	오름	C.H.	Ceilng Height	천장고	Q, TY	Quantity	물량
	D. DN	Down	내림	R, RM.	Room	방	REQ.	Require	요구사항
	R, r	Radius	반경	EQ.	Equal	동일한	REF.	Refrigerator	냉장고
	W	width	폭	P.S.	Pipe shaft	파이프 샤프트	Int. I	Interior(Design)	실내디자인
	D	Depth	깊이	D.S.	Duct shaft	덕트 스페이스	Arch. A	Architecture	건축
	H	Height	높이	S.W.	Swich	스위치	MECH. M	Mechanic	기계
	T.t.THK	Thickness	두께	N.T.S	Not To Scale	축척이 없는	Elec. E	Electric	전기
재료	PL	Plate	평강	B	Bolt	볼트	A.L.C	Air Lightweight Concrete	경량기포 콘크리트
	L	Angle	등변 형강	G	Glass	유리	CONC.	Concrete	콘크리트
	∟	Angle	부등변 형강	S	Steel	강	INSUL.	Insulation	단열재
	⊏	channel	찬넬	W	Wood	목재	G/B	Gypsum Board	석고 보드
	H-Beam		H형강	SST	Stainless Steel	스테인레스 강	GALV.	Galvanized	아연 도금
	I-Beam		I형강	G.I.S	Galvanized Iron Sheet	아연도금 철판	F/D	Floor Drain	바닥 배수구
	T	Tee	T형강	G.I.P	Galvanized Iron Pipe	아연도금 강관			
	Z	Zee	Z형강	A.L.C					
구조	B	Beam	보(작은 보)	W	Wall	벽	R.C	Reinforced Concrete	철근 콘크리트
	G	Girder	보(큰 보)	S	Slab	슬래브	T	Truss	트러스
	C	Columm	기둥	F	Footing, Foundation	기초			
도료	O.P	Oil Paint	유성페인트	E.P	Emulsion Paint	에멀젼 페인트	V.E	Vinyl Enamel	비닐계 에나멜
	W.P	Water Paint	수성페인트	S.P	Synthetic Paint	합성수지 페인트	L.C	Clear Lacquer	클리어 래커
	V.P	Vinyl Paint	비닐페인트	O.S	Oil Stain	오일 스테인			
창호	WD	Wood Door	목제문	WW	Wood Window	목제 창	F	Flush Door	플러시 문
	SD	Steel Door	철제문	SW	Steel Window	철제 창	S	Shutter	셔터
	AD	Aluminium Door	알루미늄문	AW	Aluminium Window	알루미늄 창			
	SSD	Stainless Steel Door	스텐레스문	SSW	Stainless Steel Window	스텐레스 창			

■ 도면 용어

설계명	TITLE, PROJECT TITLE
축 척	SCALE
범 례	LEGEND
도면명	DRAWING TITLE
평면도	FLOOR PLAN
천장도	CEILING PLAN
입면도	ELEVATION
단면도	SECTION
표준단면도	TYP. SECTION
주단면도	MAIN SECTION
상세도	DETAIL
단면상세도	SECTION DETAIL
투시도	PERSPECTIVE
가구도	FURNITURE DRAWING
창호도	DOOR & WINDOW SCHEDULE
배치도	LAYOUT
공 통	TYPICAL, TYP.
중심선	CENTER LINE,
주열번호	GRID NUMBER
치수선	DIMENSION LINE
두 께	THICKNESS
지 하	BASEMENT
1 층	FIRST FLOOR, 1st FL

■ 계획 용어

디자인 개념	DESIGN CONCEPT
디자인 과정	DESIGN PROCESS
디자인 원리	DESIGN PRINCIPLE
제 도	DRAFTING
에 스 키 스	ESQUIRES
동 선	CIRCULATION
모 듈	MODULE
축	AXIS
개 구 부	OPENING
실내디자인	INTERIOR DESIGN INT.D. I.D. I
실 내 건 축	INTERIOR ARCHITECTURE
구 조	STRUCTURE

■ 각 실 용어

거 실	LIVING ROOM, LIV., L
식 당	DINING ROOM, DIN., D
부 엌	KITCHEN, KIT., K
다용도실	UTILITY, UNTL., U
안 방	MASTER BEDROOM, MB
방	ROOM, RM, R, BED ROOM
욕 실	BATHROOM, B
화 장 실	TOILET, T
객 실	GUEST ROOM, G
갱 의 실	DRESSING ROOM, DR
대 기 실	WAITING ROOM, WR
계 단 실	STAIR CASE
로 비	LOBBY
라 운 지	LOUNGE
받침(벽장)	CLOSET
복도(통로)	CORRIDOR
창 고	STORAGE, S
차 고	GARAGE, G
기 계 실	MICHANICAL ROOM
가 족 실	FAMILY ROOM, FR
탈 의 실	FITTING ROOM, FIT, F
데 크	DECK
발 코 니	BALCONY
테 라 스	TERRACE
미 용 실	BEAUTY SALON
의 상 실	BOUTIQUE
계 산 대	CASHER COUNTER

■ 가구 용어

가 구	FURNITURE
붙박이 가구	BUILT-IN FURNITURE
선 반	SHELF
소 파	SOFA
옷 장	CLOTHSET
화 장 대	DRESSING TABLE
탁 자	CONSOLE
등받이 없는 의자	STOOL
식 탁	DINNING TABLE
옆 탁	SIDE TABLE
1인용 침대	SINGLE BED
2인용 침대	DOUBLE BED
싱 크 대	KITCHEN CABINET

■ 조명 용어

직 부 등(천장등)	CEILING LIGHT
펜던트등	PENDENT
벽 등(벽부등)	BRACKET
샹들리에	CHANDELIER
다운라이트	DOWN LIGHT
테이블스탠드	TABLE LIGHT
플로어스탠드	FLOOR STAND
형 광 등	FLUORESCENT LAMP
할로겐등	HALOGEN LAMP
U 형 등	U - LAMP

■ 위생기구 용어

욕 조	BATH TUB
샤워부스	SHOWER BOOTH
샤워트레이	SHOWER TRAY
비 데	BIDET
변 기	TOILET STOOL
세 면 기	WASHBOWL
수건걸이	TOWEL BAR
원형수건걸이	TOWEL RING
비누접시	SOAP DISH

■ 설비 용어

에 어 콘	AIR CONDITIONER, A/C
난 방 기	HEATER, H/T
디 퓨 져	DIFFUSER
급 기	SUPPLY AIR
배 기	RETURN AIR
덕 트	DUCT
덕트샤프트	DUCT SHAFT
파이프 샤프트	PIPE SHAFT
연기 감지기	SMOKE DETECTOR
스프링클러	SPRINKLER
방 열 기	RADIATOR
팬코일 유닛	FANCOIL UNIT, F.C.U.
후 - 드	HOOD
에어커튼	AIR - CURTAIN
슬 리 브	SLEEVE
엘 보 우	ELBOW
배 수 구	DRAIN
배 전 반	SWITCH BOARD
유연파이프	FLEXIBLE PIPE

각종 약어 및 한·영 주요 실내 건축 용어

■ 시공·구조 용어

기 둥 COLUMN, COL, C
보(기둥 ↔ 기둥) GIRDER, G
보(보 ↔ 보) BEAM, B
슬래브 SLAB, S
기 초 FOUNDATION, FOOTING, F
샛기둥 STUD
경량철골 샛기둥 METAL STUD
트러스 TRUSS
내력벽 BEARING WALL
비내력벽 NON-BEARING WALL
중공벽 CAVITY WALL
인 방 LINTEL
문 틀 DOOR FRAME
밑틀(문턱) SILL
윗 틀 HEAD
선 틀 JAMB
양판문 FLUSH DOOR
미닫이문 SLIDING DOOR
접이문 FOLDING DOOR
밀 창 PROJECTED WINDOW
고정창 FIXED WINDOW, F
아 치 ARCH
시공연도 WORKABILITY
양 생 CURING
걸레받이 BASE BOARD
몰 딩 MOLDING
루 버 LOUVER
블라인드 BLIND
마 루 WOOD FLOORING
달 대 HANGER
달대볼트 HANGER BOLT
앵커볼트 ANCHOR BOLT
익스팬션볼트 EXPANSION BOLT, EXP.BOLT
워 셔 WASHER
ㄱ형강 ANGLE
ㄷ형강 CHANNEL
나선형 계단 SPIRAL STAIR
계단난간 HANDRAIL
단높이 RISER
디딤판 TREAD
계단참 LANDING
벽난로 FIRE PLACE
모서리 EDGE
마 감 FINISHING
견 적 ESTIMATE
계 약 CONTRACT
시방서 SPECIFICATION, SPEC.
건축주 CLIENT, OWNER
감독관 INSPECTOR

■ 재료 용어

목 재 TIMBER
합 판 PLYWOOD
엠디에프 M.D.F(MEDIUM DENSITY FIBER BOARD)
무늬목 WOOD VENEER
참나무 OAK
단풍나무 MAPLE
호도나무 WALNUT
티 크 TEAK
벗나무 CHERRY
마호가니 MAHOGANY
대리석 MARBLE
화강석 GRANITE
벽 돌 BRICK
블 록 BLOCK
콘크리트 CONCRETE
철근콘크리트 REINFORCED CONCRETE
시멘트 CEMENT
몰탈(모르타르) MORTAR
플라스터 PLASTER
코너비드 CORNER BEAD
유 리 GLASS
투명유리 CLEAR GLASS
연마유리 FROST GLASS
복층유리 PAIR GLASS
스테인드유리 STAINED GLASS
베벨드유리 BEVELED GLASS
에칭유리 ETCHING GLASS
반사유리 REFLECT GLASS
유리블록 GLASS BLOCK
은 경 SILVER MIRROR
흑 경 BLACK MIRROR
단열재 INSULATION
유리면 GLASS WOOL
암 면 ROCK WOOL
실런트 SEALANT
코 킹 CAULKING
퍼 티 PUTTY
에폭시 EPOXY
우레탄 URETHANE
타 일 TILE
세라믹타일 CERAMIC TILE
클링커타일 CLINKER TILE
쿼리타일 QUARRY TILE
카 펫 CARPET
벽 지 WALL COVERING, WALL PAPER
볼 트 BOLT
너 트 NUT
정 첩 HINGE
철 물 HARDWARE
논슬립 NON-SLIP
문손잡이 DOOR HOLDER
철 판 STEEL PLATE
철 망 LATH
스테인리스 스틸 STAINLESS STEEL, SST'L, SS
황 동 BRASS
철 근 STEEL-BAR

〔HB〕

〔HB〕

〔H〕

〔HB〕

〔HB〕 〔HB〕 〔H〕 〔HB〕

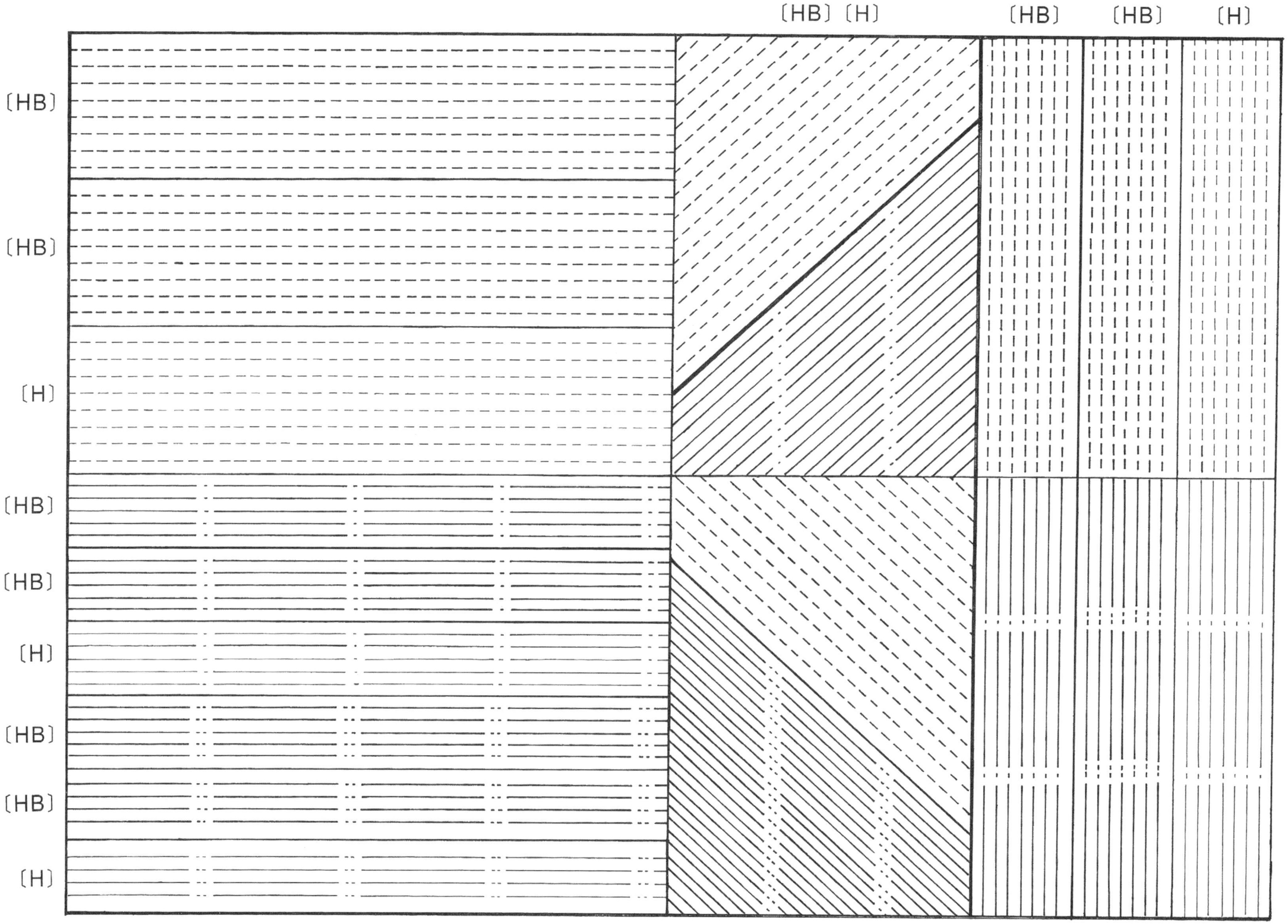
(HB) (H)
(HB)
(HB)
(H)
(HB)
(HB)
(H)
(HB)
(HB)
(H)
(HB)
(HB)
(H)
(HB)
(HB)
(H)

재 료 명	표 시 기 호	재 료 명	표 시 기 호
지 반		시 멘 트 벽 돌	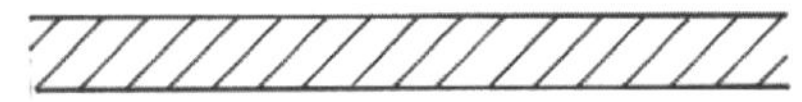
잡 석	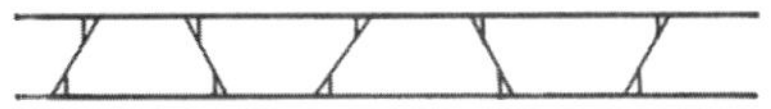	붉 은 (치 장) 벽 돌	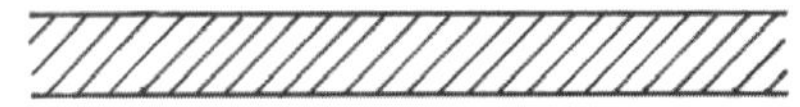
자 갈	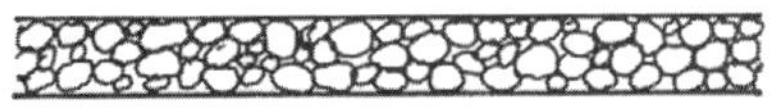	블 록	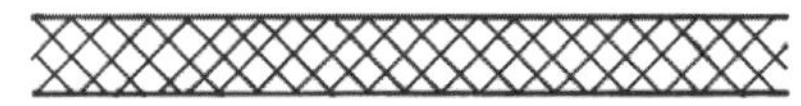
모 래	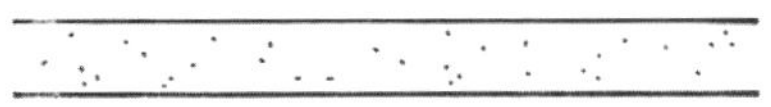	철 재	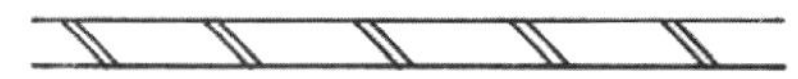
자 갈 · 모 래		알 루 미 늄	
석 재	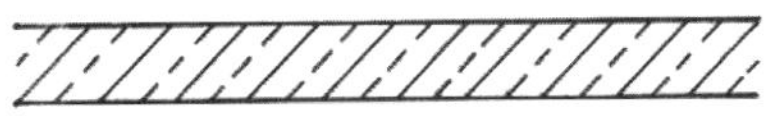	단 열 재	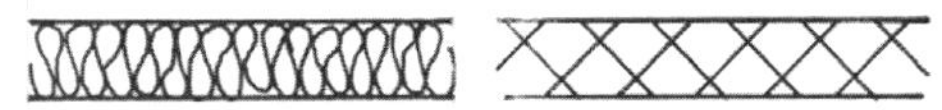
인 조 석		유 리	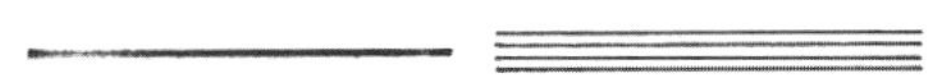
무 근 콘 크 리 트	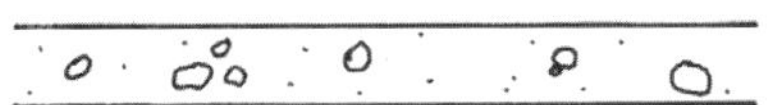	타 일	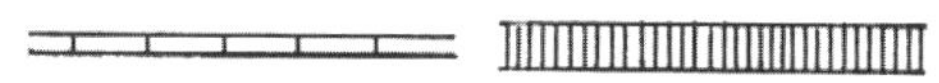
쇄 석 콘 크 리 트		망 · WIRE LATH	
철 근 콘 크 리 트	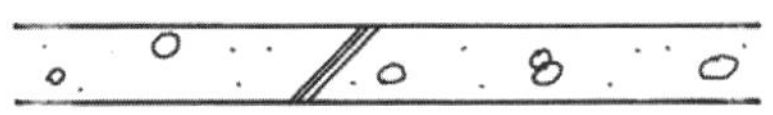	WIRE MESH	
경 량 철 근 콘 크 리 트	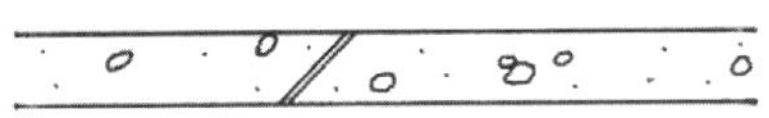	METAL LATH	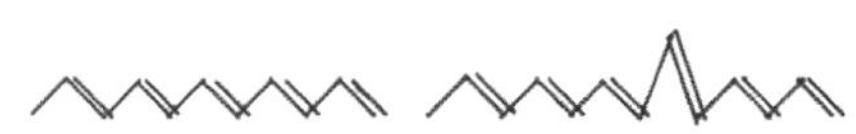
목 재	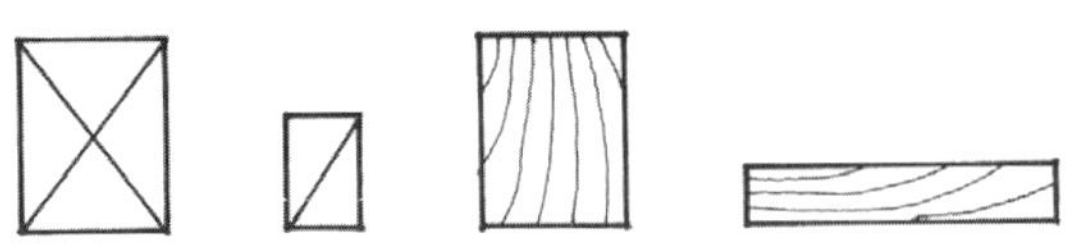	합 판	
		석 고 보 오 드	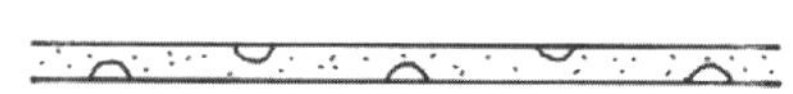

재료의 평면표시 기호		
	SCALE : 1/20~1/50	SCALE : 1/2~1/10
벽돌벽	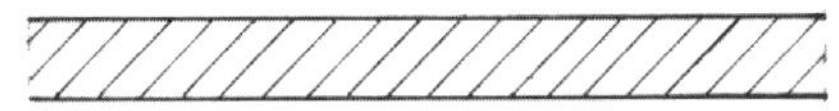	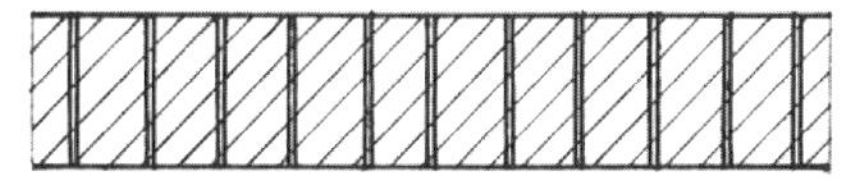
블록벽		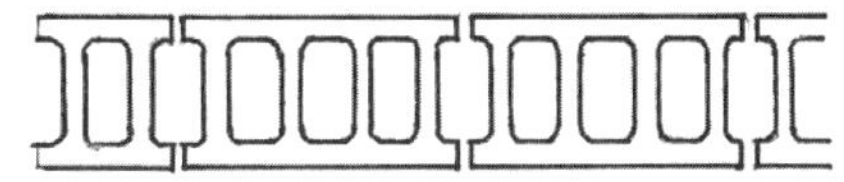
철근콘크리트 옹벽	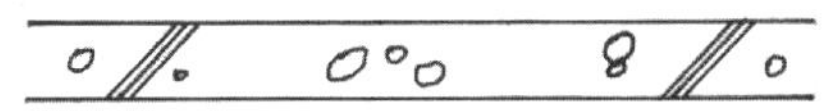	
철근콘크리트 기둥과 벽	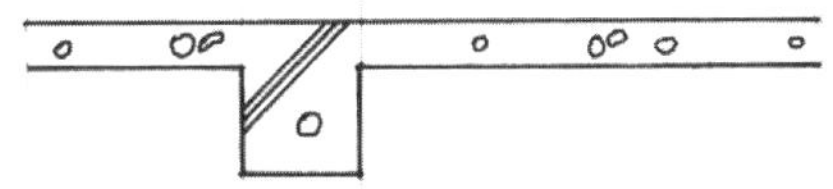	
철근 콘크리트 기둥과 장막벽	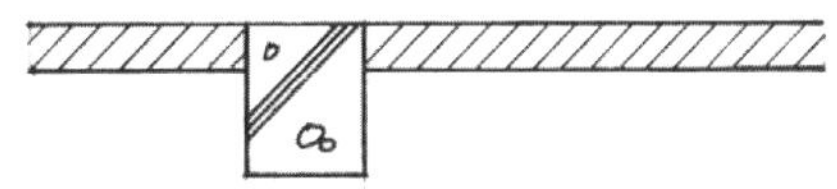	
철골·철근 콘크리트 기둥과 벽	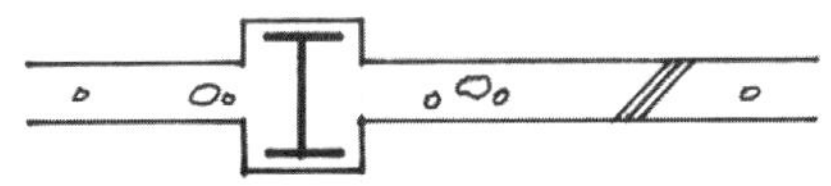	
철골기둥과 장막벽	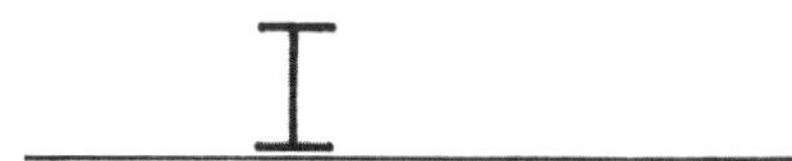	
심벽구조	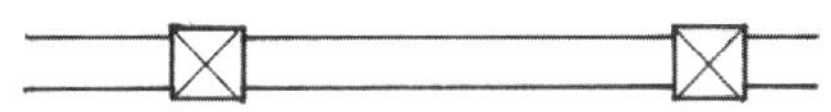	
평벽구조	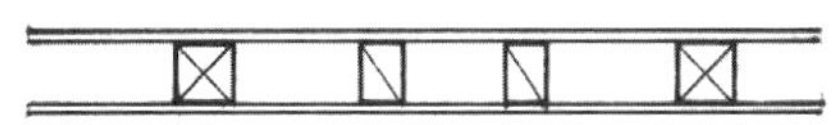	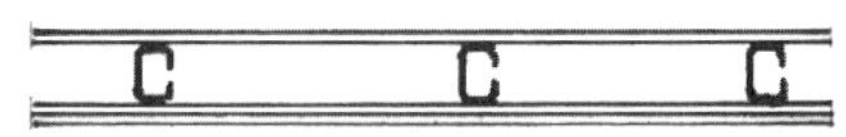

창호의 평면 표시기호

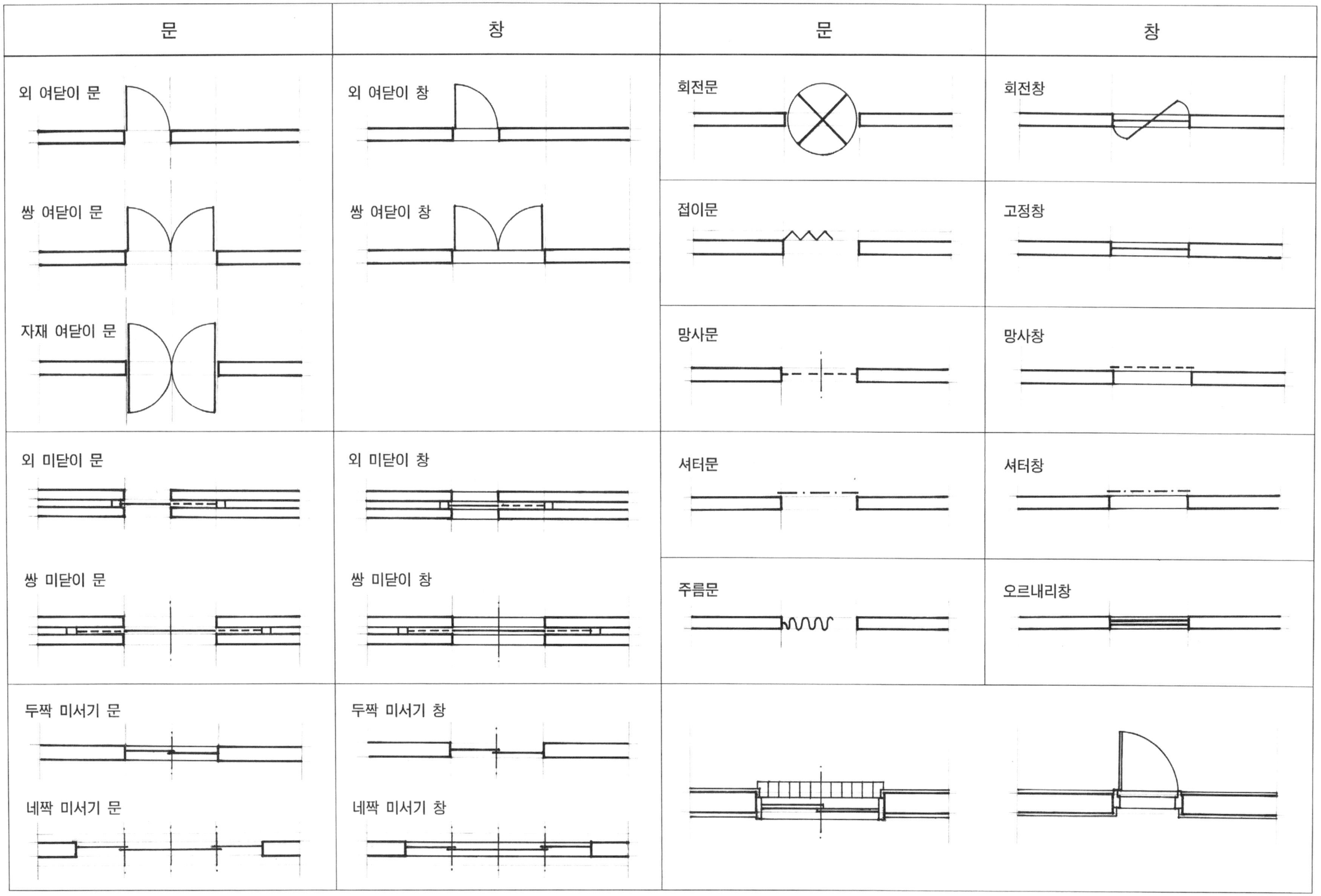
문
창
문
창
외 여닫이 문
외 여닫이 창
회전문
회전창
쌍 여닫이 문
쌍 여닫이 창
접이문
고정창
자재 여닫이 문
망사문
망사창
외 미닫이 문
외 미닫이 창
셔터문
셔터창
쌍 미닫이 문
쌍 미닫이 창
주름문
오르내리창
두짝 미서기 문
두짝 미서기 창
네짝 미서기 문
네짝 미서기 창

창호 부호 쓰는 법

기호	명칭	기호	명칭
2 / WD	목제문	1 / WW	목제창
5 / AD	알루미늄문	3 / AW	알루미늄창
1 / SD	철제문	1 / SW	철제창
2 / SSD	스텐레스 철제문	1 / SSW	스텐레스 철제창
1 / FD	방화문	1 / FW	고정창
1 / PD	창호지문	2 / PW	창호지창
2 / SS	철제셔터	● / ●	창호종별기호 / 창호기호

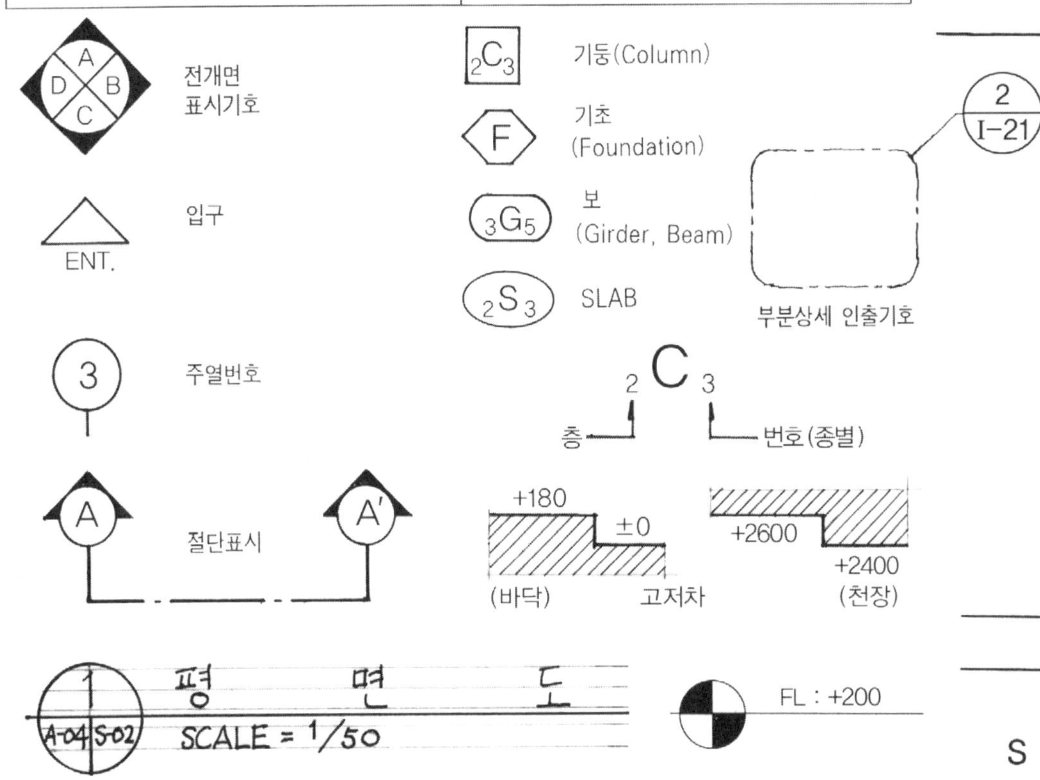

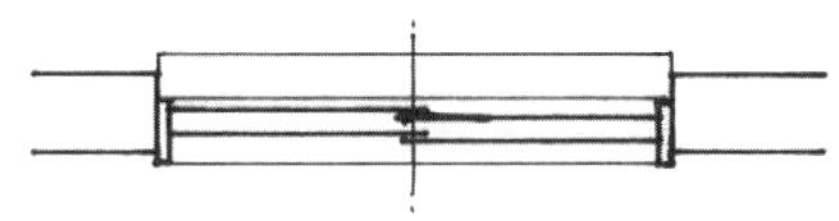

S : 1/100, 1/200

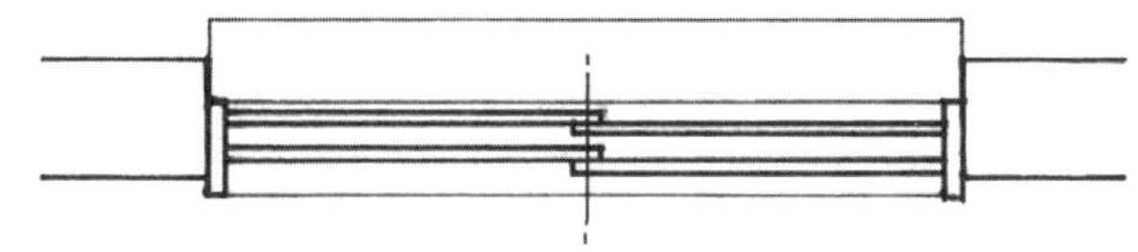

S : 1/30, 1/40, 1/50, 1/60

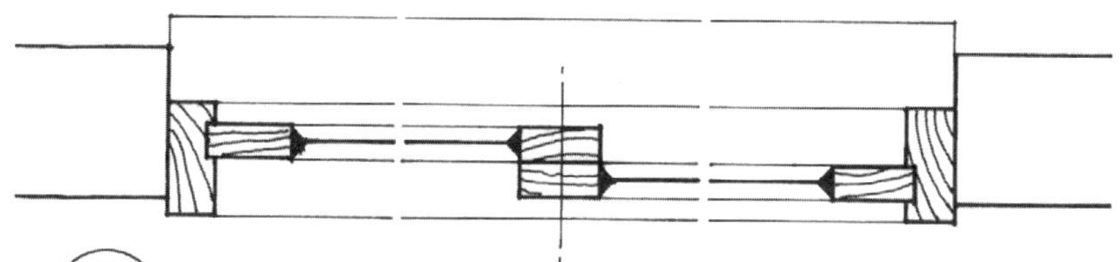

S : 1/5, 1/10

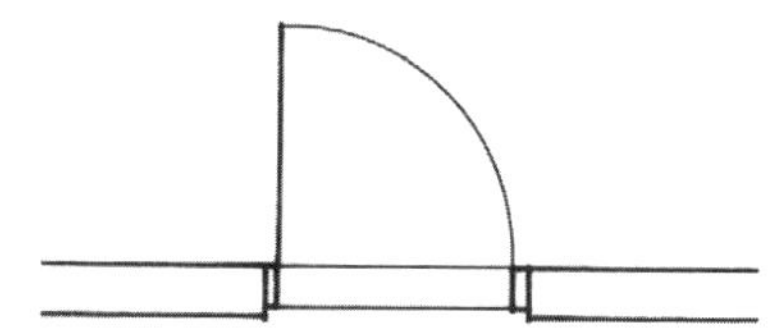

S : 1/100, 1/200

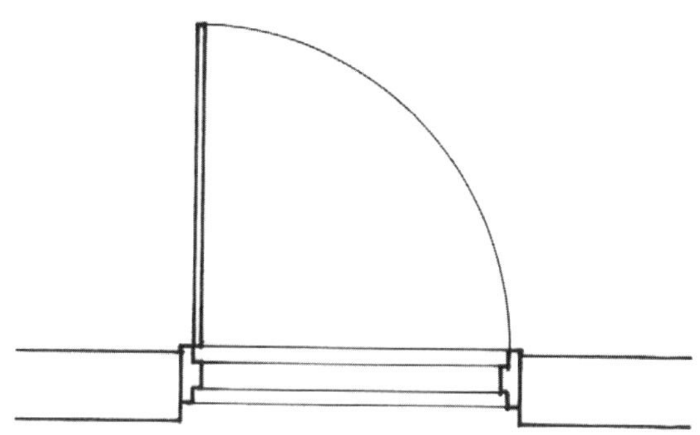

S : 1/30, 1/40, 1/50, 1/60

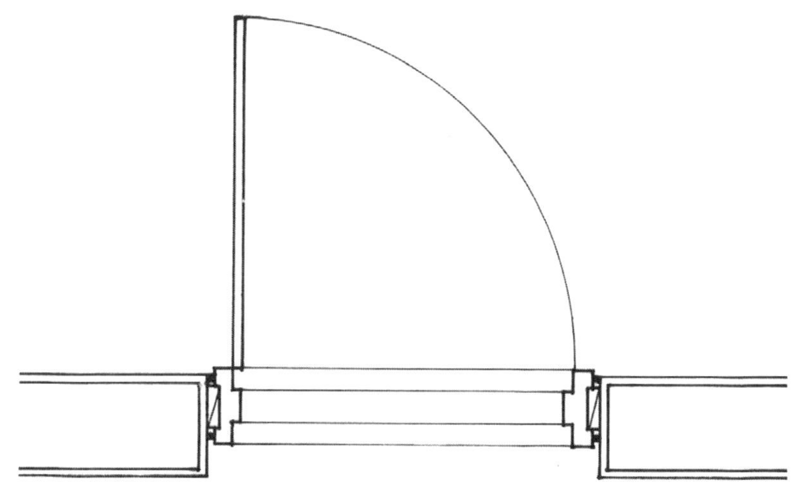

S : 1/5, 1/10

조 명 부 호	
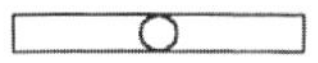	1구 형광등
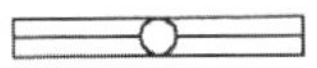	2구 형광등
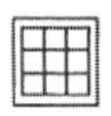	Luminous Ceiling Light
	Down Light
	Spot Light
	벽부등(Braket)
	Chandelier
	Pendant Light
	비상등
	유도등
	일반 천장등

공 조 · 소 방 · 위 생 설 비 부 호	
	원형 디퓨져
	사각 디퓨져
	선형 디퓨져
	스프링클러
	소화전
	배수구

전 기 설 비 부 호	
	3상 콘센트(220V)
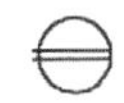	2상 콘센트(110V)
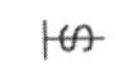	스위치
	TV안테나 단자
	Thermostat
	화재 감지기
	분전반
	전화기 단자
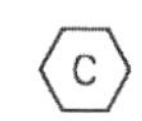	컴퓨터 단자
	케이블TV단자
	스피커

제3장

설계도의 종류 및 도면 작성순서

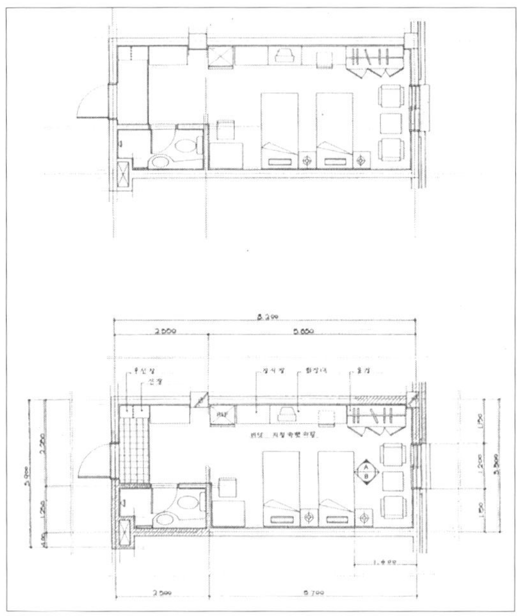

1. 설계도면의 종류
2. 도면별 작성순서 및 실례

(1) 설계도면의 종류

계획설계도	계획도 기본 설계도	
실시설계도 (시공도)	일반도	평면도 천장도 단면도 입면도 전개도 창호도 상세도 투시도
	구조도	기초 평면도 바닥틀 평면도 지붕틀 평면도 배근도
	설비도	전기도 냉 · 난방도 위생설비도 소화설비도

※ 구조도는 건축에서 작성하는 도면임.

(2) 각 설계도면의 뜻

① 평면도(Floor Plan) : 각 층의 바닥 면으로부터 1.5m 정도 높이에서 건축물을 수평으로 절단하여 내려다보고 그린 도면이다.

② 천장도(Ceiling Plan) : 실내 각 실에서 천장을 올려다보고 그린 도면이다. 평면도를 기준으로 해서 그린다.

③ 단면도(Section) : 건축물을 수직으로 절단하여 바라보고 그린 도면이다. (횡단면도, 종단면도, 부분단면도 등이 있다.)

④ 입면도(Elevation) : 건축물을 외부에서 바라보고 그린 도면이다. 4면을 그리므로 정면도 · 배면도 · 좌측면도 · 우측 면도가 있다.

⑤ 전개도(Elevation) : 내부 입면도이다. 각 실마다 전개도를 작성할 수 있다. 인테리어 도면 작성 시 많이 그린다.

⑥ 창호도(Door Schedule) : 창과 문의 재료, 형태, 크기, 개폐방법 등에 따라 모든 창과 문을 표와 같이 정리하여 그린 도면이다.

⑦ 상세도(Detail) : 주요한 부분을 축척 1/10~1/5로 자세하게 그린 도면이다. 1:1로 그린 도면을 현치도라고 한다.

⑧ 기초 평면도(Foundation Plan) : 기초의 위치, 형태, 크기를 내려다보고 그린 도면이다.

⑨ 바닥틀 평면도(Structural Plan) : 기둥 · 보의 위치와 크기를 내려다보고 그린 도면이다.

⑩ 배근도(Re-Bar Plan) : 철근의 배근 상태를 그린 도면이다. 철근의 굵기, 간격, 구부림 등이 기초 · 기둥 · 보 · 슬래브별로 표현된다.

⑪ 위생설비도(Plumbing Drawing) : 급수 · 배수를 위한 기구(세면기, 대변기 등)의 배치 및 배선 등을 그린 도면이다.

⑫ 전기도(Electrical Drawing) : 강전(전등, 전열)과 약전(전화, 인터폰)의 배치 및 배선 등을 그린 도면이다.

※ Facade : 건축물의 정면도를 표현한 것으로 상업건축물에 주로 사용되며, 주 출입구와 같은 부분 Facade도 그린다.

※ ⑧~⑩은 건축구조도(Structural Drawing)임.

(1) 평면도 작성 순서

① 제도용지에 그릴 내용의 크기를 고려하여 도면을 균형 있게 배치한다.

■ 그릴 내용이 커서 하나만 들어갈 경우는 도면의 중심과 그릴 내용(Title · 치수선 포함)의 중심을 같게 배치한다.

■ 그릴 내용이 여러 개의 작은 경우는 각 그릴 내용의 연계성을 고려하며 균형 있게 배치한다.

② 가로 · 세로의 중심선을 흐리게 긋는다.(H)

③ 중심선을 기준으로 벽체를 흐리게 긋는다.(외벽을 공간 쌓기로 그린다.)

④ 창의 위치를 잡고 창틀을 흐리게 그린다.

⑤ 문의 위치를 잡고 창틀을 흐리게 그린다.

⑥ 벽체를 보통 실선 굵기로 진하게 긋는다.

⑦ 창틀을 진하게 그린다.

⑧ 창의 겹친 부분(중앙)을 잡은 후, 창을 굵은 선으로 긋는다.

⑨ 문틀을 진하게 그린다.

⑩ 문짝 그리기를 위해 문틀에서 45°로 선을 흐리게 그린다.

⑪ 문짝을 진하게 그린다.(HB)

⑫ 문짝 스침선($\frac{1}{4}$원)을 가늘게 긋는다.(H)

⑬ 창대의 입면선을 긋는다.(H)

⑭ 문지방의 입면선을 긋는다.(H)

⑮ 벽체 마감선을 긋는다.(H)

⑯ 위생도기 · 가구를 가늘고 진하게 그린다.(H)

⑰ 치수선과 치수보조선을 흐리게 긋는다.(H)

⑱ 중심선과 치수선을 가늘고 진하게 긋는다.(H)

⑲ 창의 부호표시(작은 원)을 그린다.(H)

⑳ 문의 부호표시(작은 원)을 그린다.(H)

㉑ 실명을 쓸 위치를 잡고 실명란(직사각형)을 그린다.

㉒ 타이틀의 위치를 균형된 위치에 잡고 적정한 크기로 그린다.

㉓ 글씨 모두를 쓰기 위한 보조선을 흐리게 긋는다.

㉔ 글씨를 바르고 진하게 쓴다.

㉕ 도면의 뒷면에 해칭선 및 재료 표시를 한다.(도면 수정의 편리와 그리는 중에 도면이 더러워지는 것을 방지하기 위해 나중에 그리는 것이다.)

㉖ 표제란에 기록한다.(도면작성자 · 검토자의 이름을 명확히 써야 한다.)

(2) 천장도 작성순서

① 평면도를 바닥에 깔고 벽체선을 뜬다.

② 천장 몰딩선을 긋는다.

③ 천장의 요철선을 긋는다.(우물 천장, 서까래 등)

④ 조명기구의 중심선을 흐리게 긋는다.

⑤ 조명기구 위치를 그린다.

⑥ 스프링클러 또는 디퓨저 또는 연기감지기의 중심선을 흐리게 그린다.

⑦ 스프링클러 또는 디퓨저 또는 연기감지기의 위치를 그린다.

⑧ 조명기구, 스프링클러, 디퓨저, 연기감지기의 위치를 디멘션으로 표시한다.

⑨ 천장 마감재를 기록한다.

⑩ 치수선과 치수보조선을 긋고 치수를 쓴다.

⑪ 타이틀을 그리고 타이틀명을 쓴다.

⑫ 천장설비표를 만든다.

※ 도면 작성순서는 순서가 조금은 바뀔 수 있다.

(3) 전개도 작성순서

① 평면도에 따라 그릴 전개면의 좌우폭을 흐리게 긋는다.

② 바닥선을 긋고 천장 높이에 따라 천장선을 흐리게 긋는다.

③ 바닥 · 천장 · 좌우 벽체선을 진하게 긋는다. 이 때 바닥선은 굵게 그어 도면이 안정감 있게 한다.

④ 전개면에 위치한 가구, 문, 창, 그림, 조명기구 등을 그려 넣는다.

⑤ 치수선과 치수보조선을 그린다.

⑥ 치수를 쓴다.

⑦ 전개면에 나타난 가구 · 기타의 명칭을 적고, 벽체의 마감재명을 쓴다.

⑧ 타이틀을 그리고 타이틀명을 쓴다.

(4) 단면도 작성순서

① 치수선과 타이틀을 포함한 그릴 단면도의 크기를 고려하여 균형 있게 배치한다.

② 수직으로 벽 또는 기둥의 중심선을 그린 후, 수평으로 각 층 슬래브의 바닥 · 지붕 · 지반의 위치를 흐리게 그린다.

※ 벽 또는 기둥의 중심선은 평면도에 의해 그린다.

③ 슬래브 두께, 기둥 두께, 벽 두께, 보 크기, 기초 크기를 흐리게 그린다.

④ 창의 위치를 잡고 창틀을 흐리게 그린다.

⑤ 문의 위치를 잡고 문틀을 흐리게 그린다.

⑥ 슬래브 · 보 · 기둥 · 기초 · 계단 등의 콘크리트구조를 진하게 그린다.

⑦ 벽체를 진하게 그린다.(벽돌 벽체 · 경량 벽체)

⑧ 창틀을 진하게 그린 후 창(유리 포함)을 진하게 그린다.

⑨ 문틀을 진하게 그린 후 문짝을 그린다.

※ 주택인 경우는 지붕틀과 지붕재(기와)를 그린다.

⑩ 천장고에 따라 천장을 그린다.

⑪ 전개 입면을 그린다.(문 · 창 · 개구부 등을 간단히) (H)

⑫ 치수선을 흐리게 그린다.(H)

⑬ 치수선 · 중심선을 가늘고 진하게 긋는다.(H)

※ 주열 표시를 가늘고 진하게 그린다.(H)

⑭ 실명란과 타이틀을 적정한 위치와 크기로 그린다.

⑮ 글씨를 쓰기 위한 보조선을 흐리게 긋는다.

⑯ 글씨를 바르고 진하게 쓴다.

⑰ 도면 위에 해칭선 및 재료 표시를 한다.

■ 도면철 작성순서

1. 표지(TITLE)
2. 도면목록표(DRAWING LIST)
3. 재료마감표(MATERIAL LIST)
4. 투시도(PERSPECTIVE)
5. 평면도(FLOOR PLAN)
6. 천장도(CEILING PLAN)
7. 입면도(전개도 · ELEVATION)
8. 부분평면도(PARTIAL PLAN)
9. 상세도(DETAIL)
   1) 부분평면상세도(PARTIAL PLAN DETAIL)
   2) 단면상세도(SECTION DETAIL)
10. 가구도
11. 전기설비도
    ① 조명배선도 ② 강전배선도
    ③ 약전배선도 ④ 소방배선도
12. 기계설비도
    ① 공조설비도 ② 급 · 배수설비도
    ③ 소방설비도

도면작성순서 실례 – 1

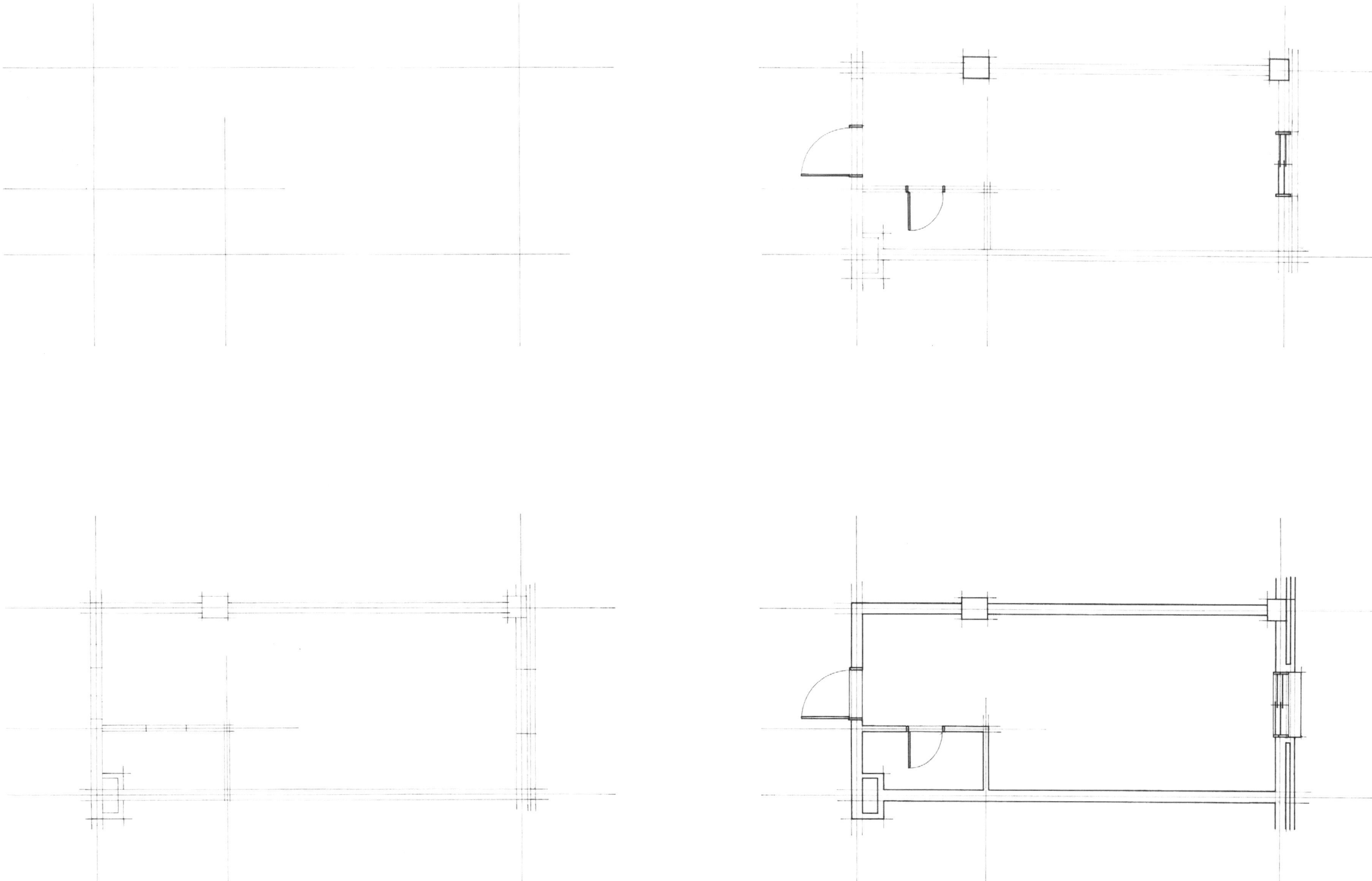

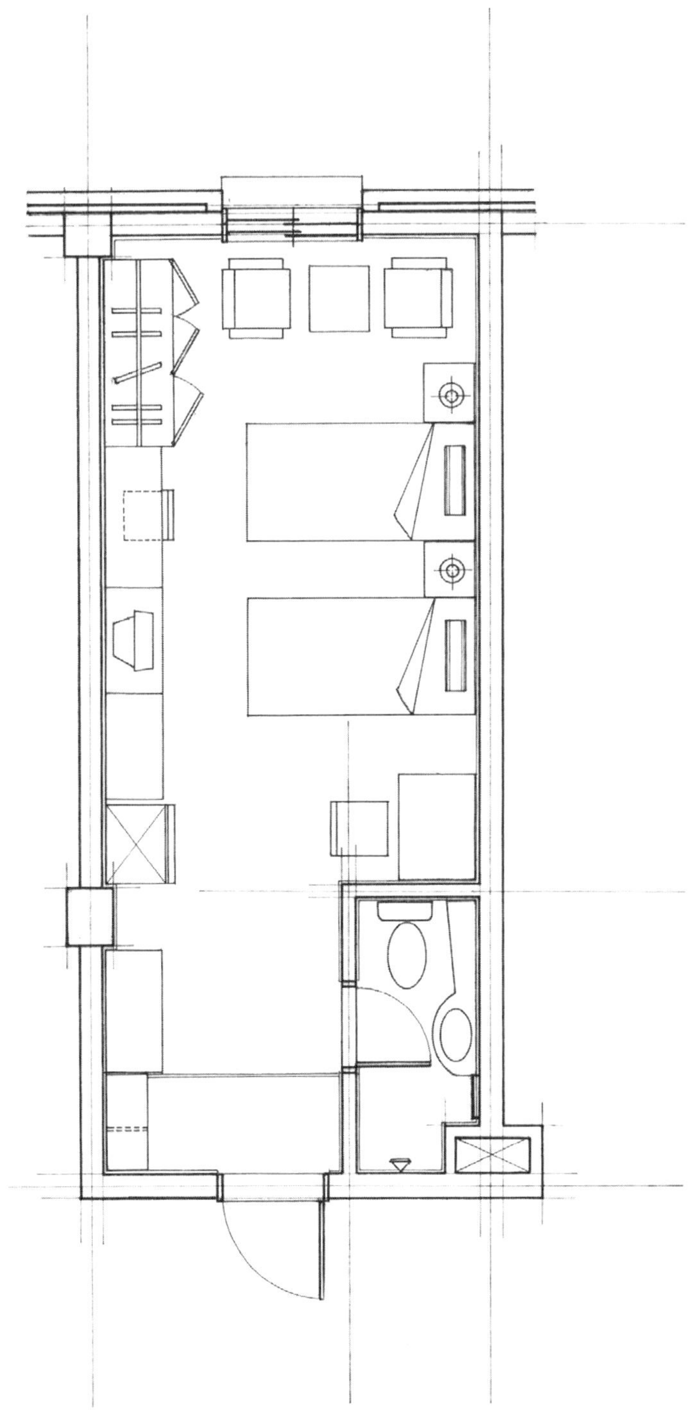

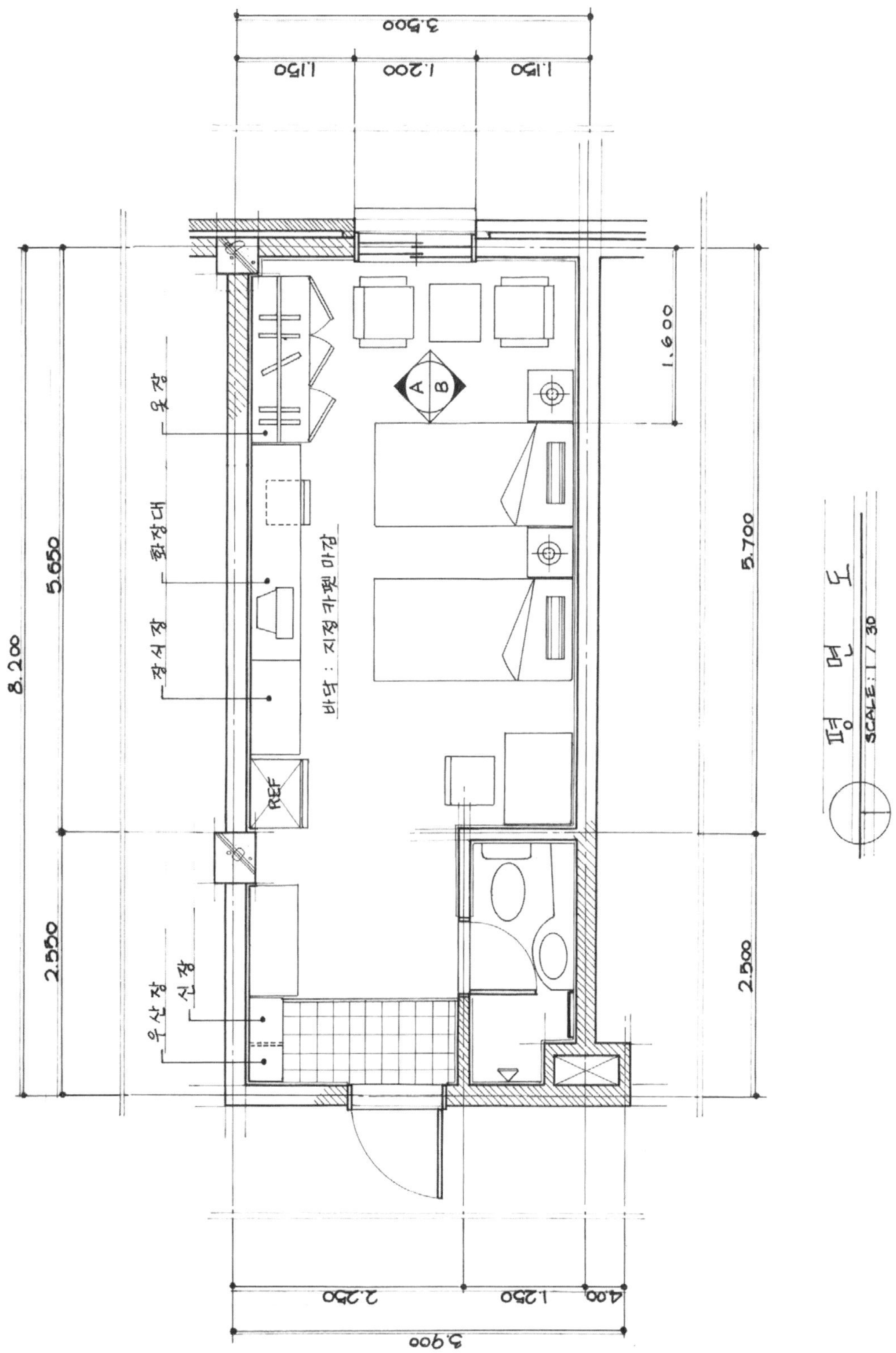
편면도
SCALE: 1/30
옷장
화장대
장식장
바닥 : 지정 카펫 마감
REF
우산장
신장
3,500
1,150
1,200
1,150
8,200
5,650
2,550
1,600
5,700
2,500
2,250
1,250
400
3,900

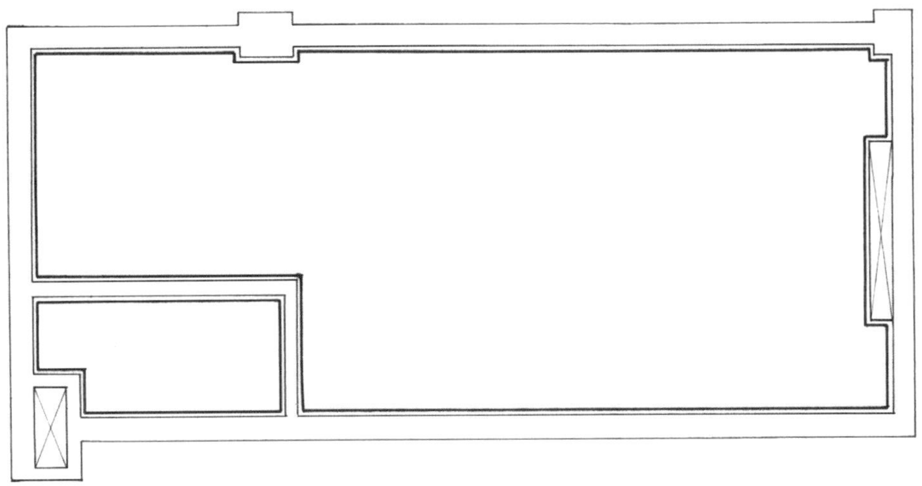

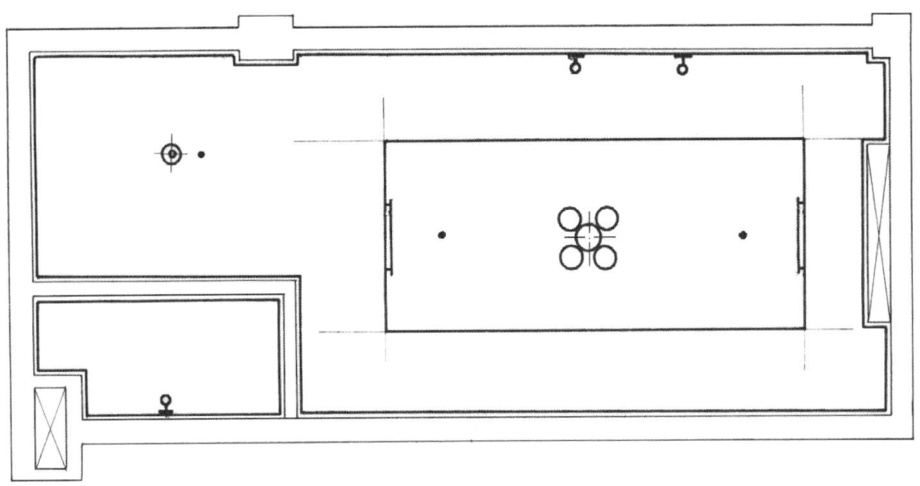

INTRODUCTORY REMARKS

TYPE	CONTENTS	Q'TY
꽃 모양 기호	Ceiling Light	1
⊕	Ceiling Light	1
⊢O	Bracket	3
S	SWitch	2
•	Sprinkler	3
[S]	Smoke Detector	1

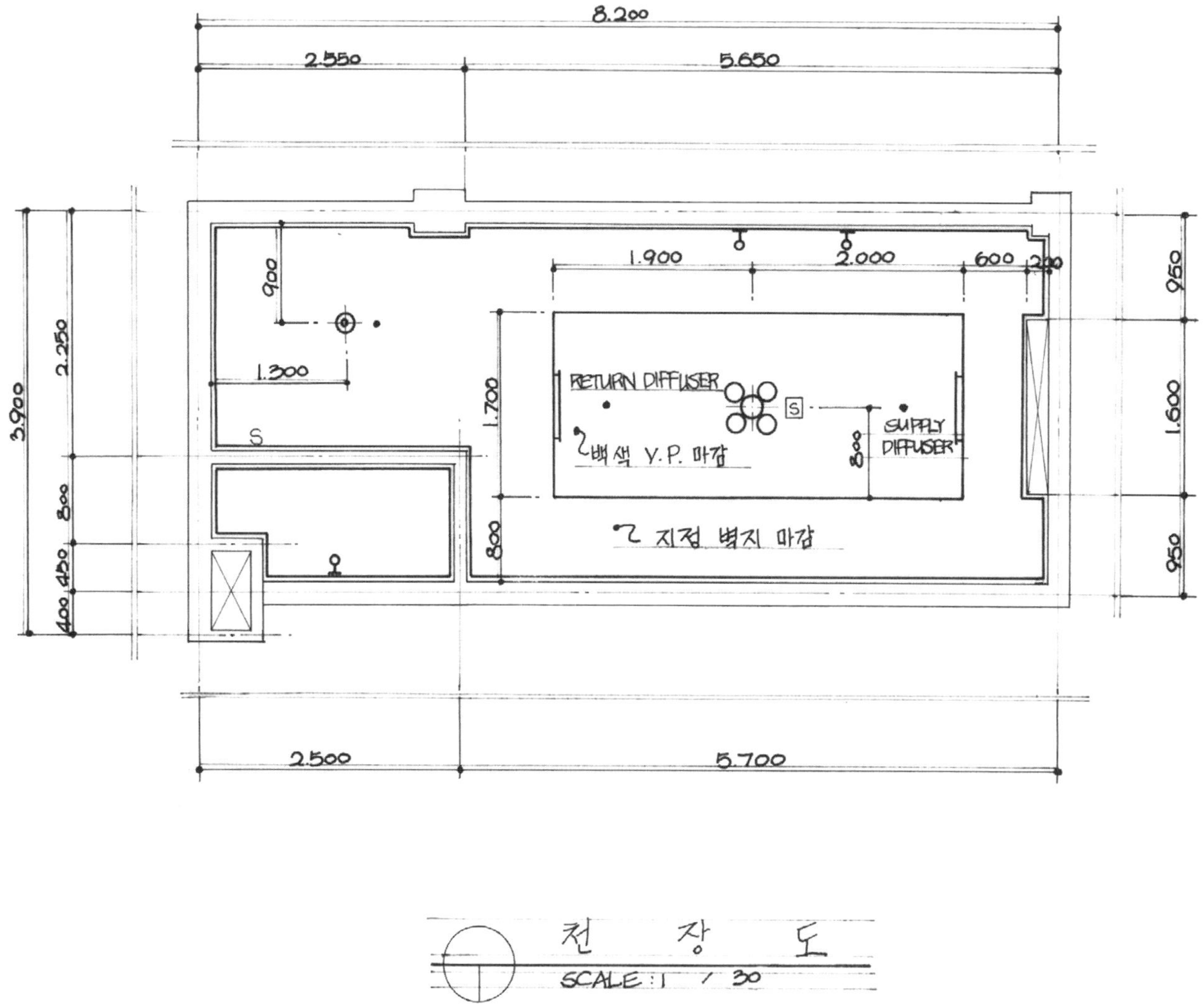

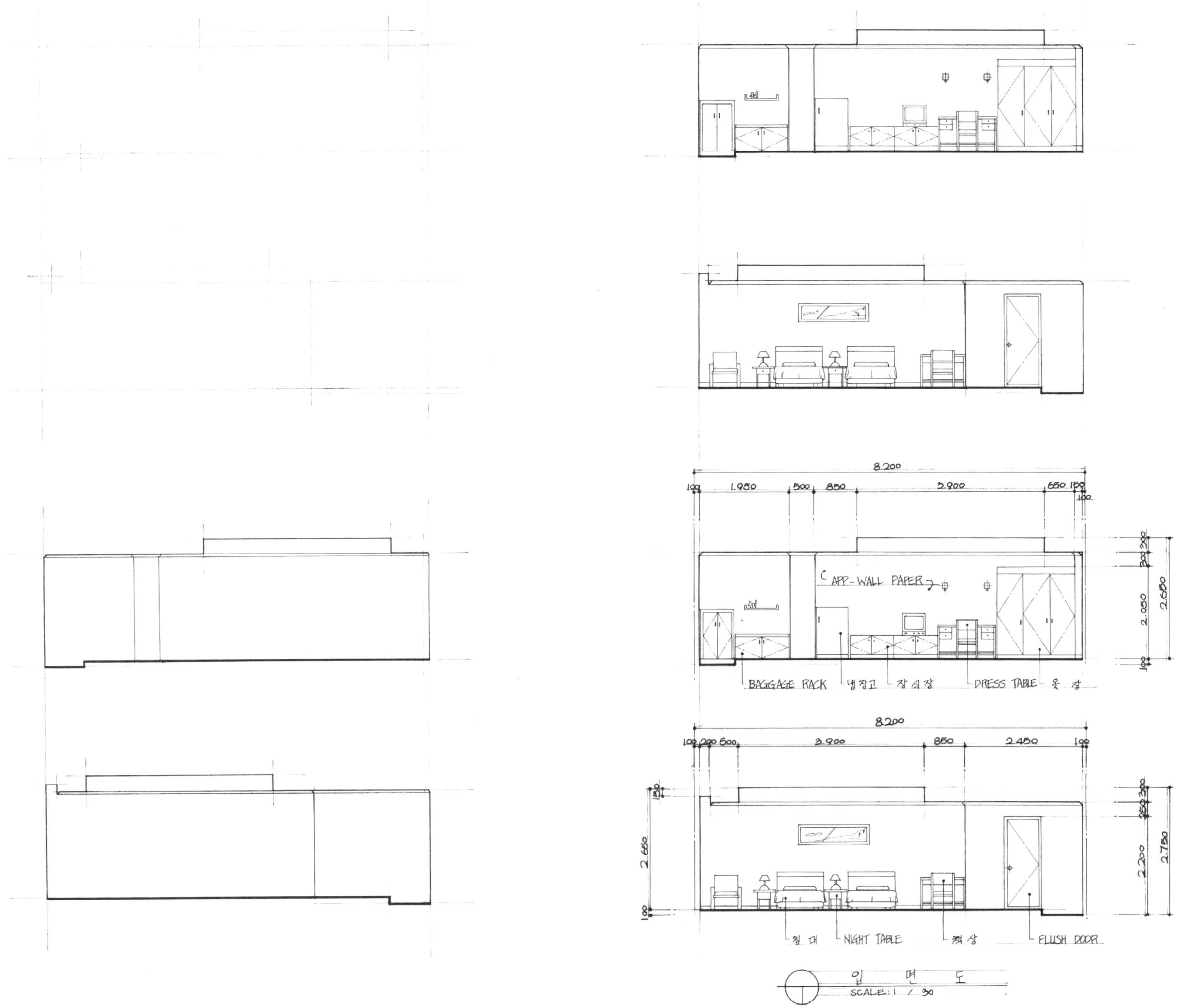
8.200
APP - WALL PAPER
BAGGAGE RACK
냉장고
장식장
DRESS TABLE
옷장
8200
침대
NIGHT TABLE
책상
FLUSH DOOR
입면도
SCALE: 1 / 30

도면작성순서 실례 - 2

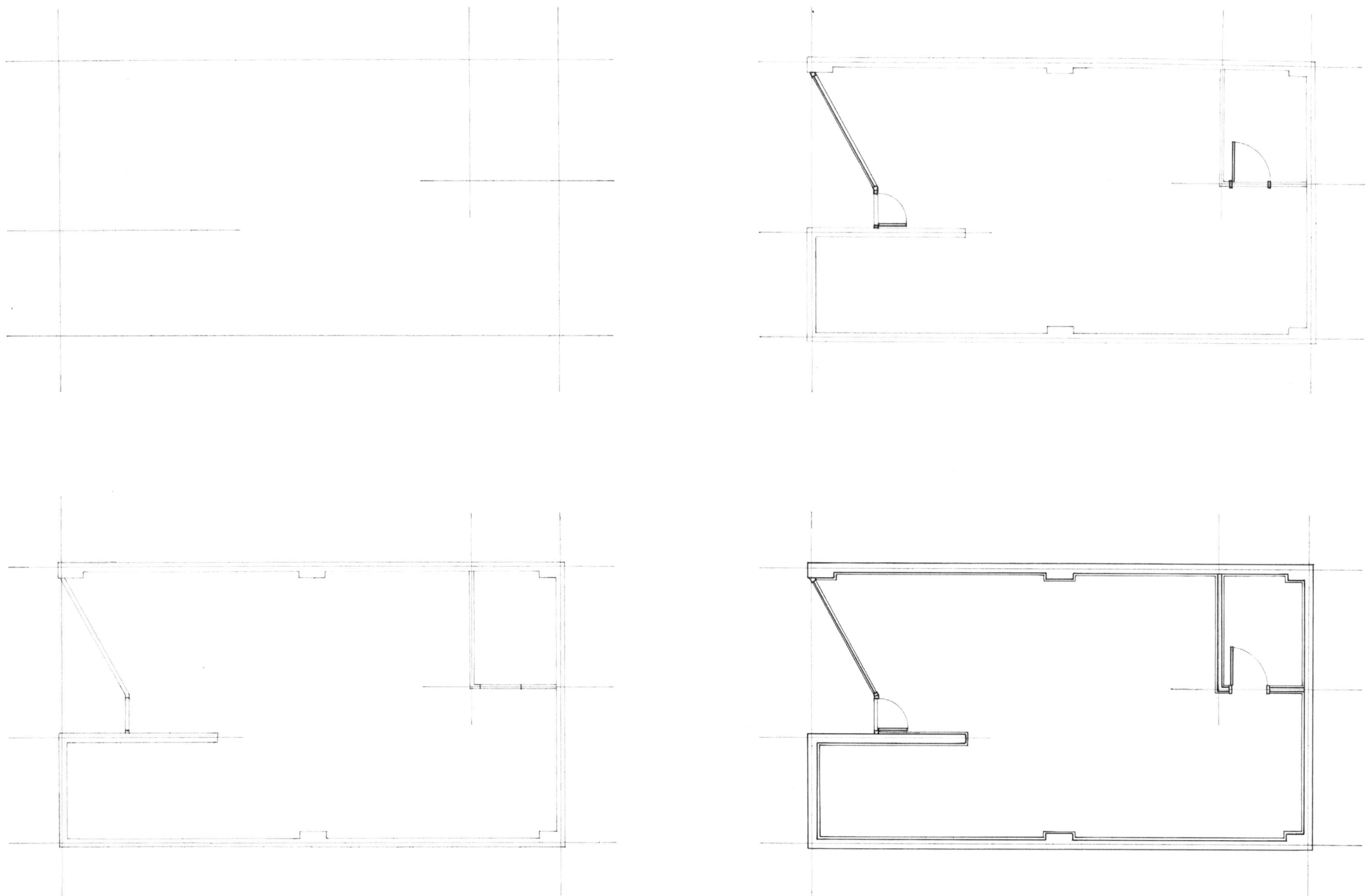

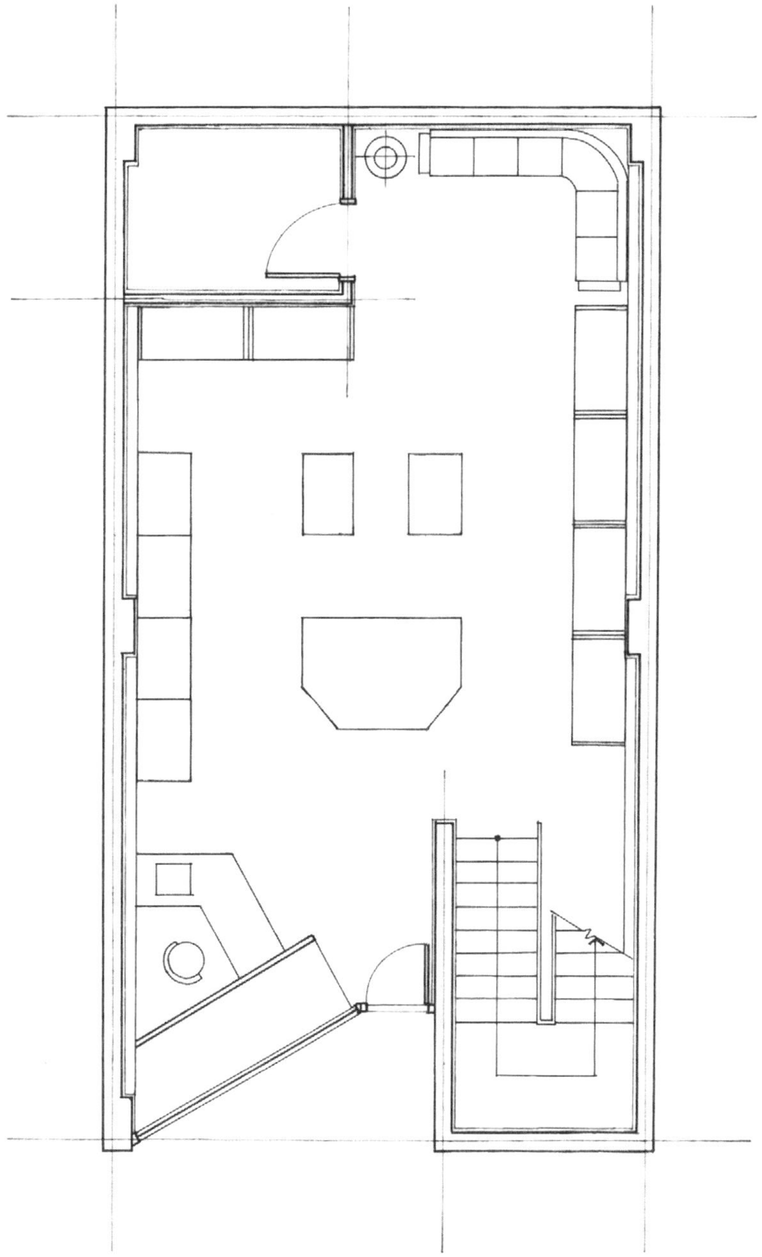

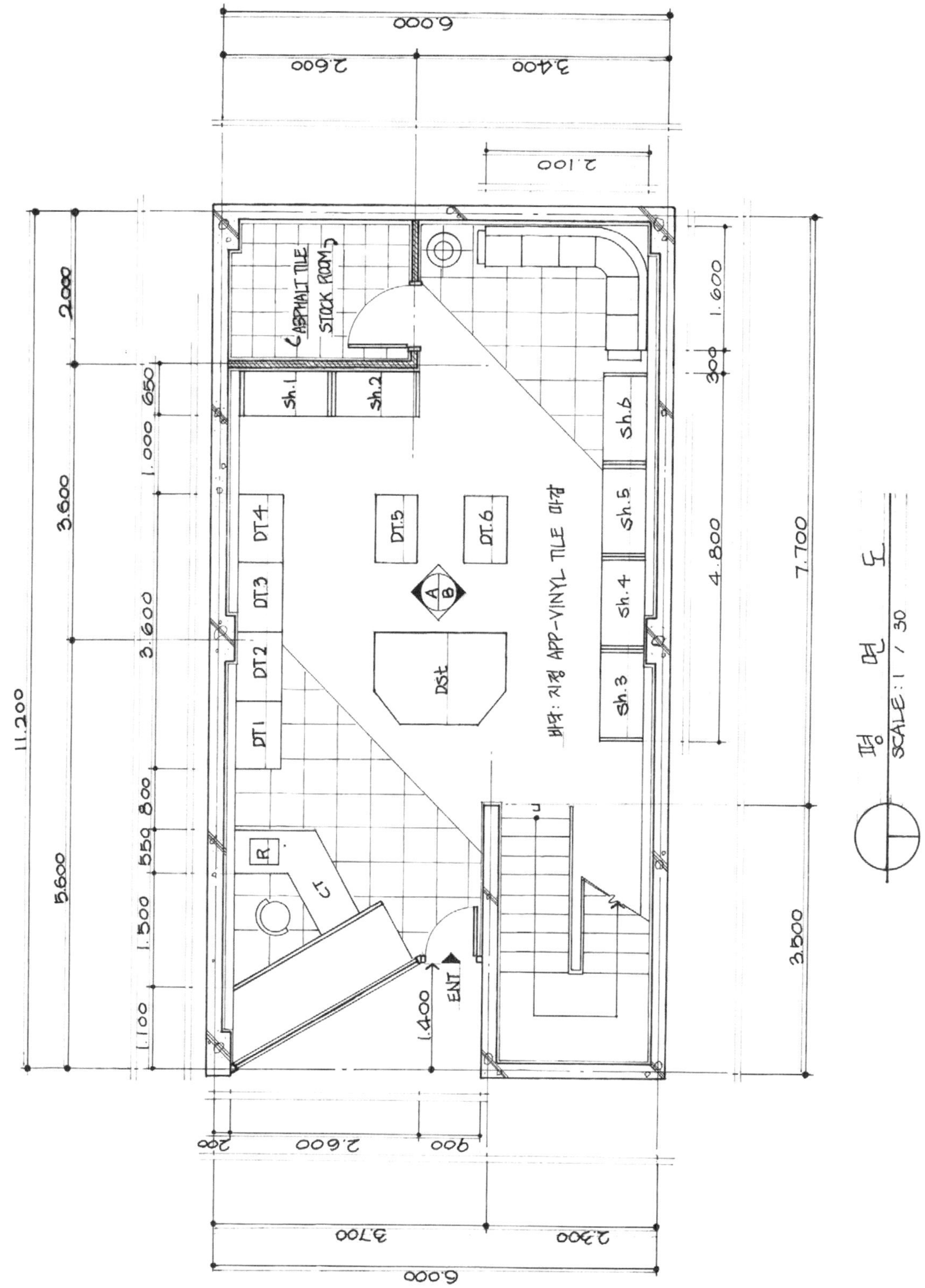

평면도
SCALE : 1 / 30
STOCK ROOM
ASPHALT TILE
APP-VINYL TILE
DT1
DT2
DT3
DT4
DT.5
DT.6
Sh.1
Sh.2
Sh.3
Sh.4
Sh.5
Sh.6
Dst
CT
R
ENT

도면작성순서 실례 - 2

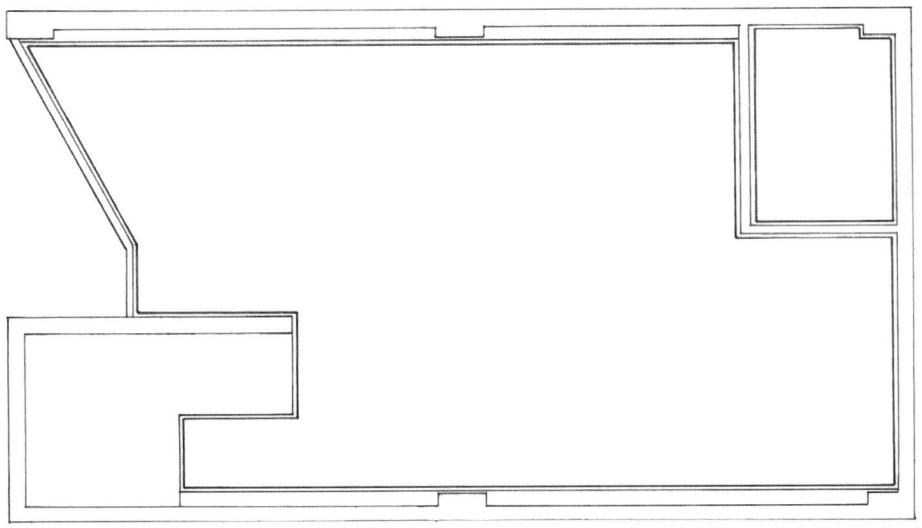

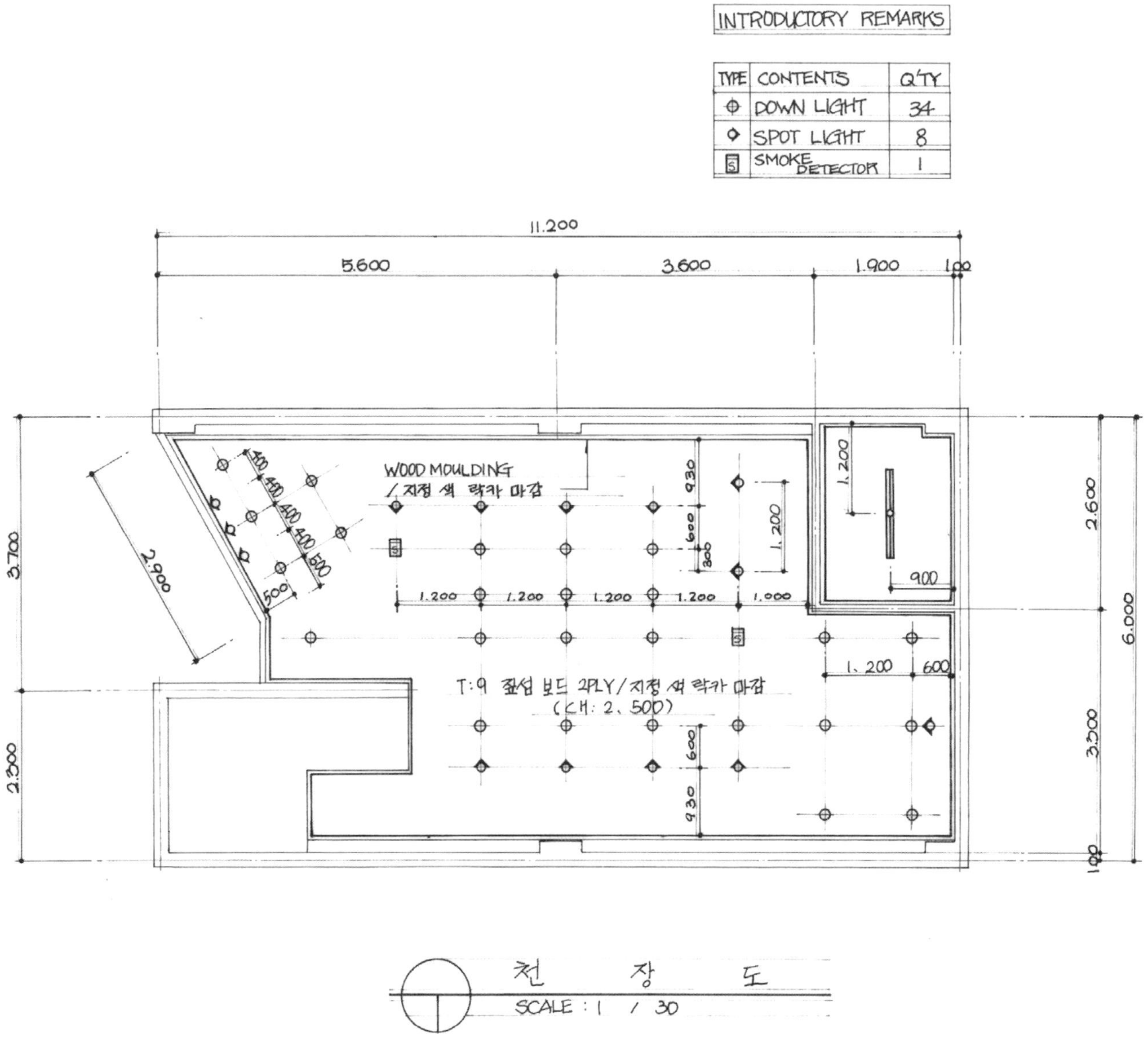
INTRODUCTORY REMARKS
TYPE CONTENTS Q'TY
DOWN LIGHT 34
SPOT LIGHT 8
SMOKE DETECTOR 1
11.200
5.600
3.600
1.900
WOOD MOULDING
/ 지정 색 락카 마감
(CH: 2,500)
천 장 도
SCALE : 1 / 30

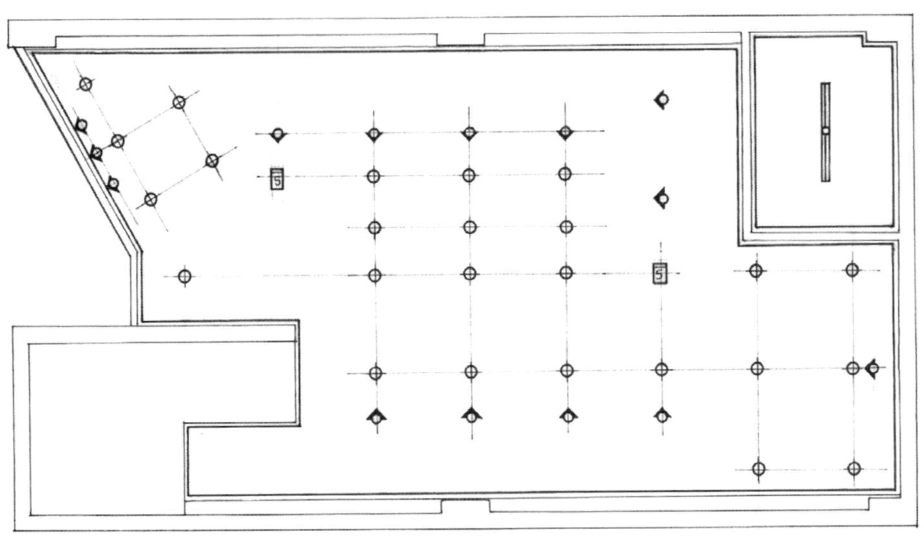

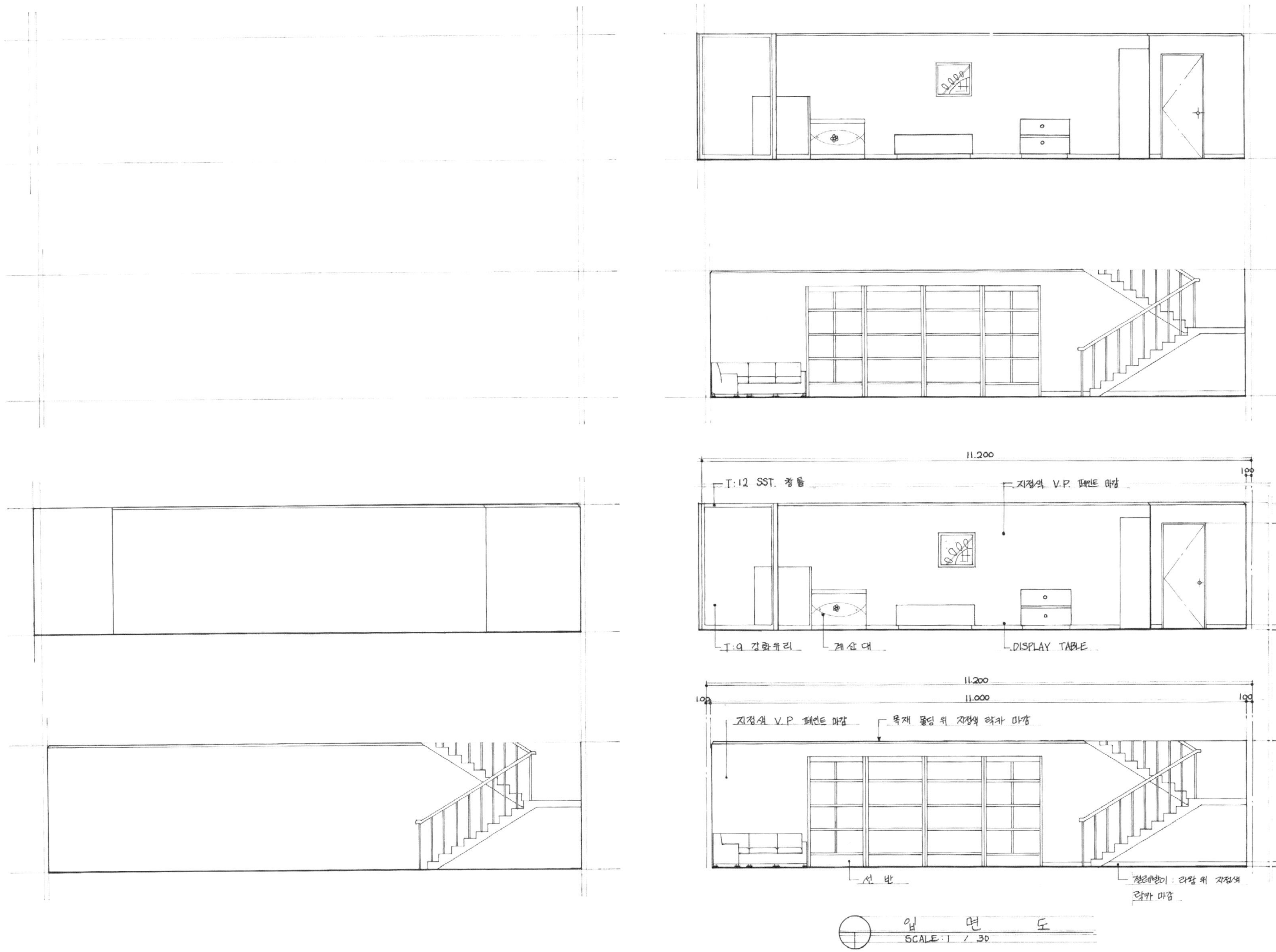
11.200
100
T:12 SST. 창틀
지정색 V.P. 페인트 마감
400
2.000
2.500
100
T:9 강화유리
계산대
DISPLAY TABLE
11.200
11.000
100
100
지정색 V.P 페인트 마감
목재 몰딩 위 지정색 락카 마감
2.500
100
선 반
걸레받이 : 라왕 위 지정색
락카 마감
입 면 도
SCALE : 1 / 30

제4장

실내건축제도의 실례 및 연습

1. 상업공간 A
   - 의류점-A
   - 의류점-B
2. 주거공간
   - 고급주거
3. 상업공간 B
   - Restaurant
4. 상업공간 C
   - Cafe

도 면 목 록 표 (예)

도면번호	도 면 명	비 고	도면번호	도 면 명	비 고
I – 01	도면목록표		E – 01	전등 평면도	
I – 02	평 면 도	1 : 100	E – 02	분전반 결선도	
I – 03	부분평면도	1 : 50	E – 03	주방 확대 평면도	
I – 04	가구배치도	1 : 100	E – 04	전열 평면도	
I – 05	바닥패턴도	1 : 100	E – 05	약전 평면도	
I – 06	바닥패턴 상세도	1 : 300	E – 06	소방 평면도	
I – 07	천 장 도	1 : 100			
I – 08	입구 정면도, 카운터 홀 입면도	1 : 50			
I – 09	식당 홀 입면도 – A (도로 측, 작은 ROOM 측)	1 : 50			
I – 10	식당 홀 입면도 – B (주방 측)	1 : 50			
I – 11	복도 입면도 (팔각 ROOM 측, 사각 ROOM 측)	1 : 50			
I – 12	ROOM 8~11 입면도	1 : 50	M– 01	공조 배관 평면도-1	
I – 13	팔각 ROOM 전개도	1 : 50	M– 02	공조 배관 평면도-2	
I – 14	단 면 도 A, B	1 : 50	M– 03	지붕층 환기닥트 평면도	
I – 15	상 세 도 (현관 앞 기둥)	1 : 5, 10	M– 04	주방 환기닥트 및 위생배관 평면도	
I – 16	〃 (식당 홀 – 도로 측 벽면)	1 : 10	M– 05	소화 배관 평면도	
I – 17	〃 (식당 홀 – ROOM 측 벽면)	1 : 10			
I – 18	〃 (복도 장식벽)	1 : 5, 10			
I – 19	〃 (DOOR, DOOR FRAME)	1 : 3, 10			
I – 20	〃 (ROOM 8~11 평면, 입면)	1 : 30			
I – 21	〃 (커튼 박스, 옷장 단면, 격납고 문)	1 : 3, 10			
I – 22	〃 (CASH COUNTER)	1 : 10			
I – 23	〃 (ROOM 11)	1 : 5, 10			
I – 24	〃 (현관 홀 천장도, 단면도)	1 : 3, 30			
I – 25	〃 (식당 홀 부분평면도, 부분단면도)	1 : 3, 30			
I – 26	천장부분 단면표시도				
I – 27	창 호 도	1 : 30			

상업공간 A

- 의류점-A
- 의류점-B

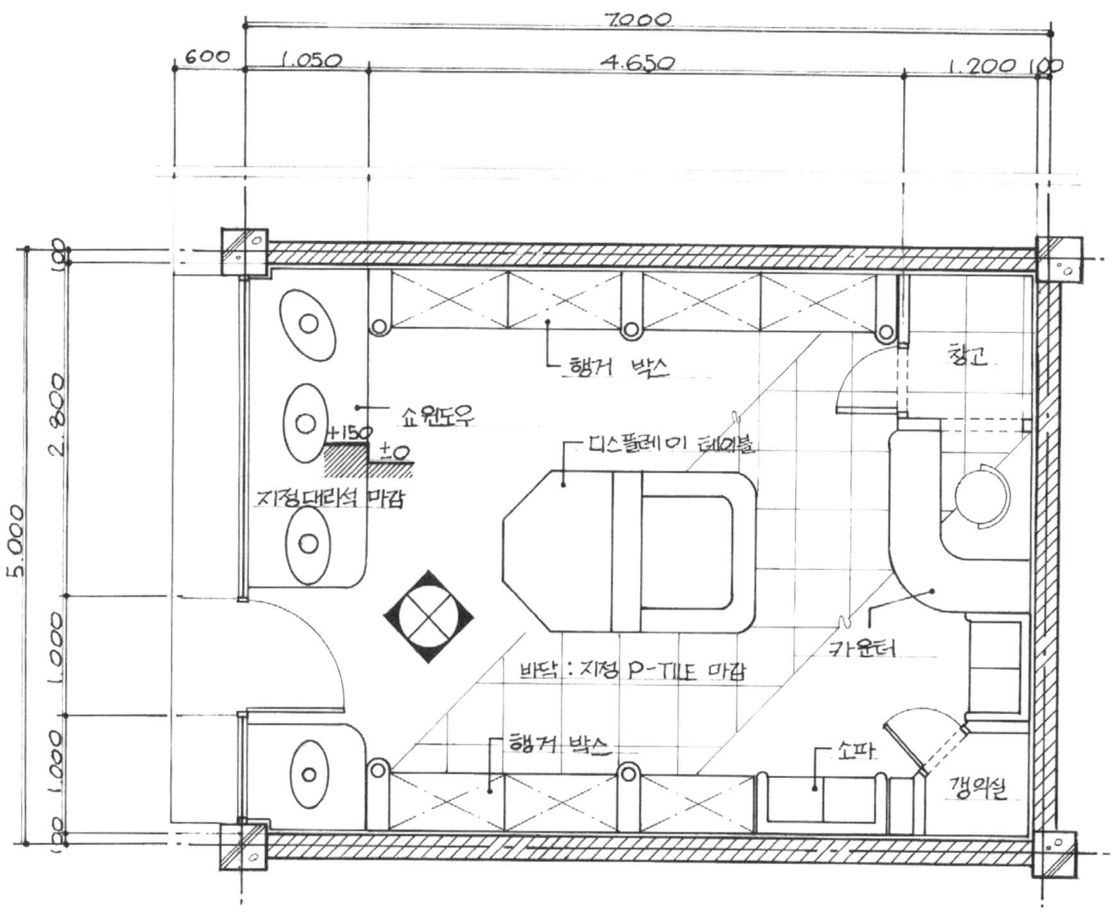

① 평 면 도
SCALE : 1/30

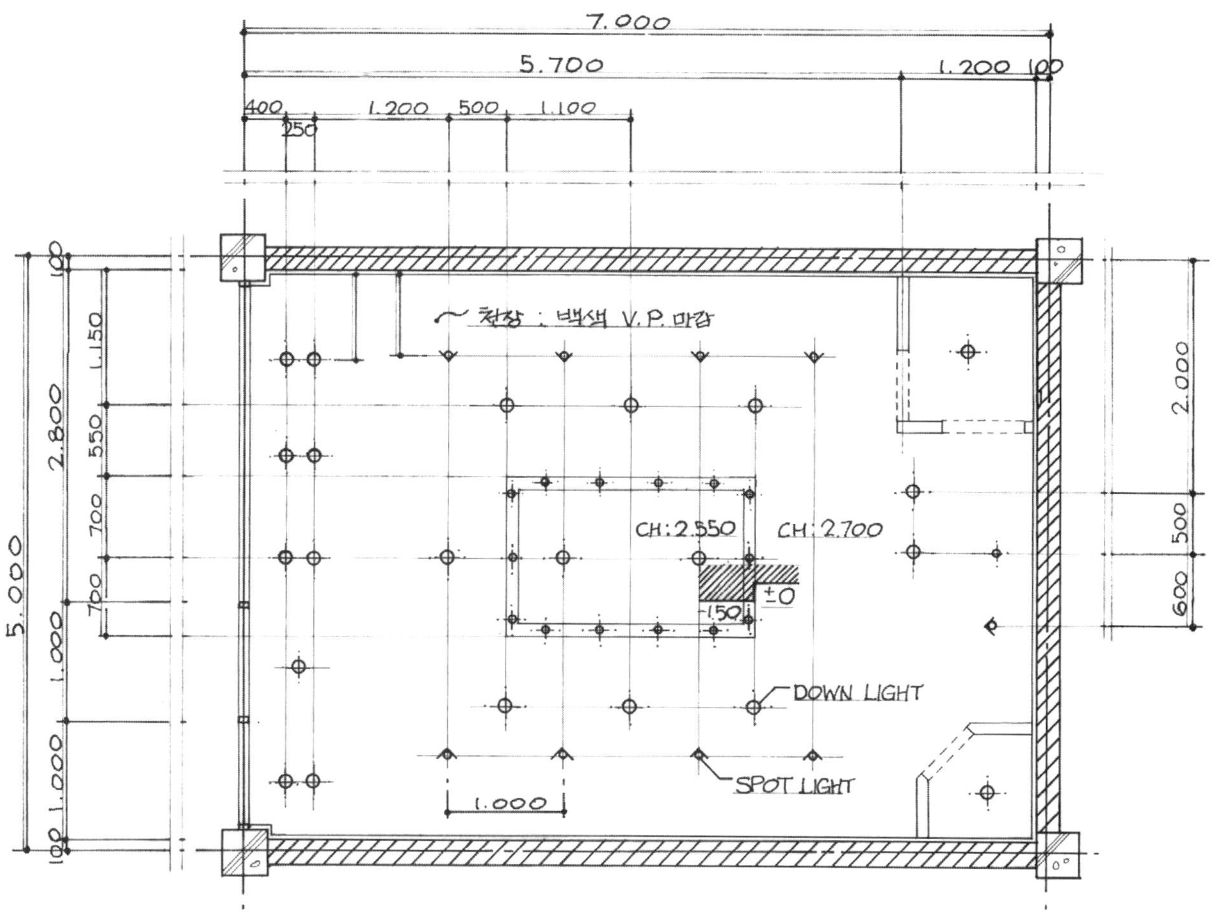

② 천 장 도
SCALE : 1/50

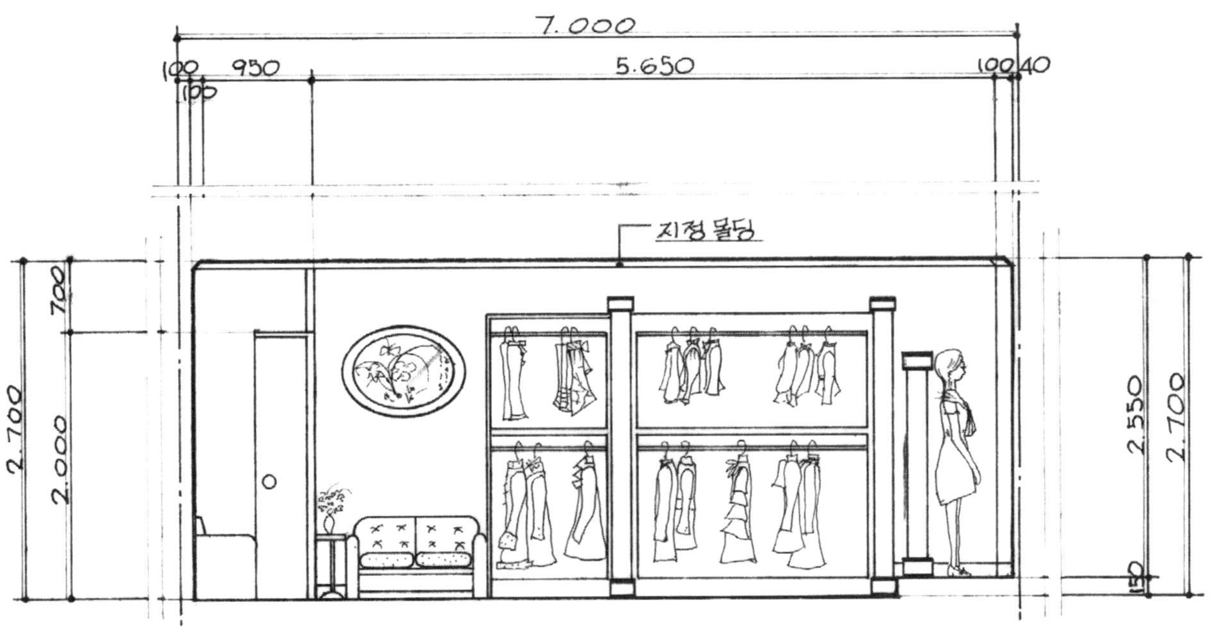

④ 전 개 도 - B
SCALE : 1/50

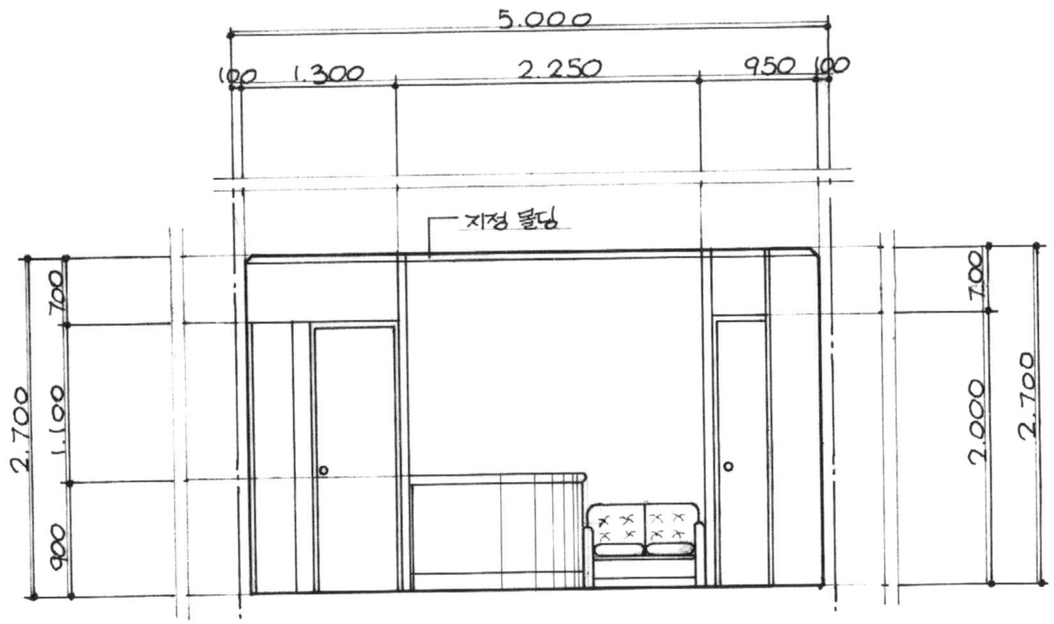

③ 전 개 도 - A
SCALE : 1/50

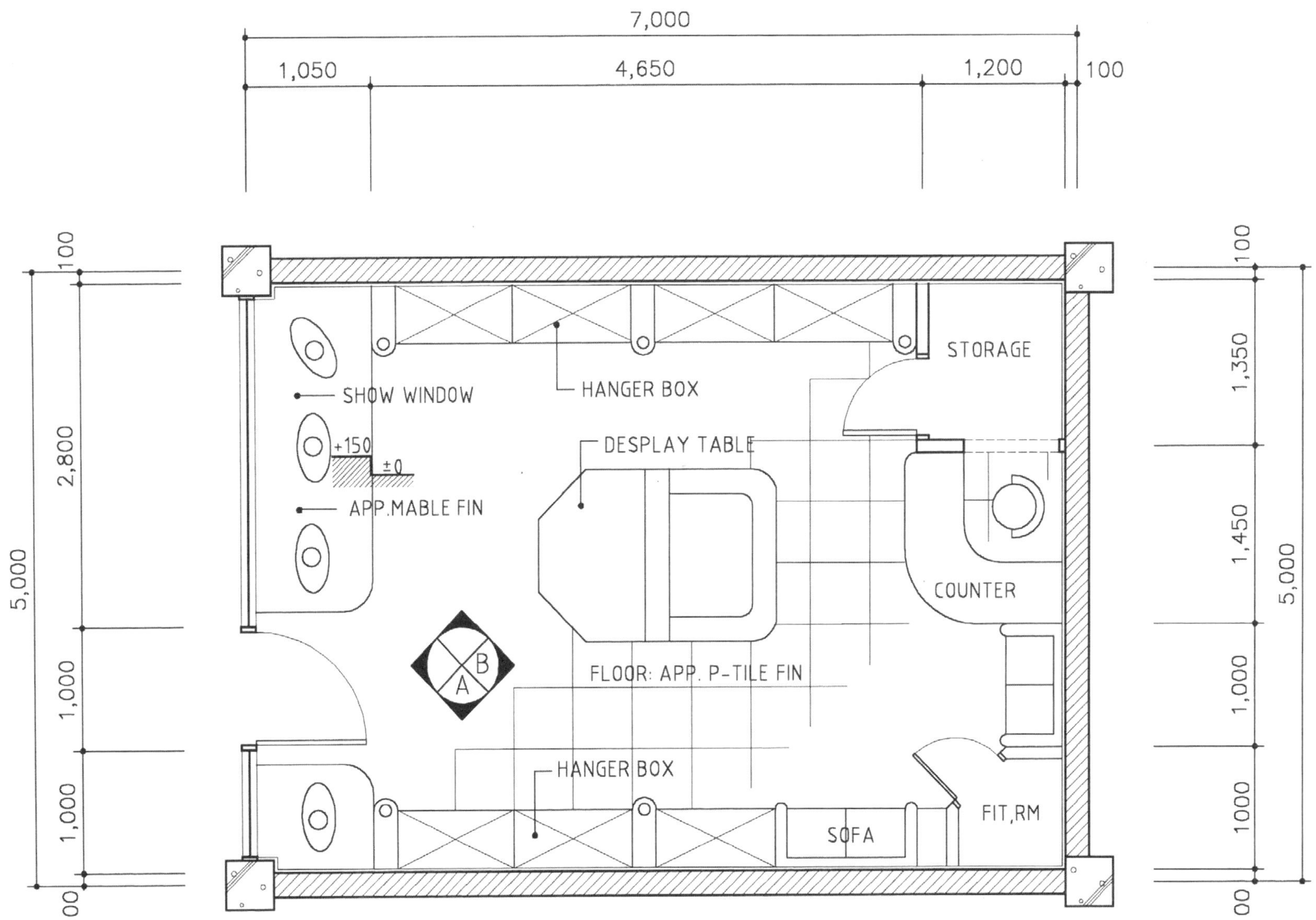

FLOOR PLAN
SCALE : 1 /50

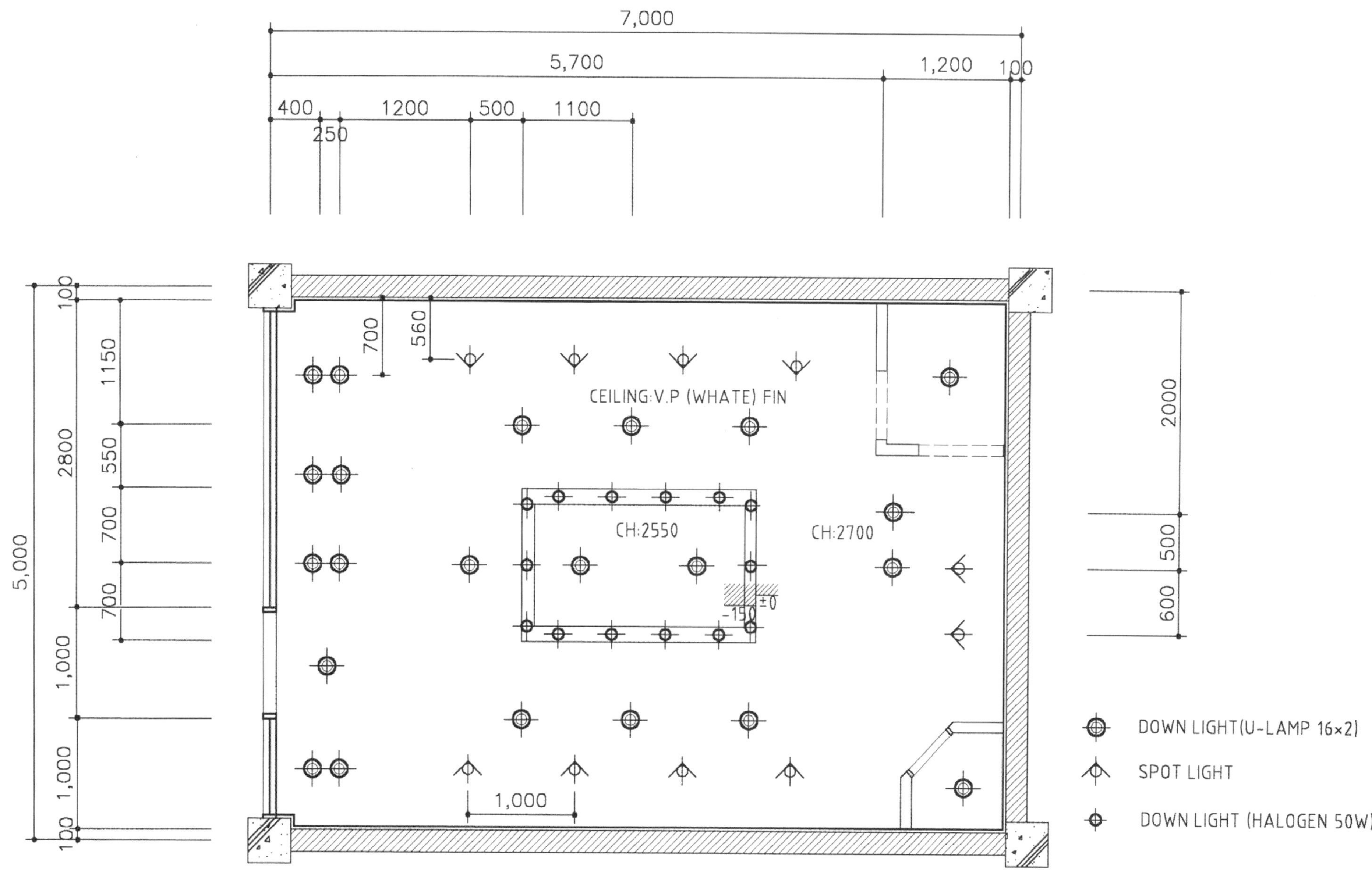
7,000
5,700
1,200
100
400
250
1200
500
1100
CEILING:V.P (WHATE) FIN
CH:2550
CH:2700
±0
-150
700
560
1,000
5,000
2800
1150
550
700
700
1,000
1,000
100
100
2000
500
600
DOWN LIGHT(U-LAMP 16×2)
SPOT LIGHT
DOWN LIGHT (HALOGEN 50W)

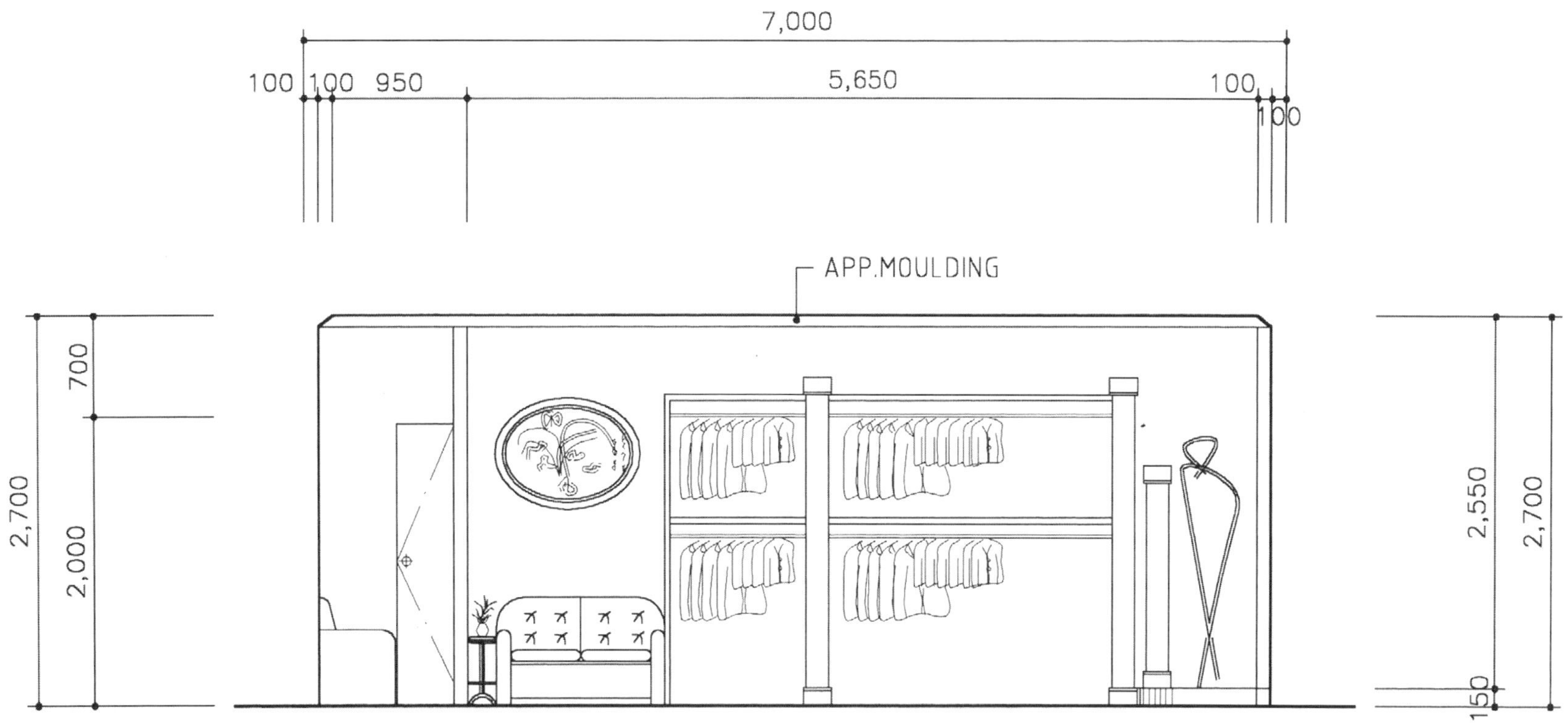

3 ELEVATION-A
SCALE : 1/50

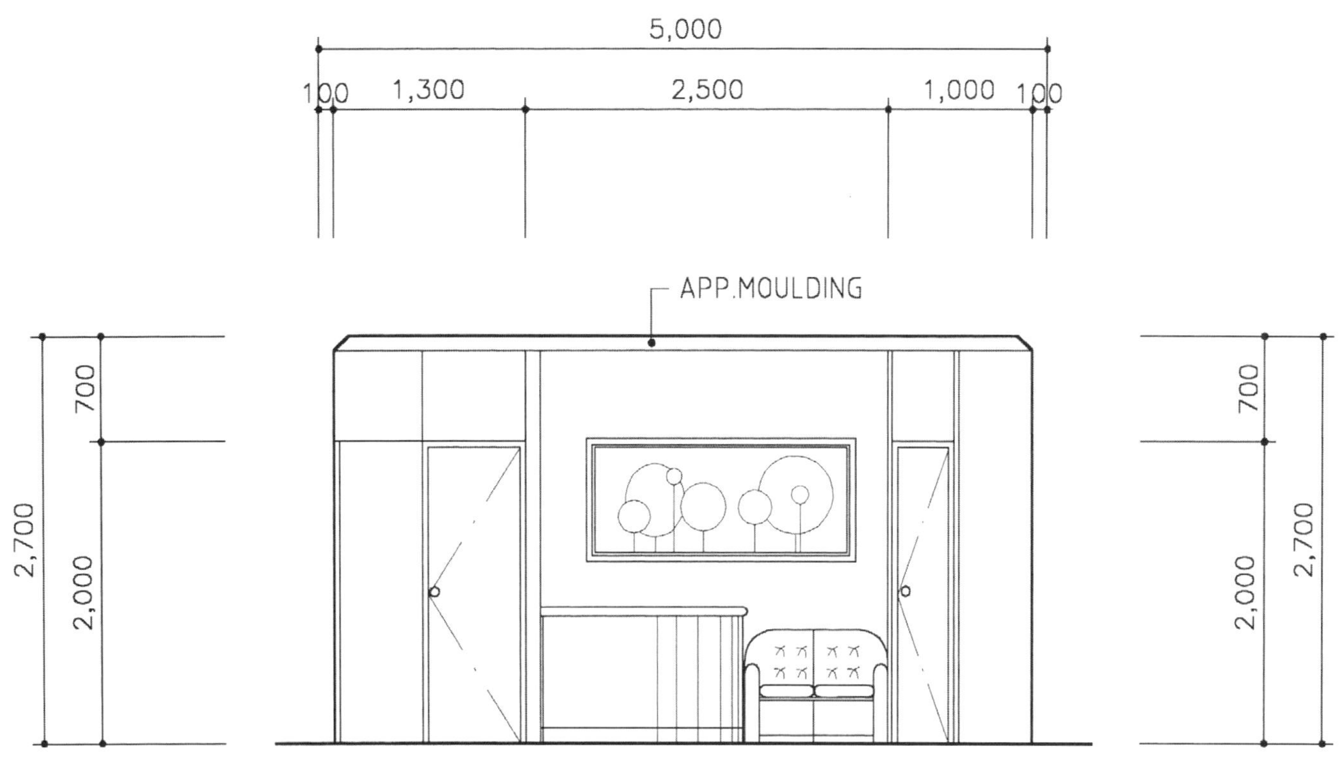

4 ELEVATION-B
SCALE : 1/50

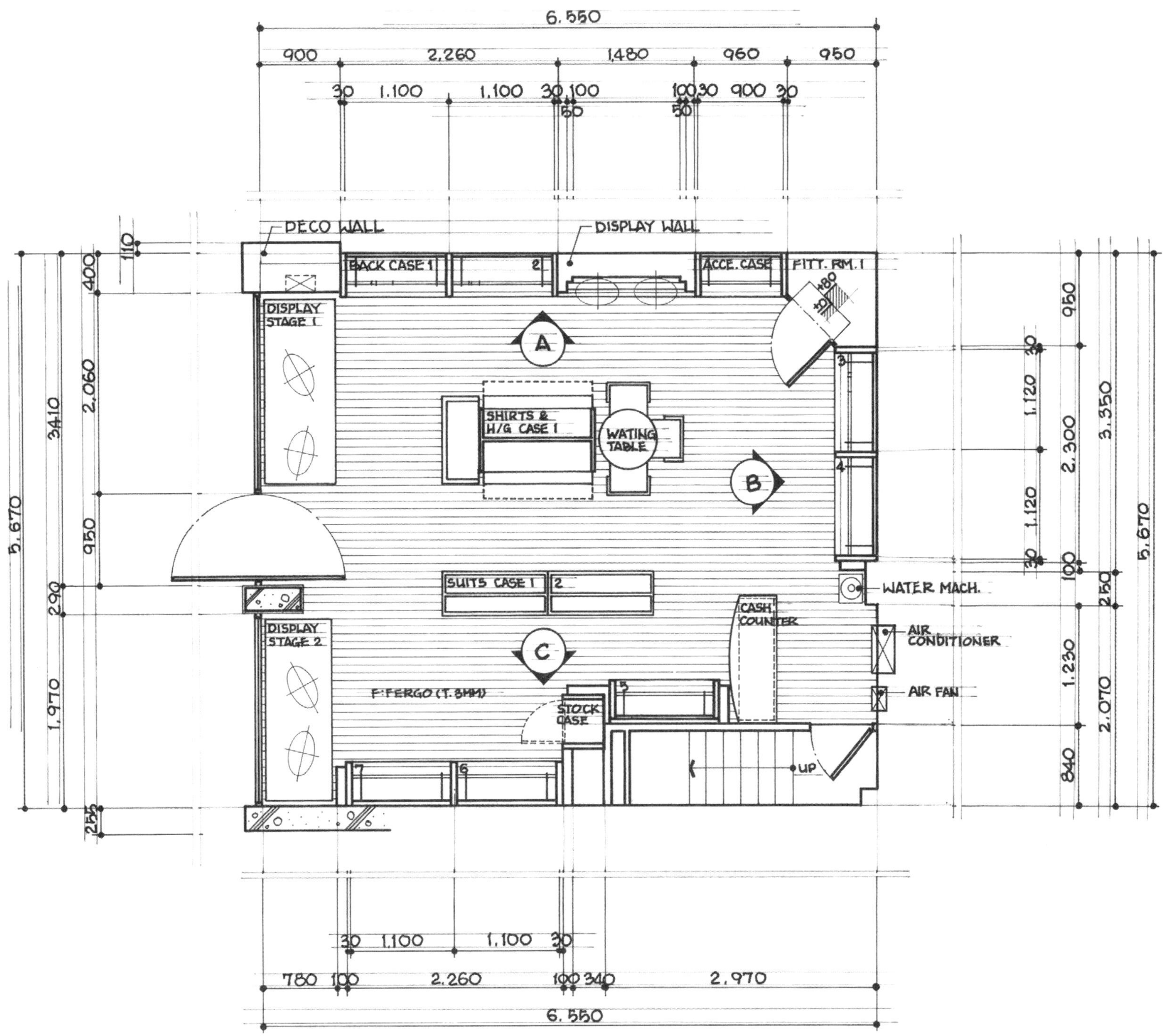

1 I-01 I-03 FLOOR PLAN
SCALE : 1 / 50

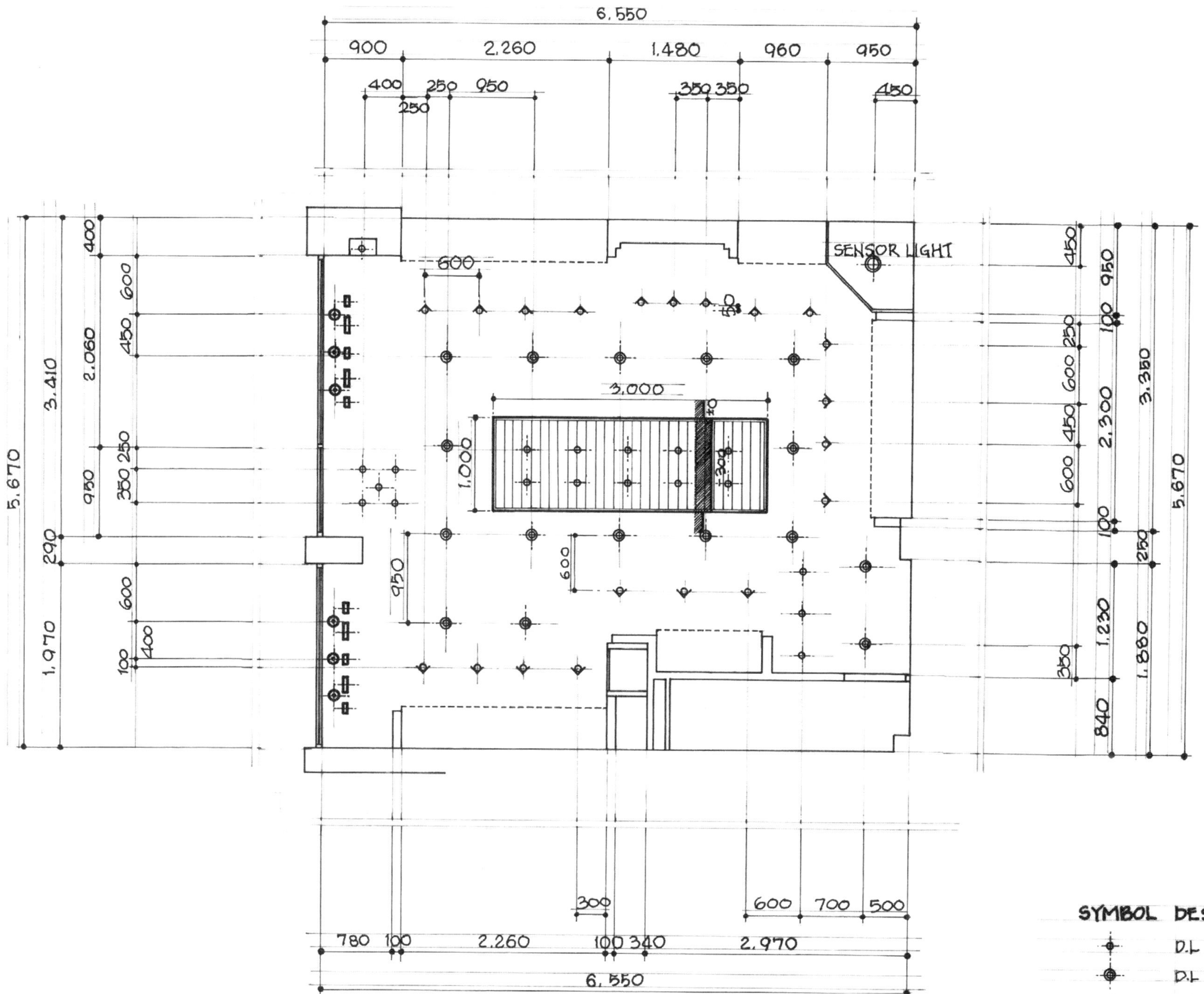

SYMBOL DESCRIPTION

SYMBOL	DESCRIPTION
	D.L HALOGEN 50W
	D.L CFL 28W
	SPOT. HALOGEN
	H.Q.I(SLUZ 2000)
	HLGN(SLUZ 1960)
	SPOT. DECO
	SENSOR LIGHT

1 I-02 I-01 CEILING PLAN
SCALE : 1/50

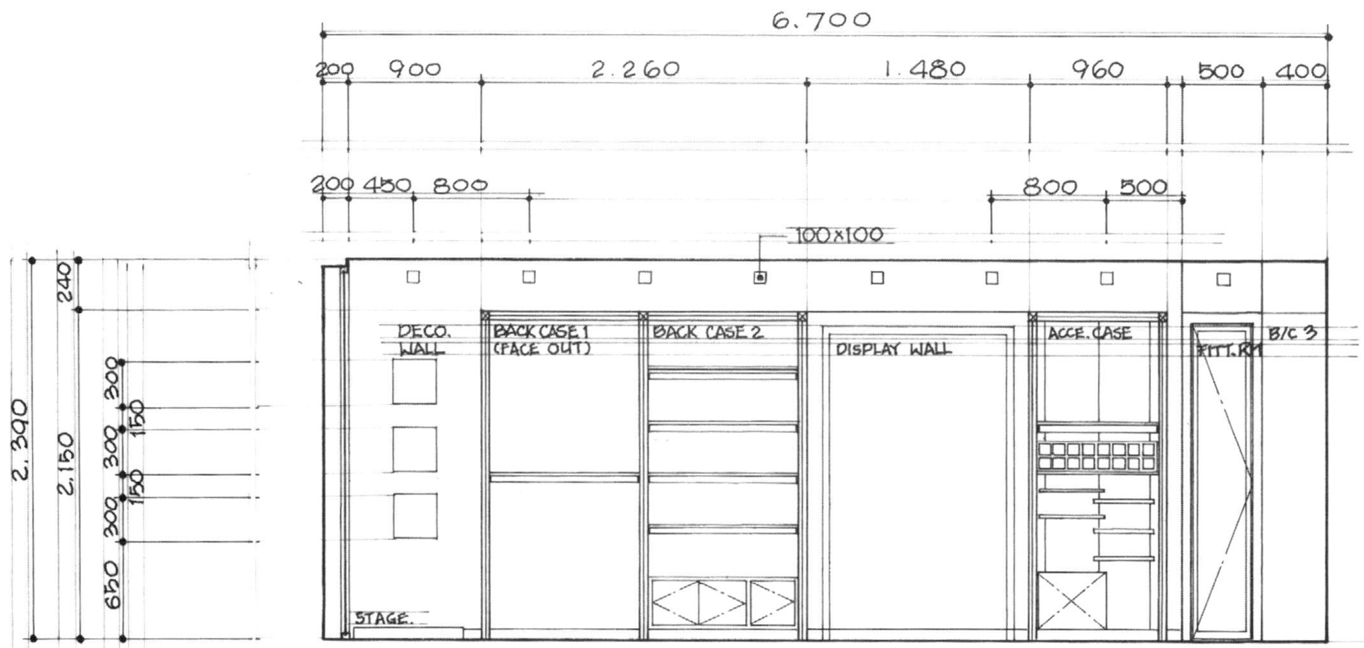

1 I-03 I-01 ELEVATION - A
SCALE : 1/40

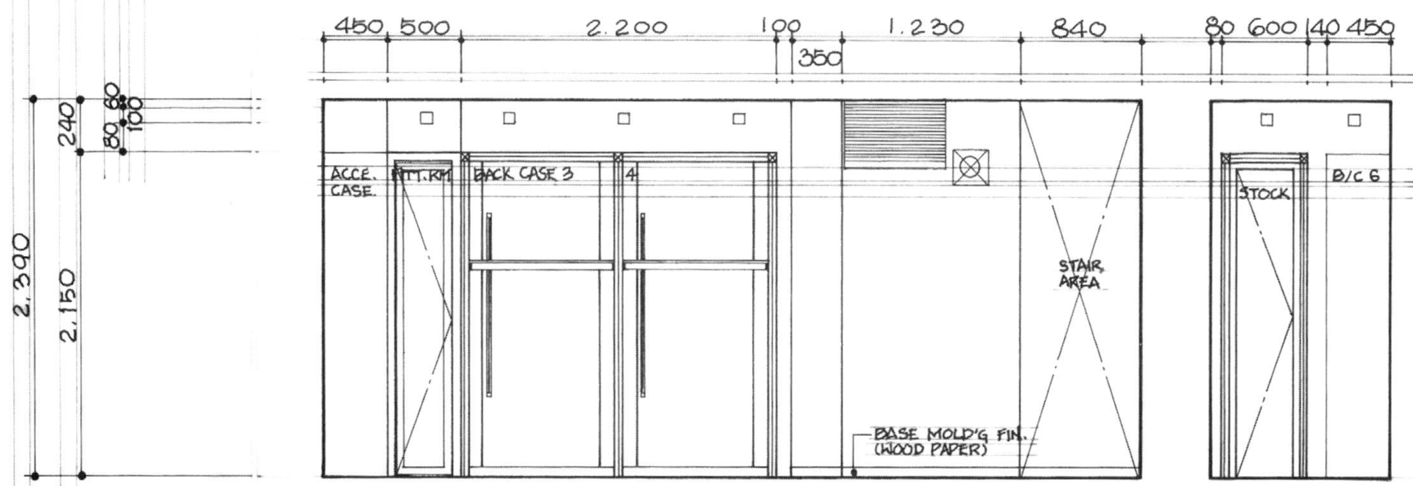

2 I-03 I-01 ELEVATION - B
SCALE : 1/40

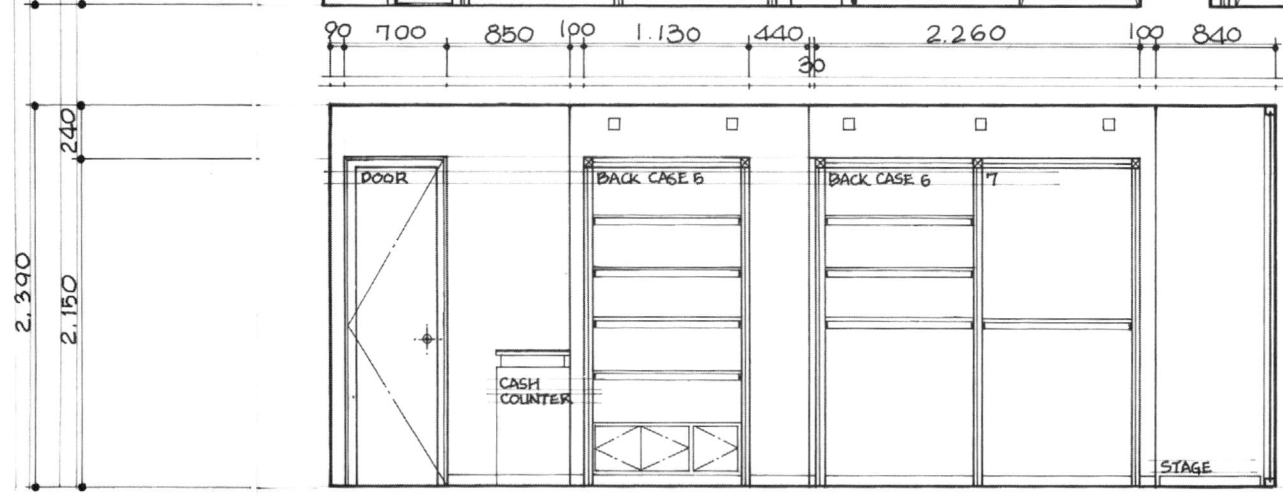

3 I-03 I-01 ELEVATION - C
SCALE : 1/40

주거공간

- 고급주거

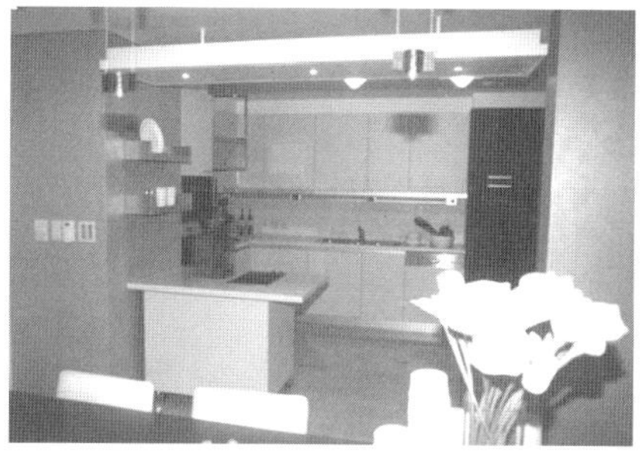

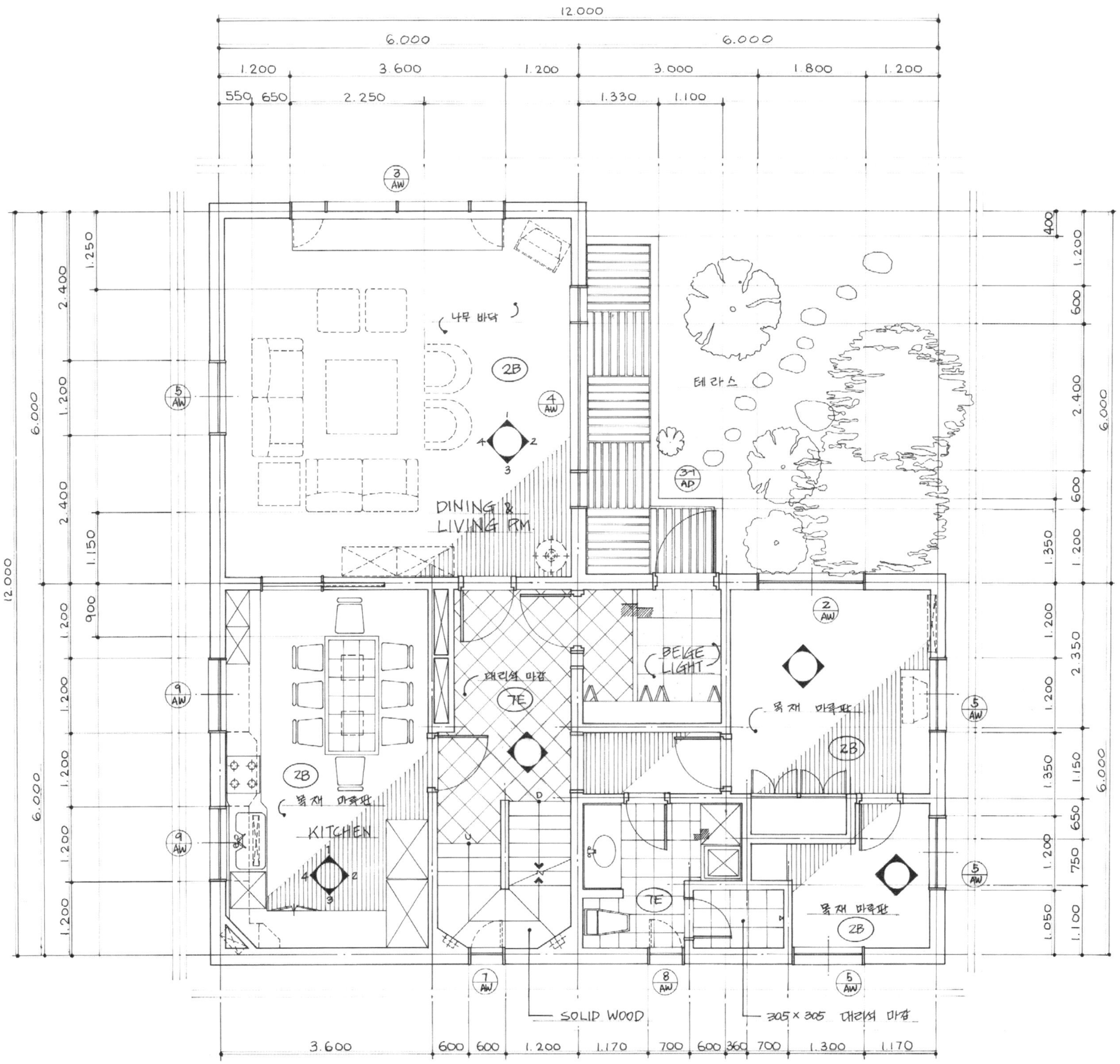

※ 제도시 가구의 형태는 변형하여 그려도 무방함.
※ CAD로 도면 작성시는 보조선을 생략함.

1 A동 1층 평면도
I-01 SCALE : 1/50

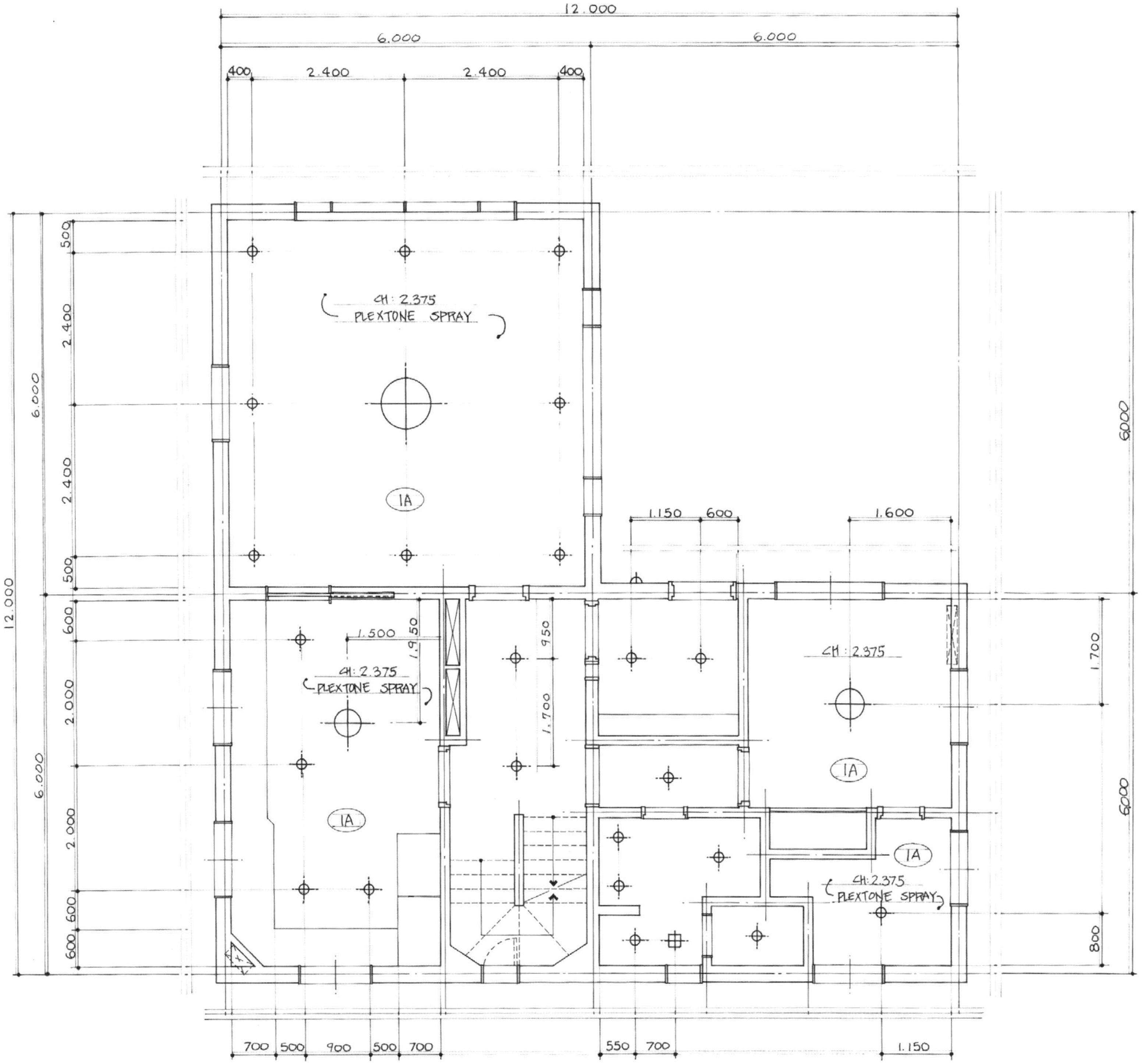

1 A동 1층 천장도
I-02 | I-01 E-04
SCALE: 1/50

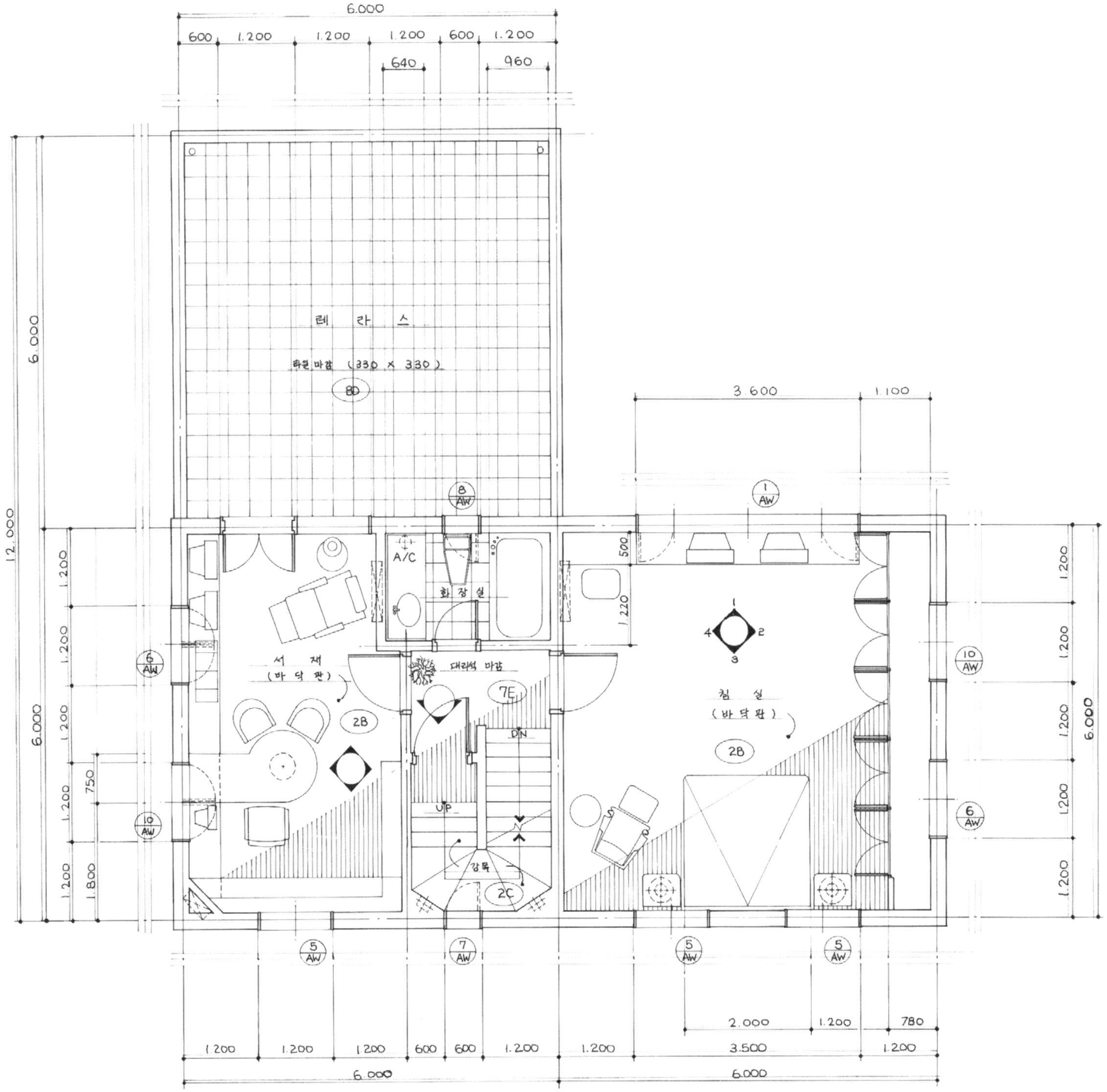

A동 2층 평면도
SCALE : 1/50

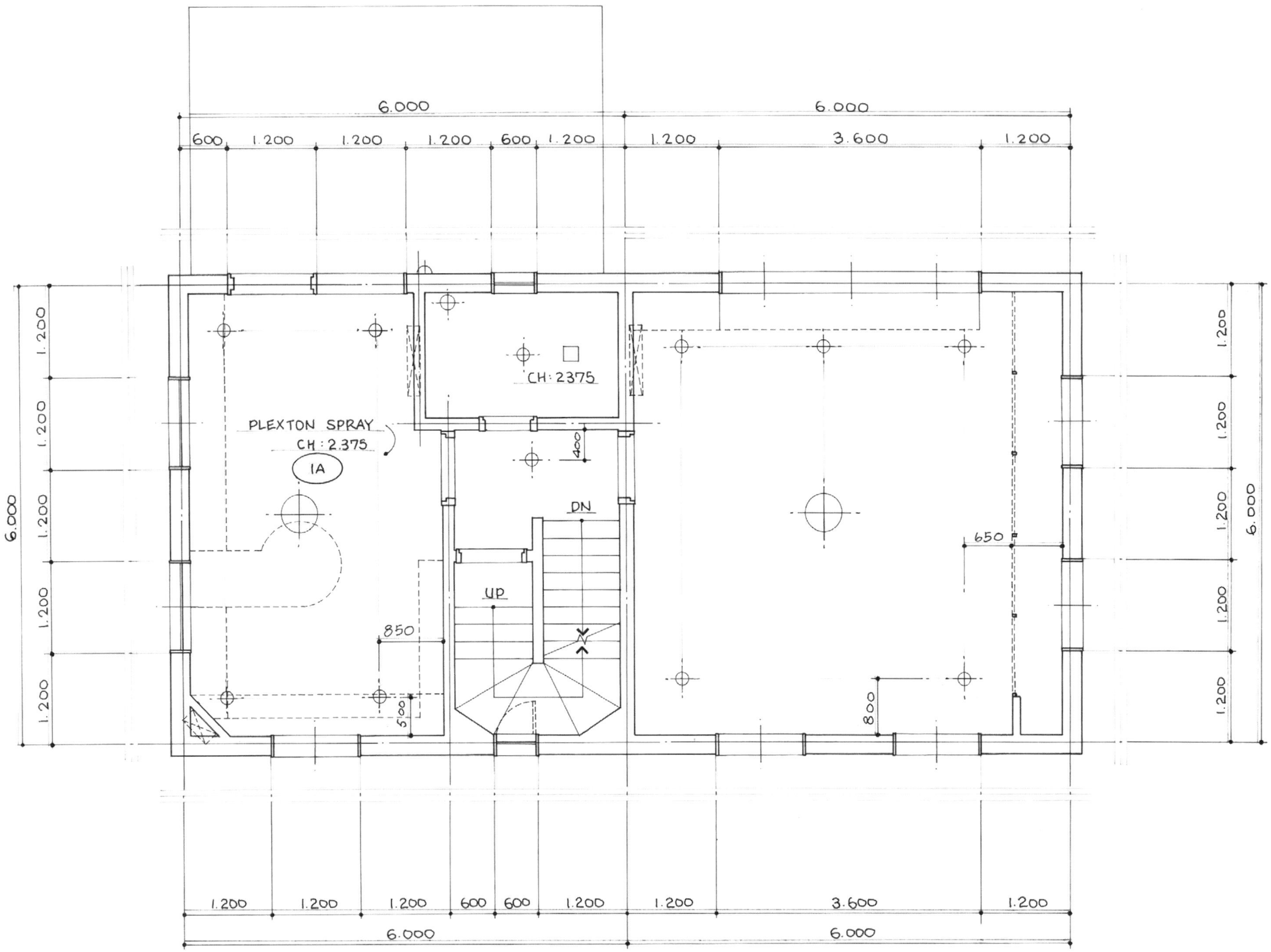

1 A동 2층 천장도
I-04 I-03 E-05
SCALE : 1/50

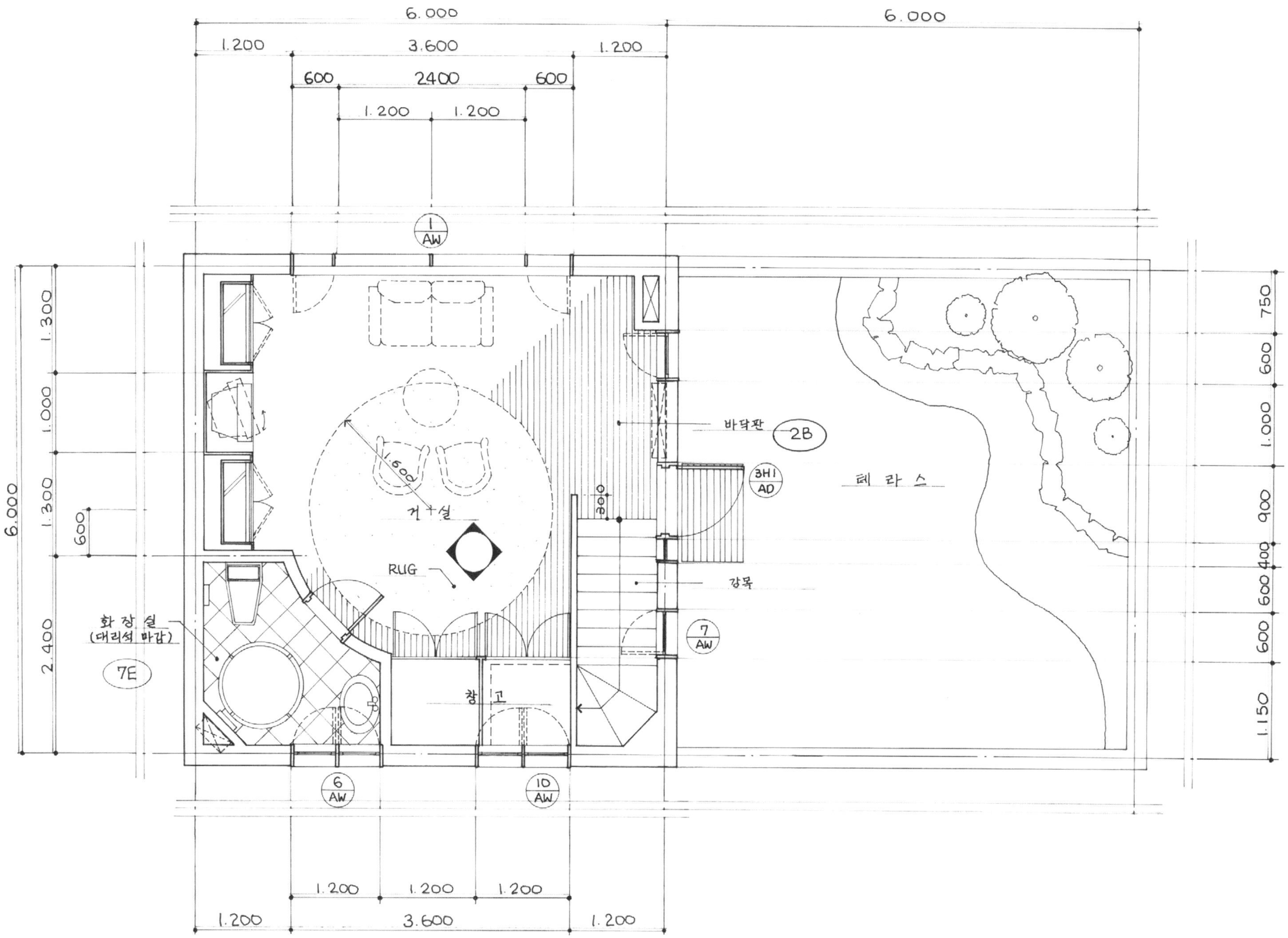

1 / I-05 A동 3층 평면도
SCALE : 1/50

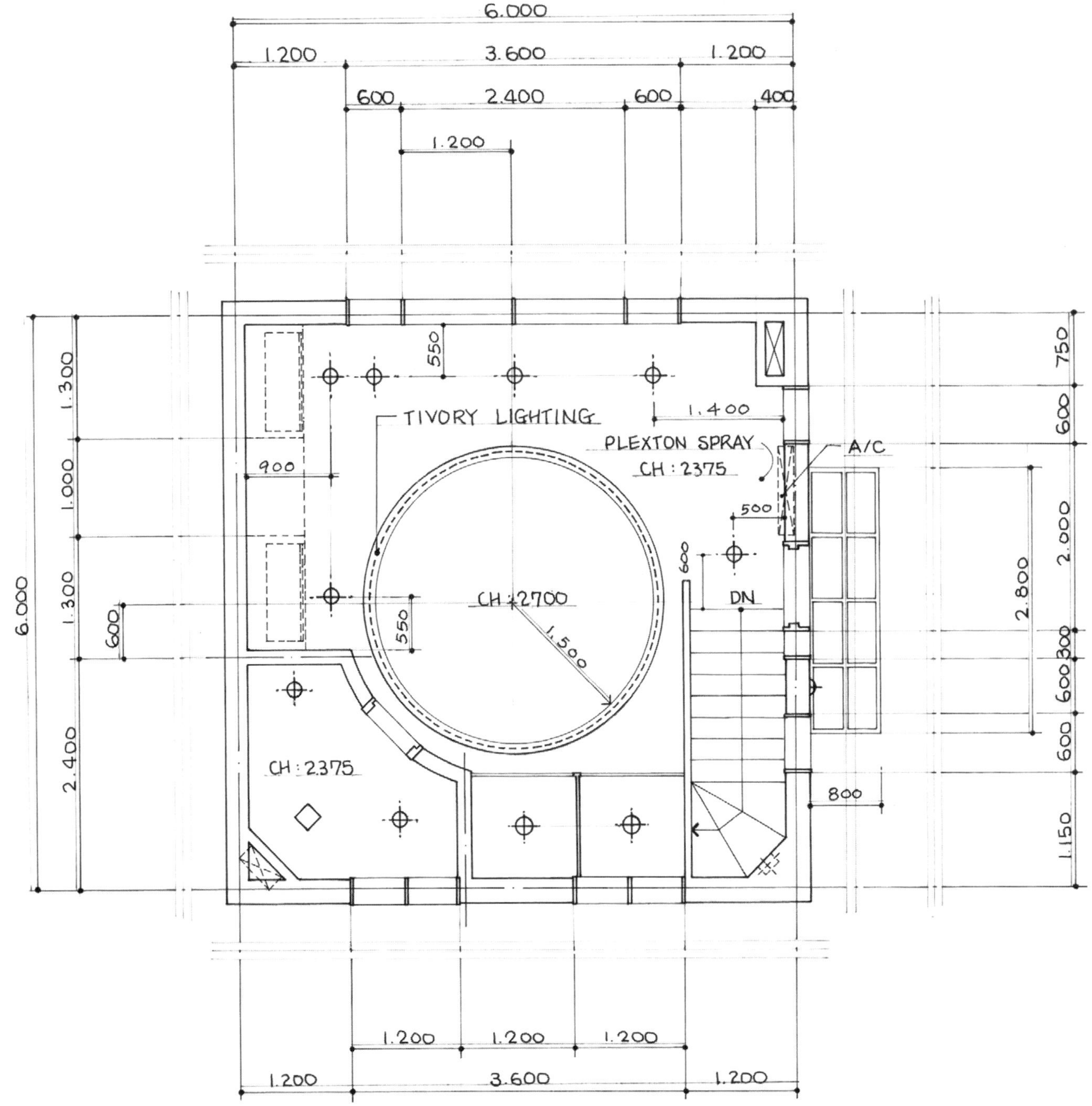

1 | I-06 | I-05 E06

A동 3층 천장도

SCALE : 1/50

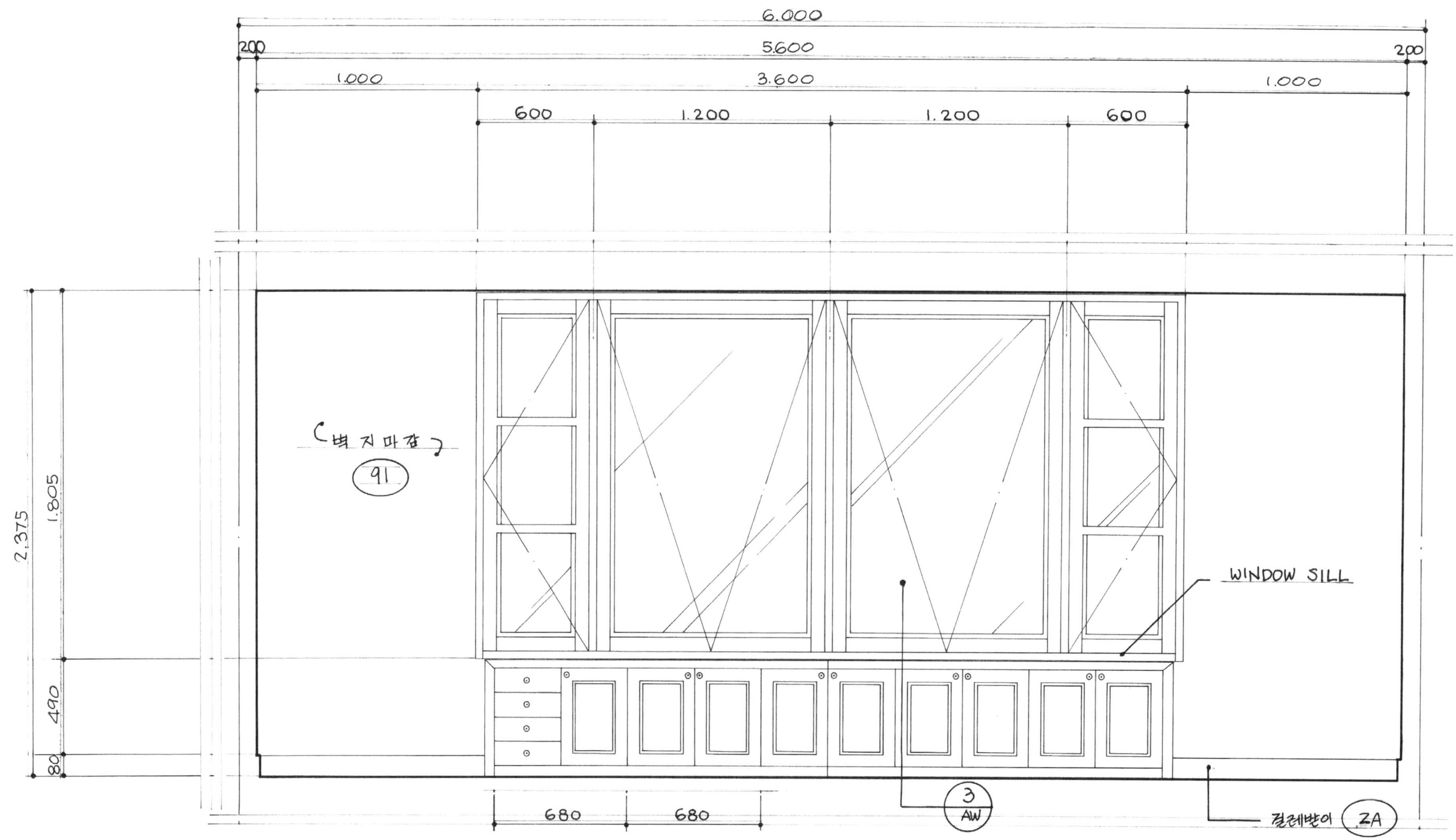

1 I-07 I-01 전 개 도 SCALE : 1 / 20

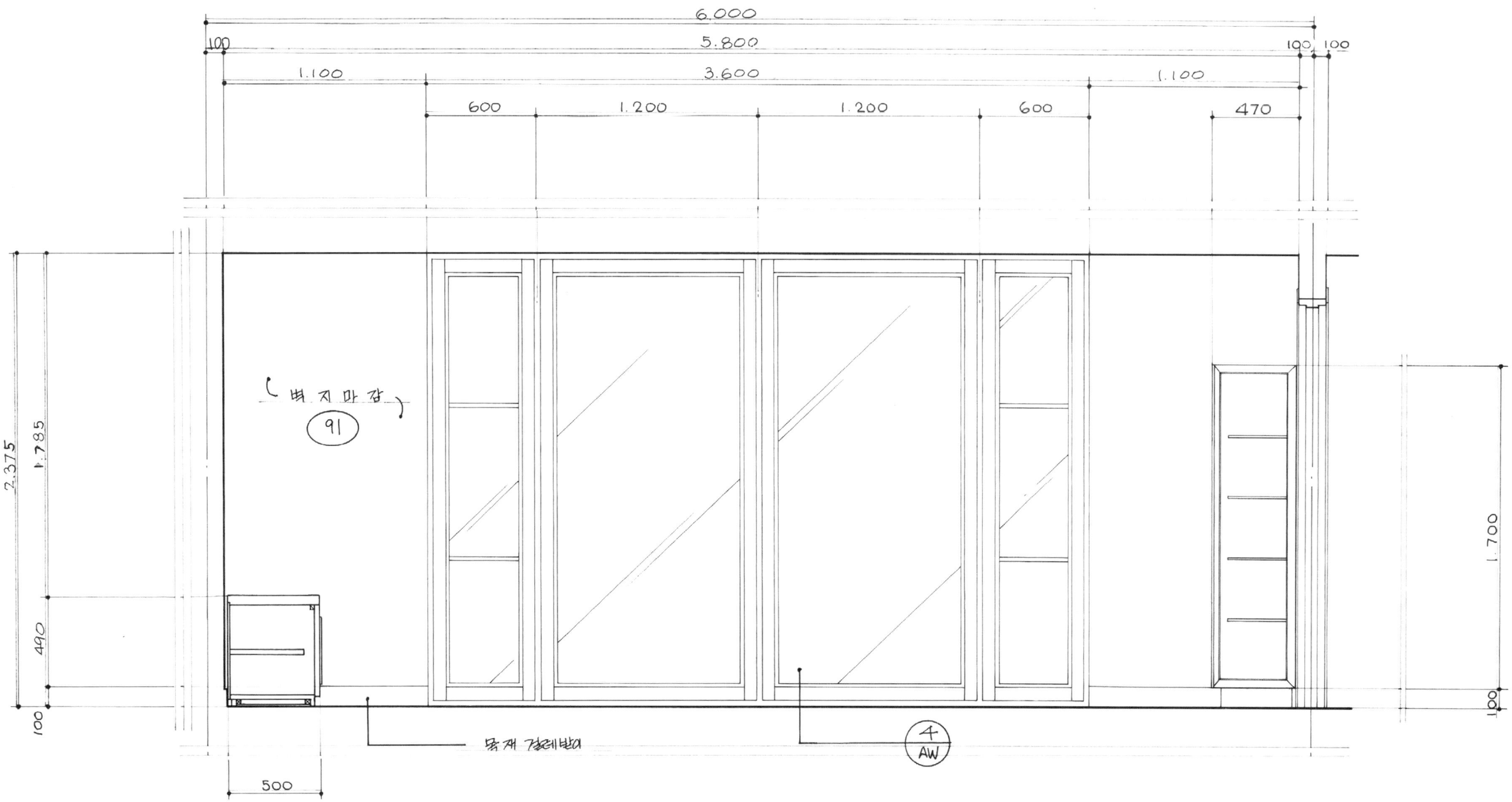

2 전개도
I-08 I-01
SCALE : 1 / 20

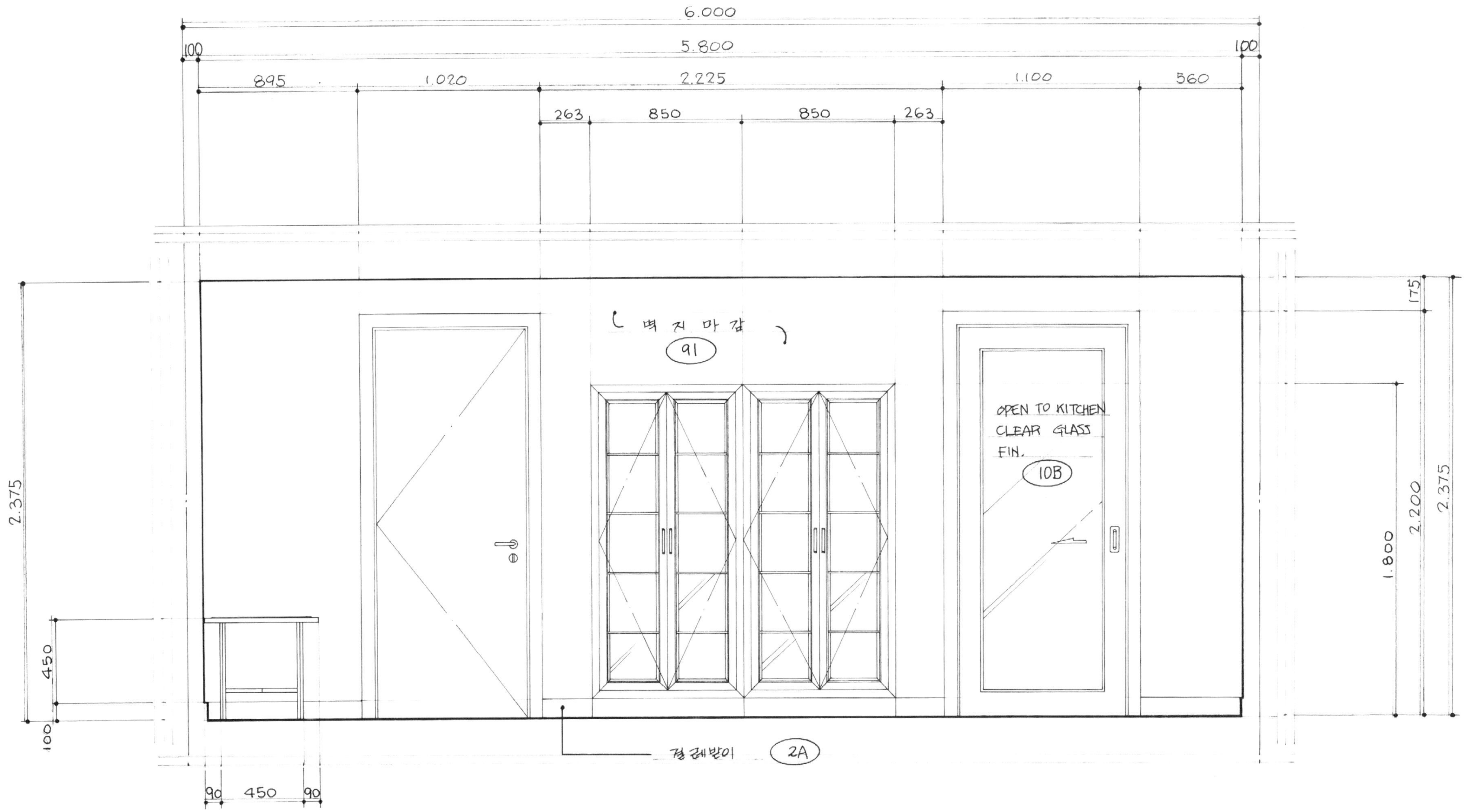

전 개 도

SCALE : 1 / 20

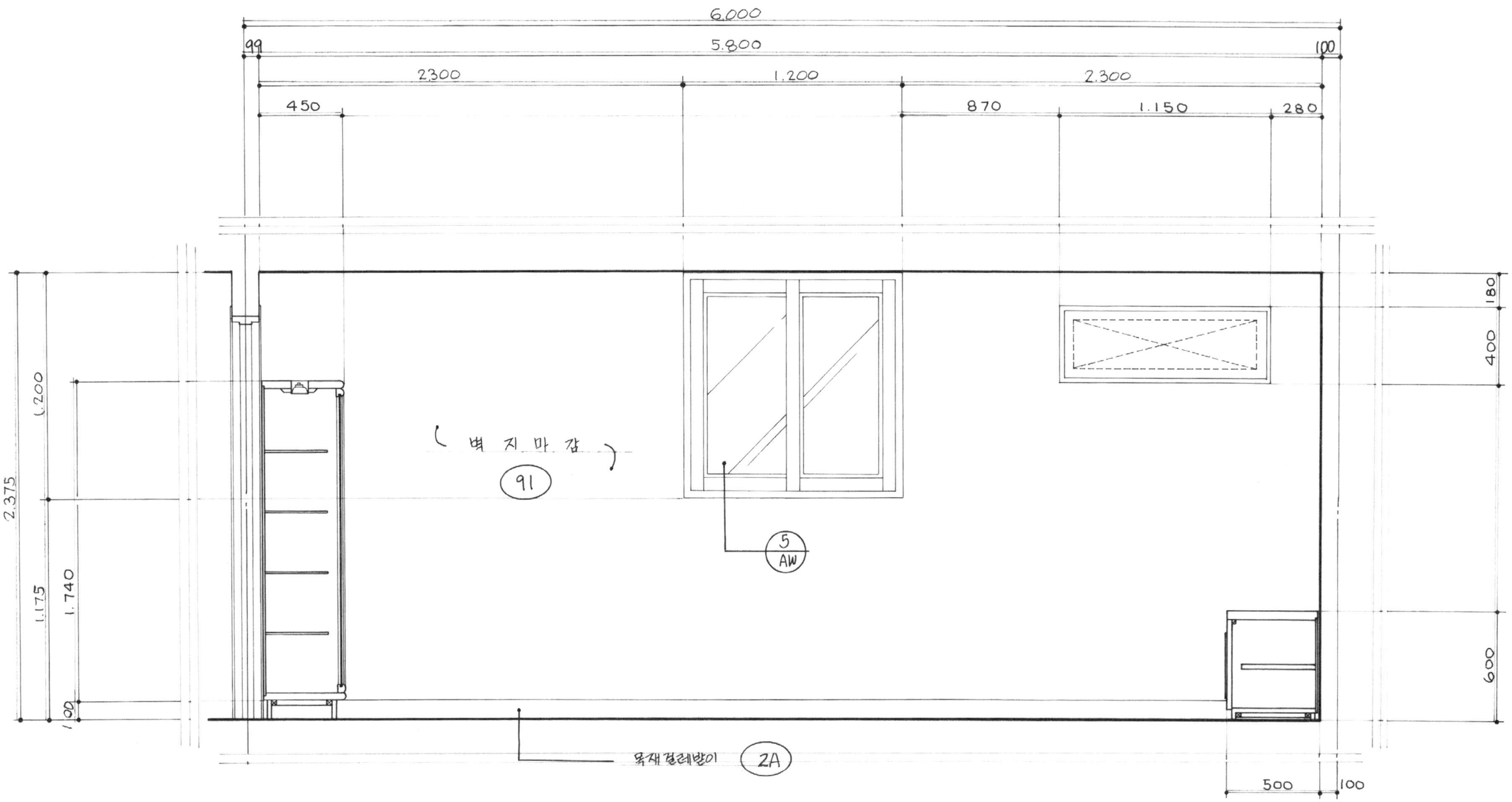

4
I-10 I-01
전 개 도
SCALE : 1 / 20

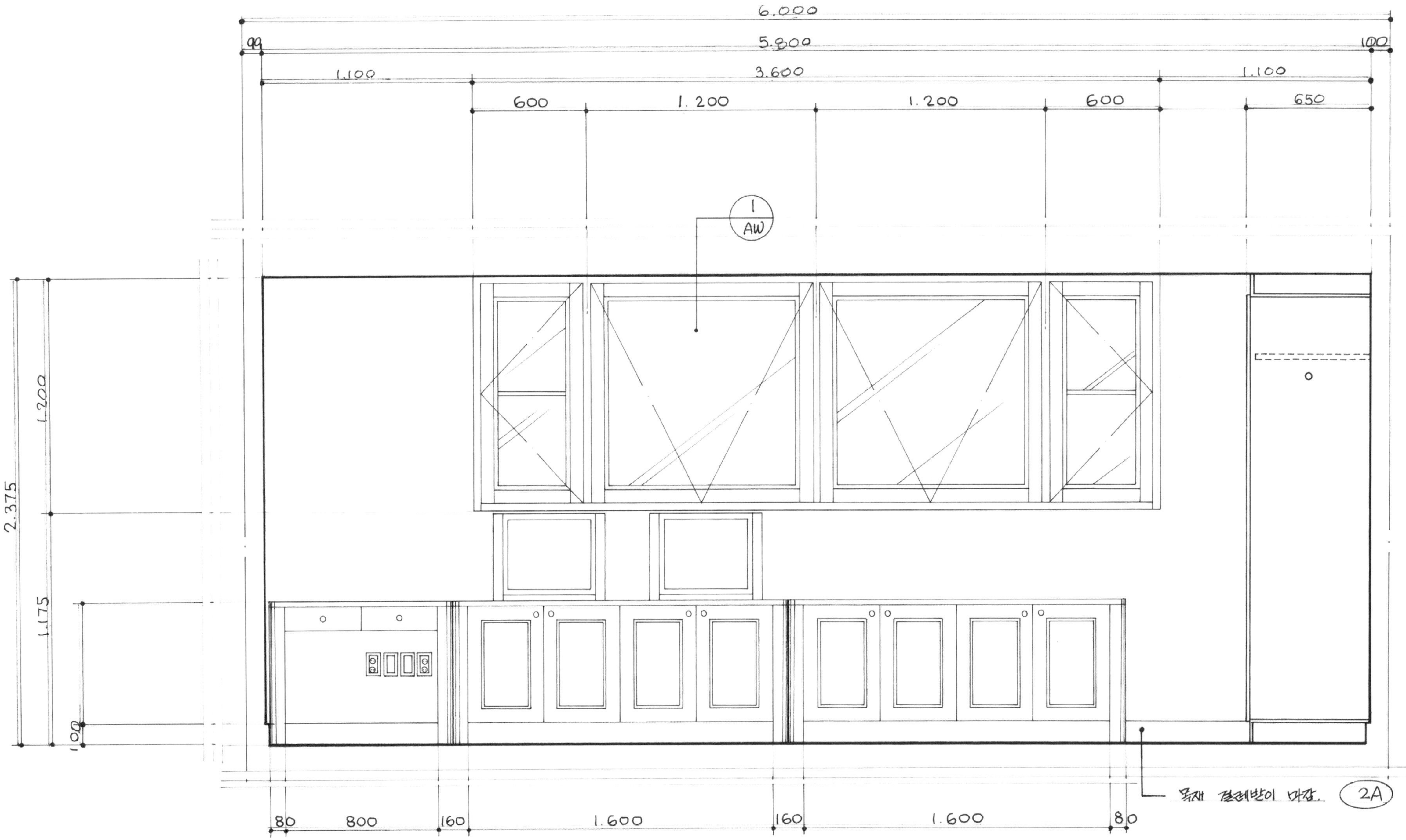

1 | I-11 | I-03 전 개 도

SCALE : 1 / 20

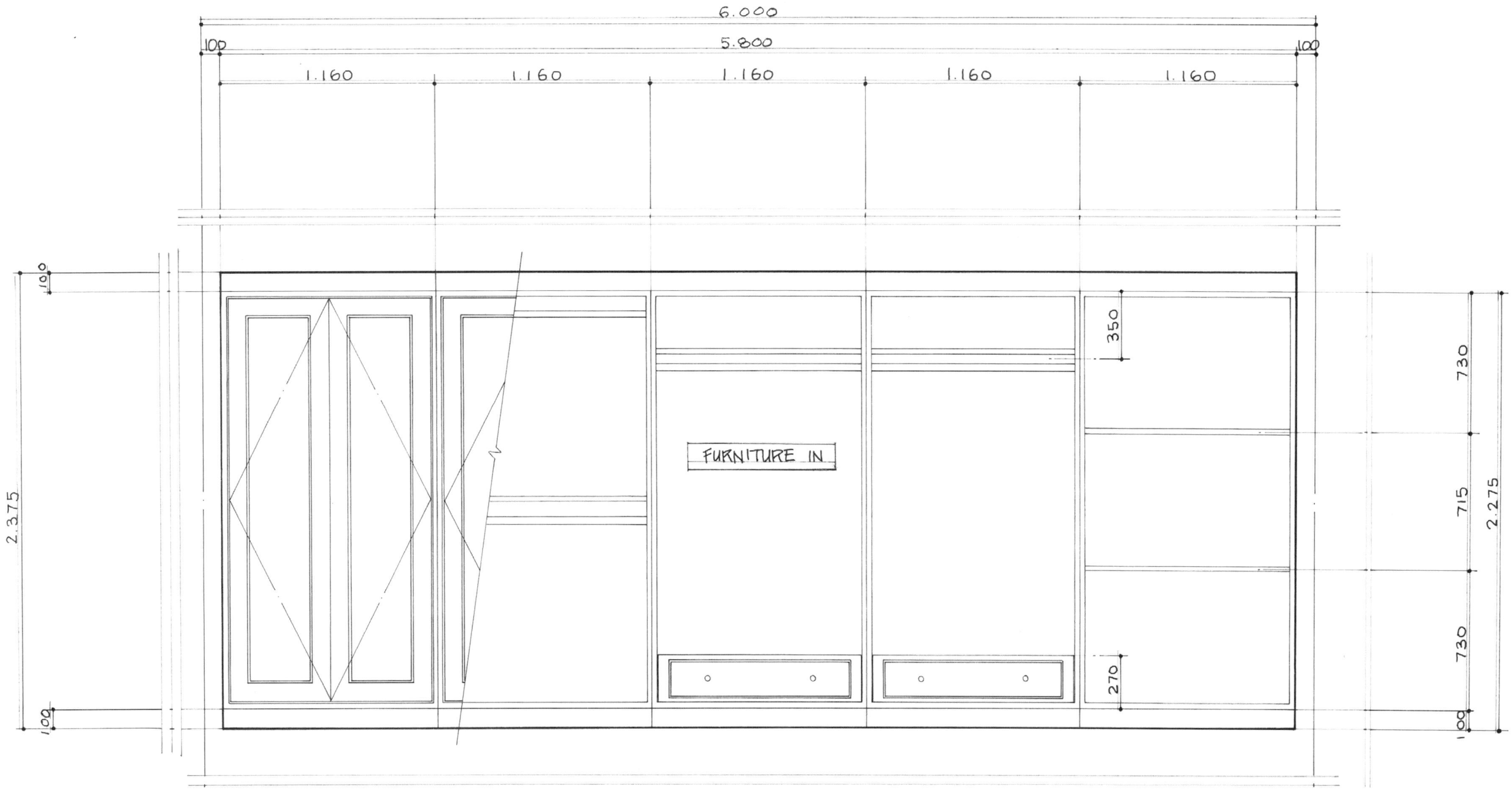

2 전 개 도
I-12 I-03 SCALE : 1 / 20

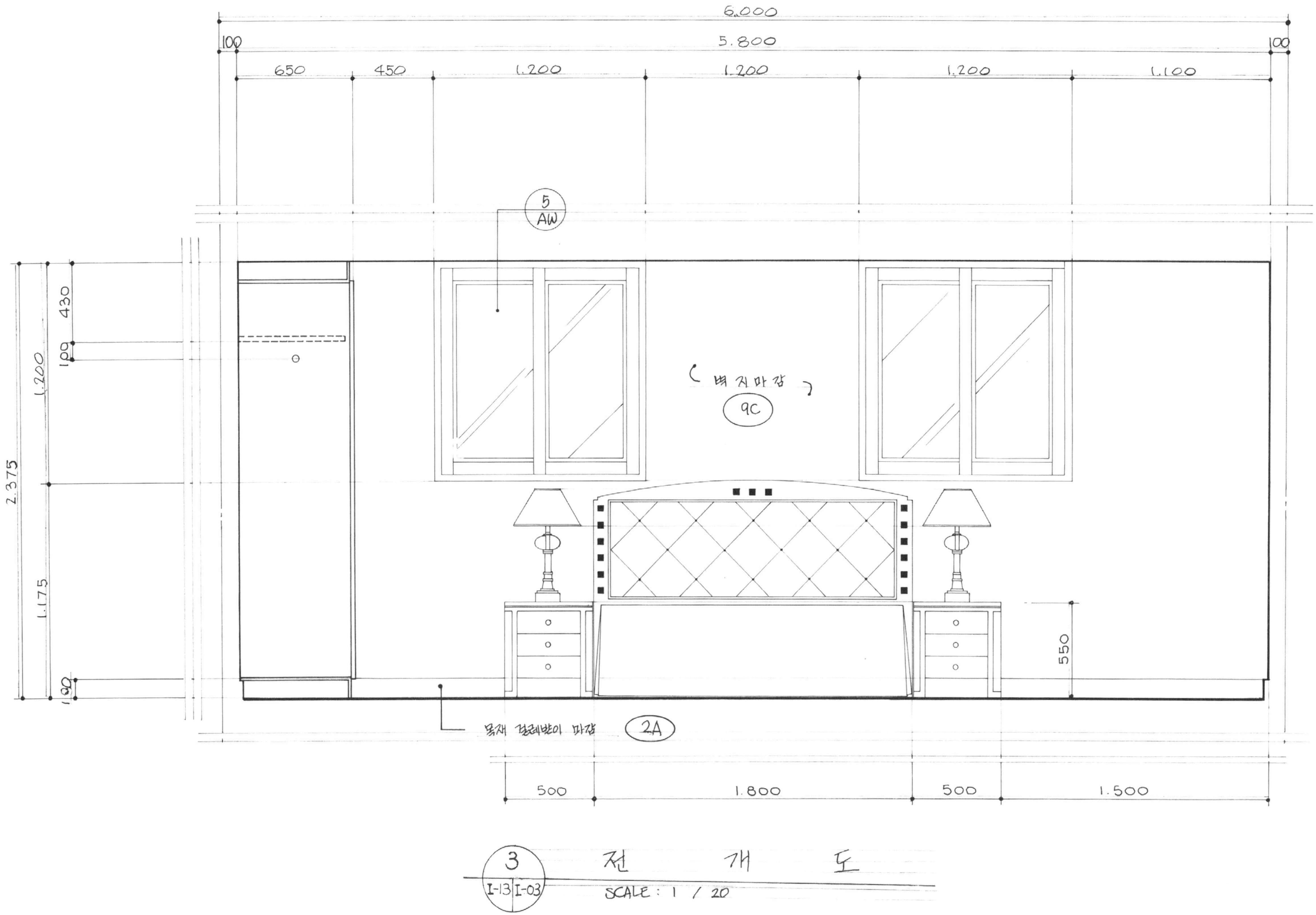
6.000
100
5.800
100
650
450
1.200
1.200
1.200
1.100
5
AW
2.375
1.200
430
100
1.175
100
(벽지마감)
9C
550
목재 걸레받이 마감
2A
500
1.800
500
1.500
3
I-13
I-03
전 개 도
SCALE : 1 / 20

● 고급주거

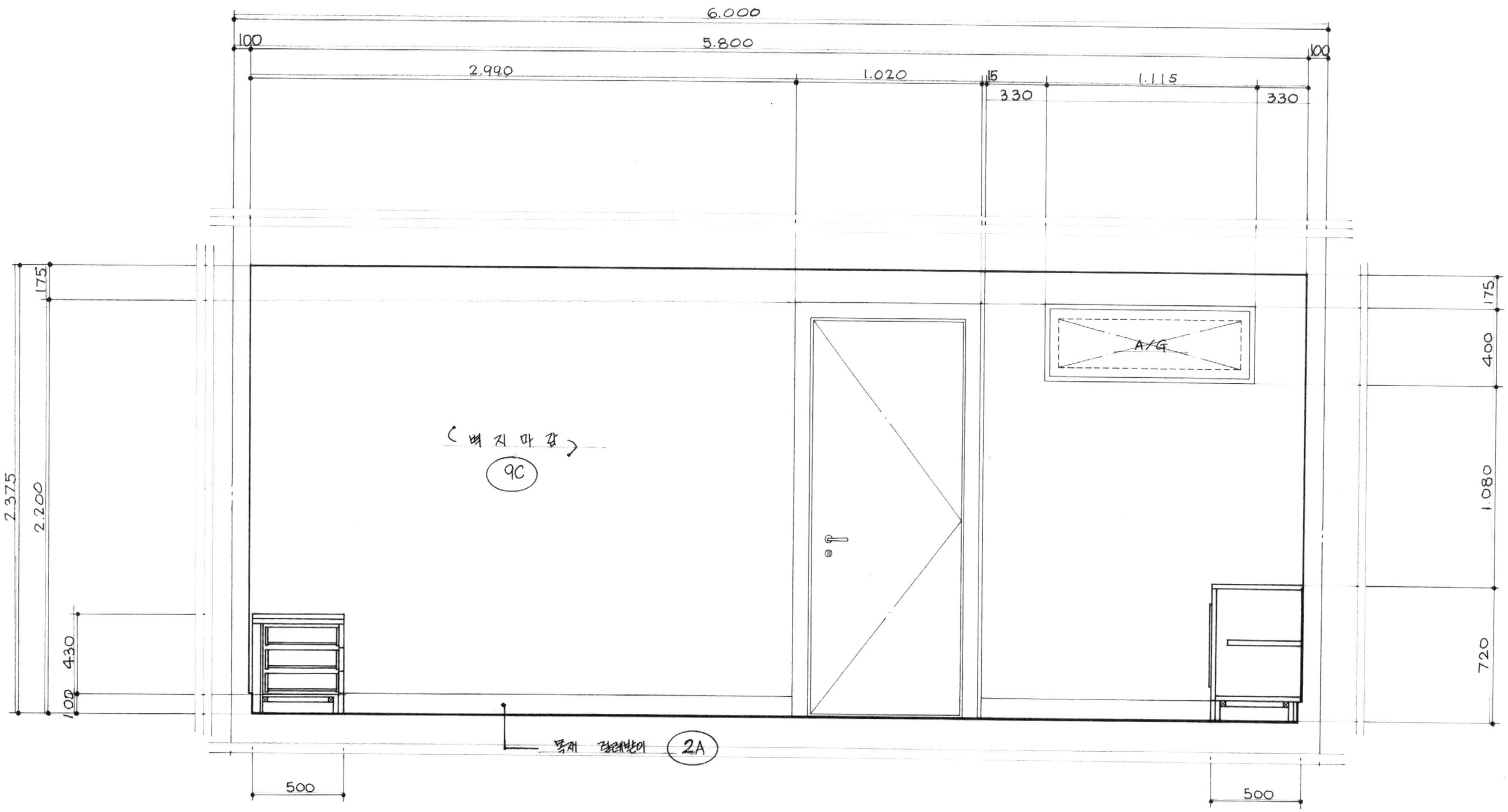

4
I-14 I-03
전 개 도
SCALE : 1 / 20

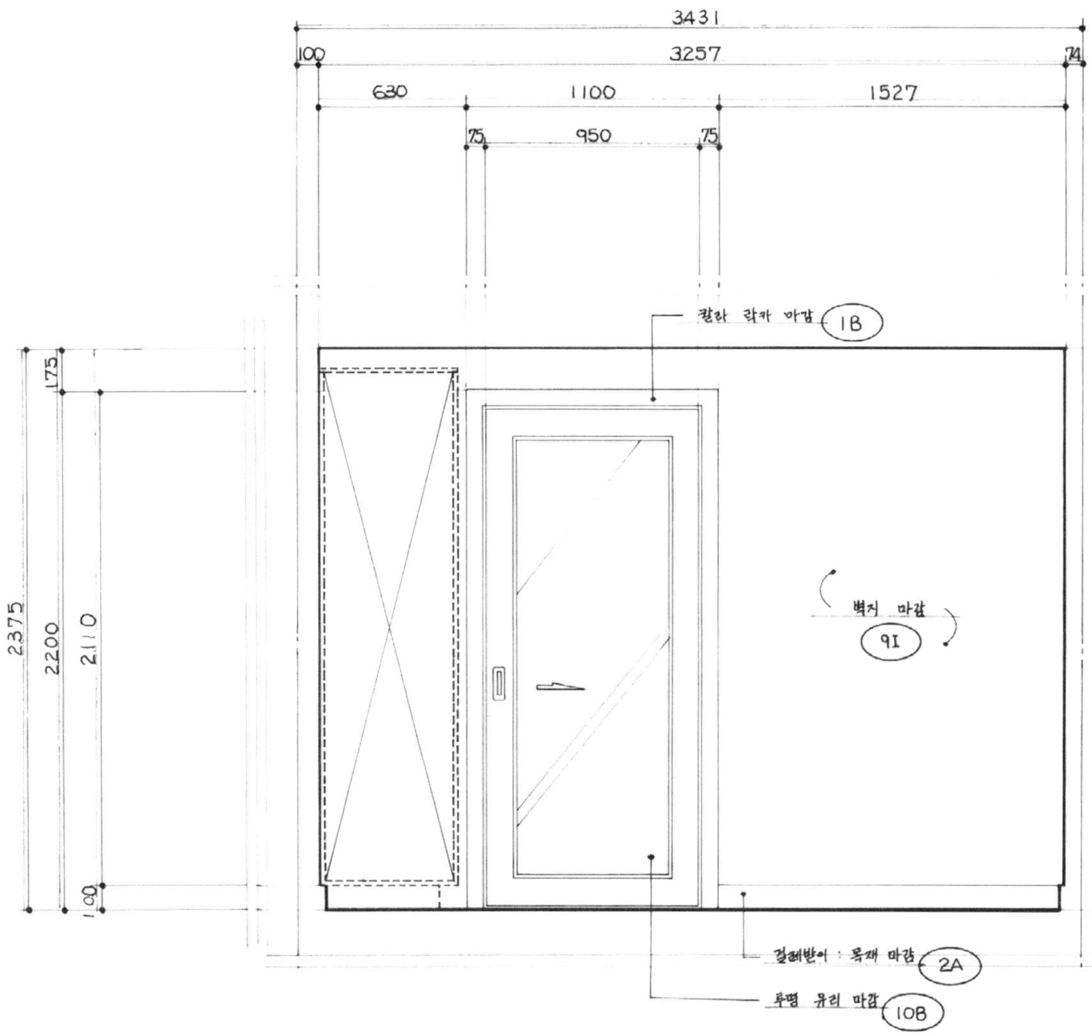

1 I-15 I-01 전 개 도

SCALE : 1/20

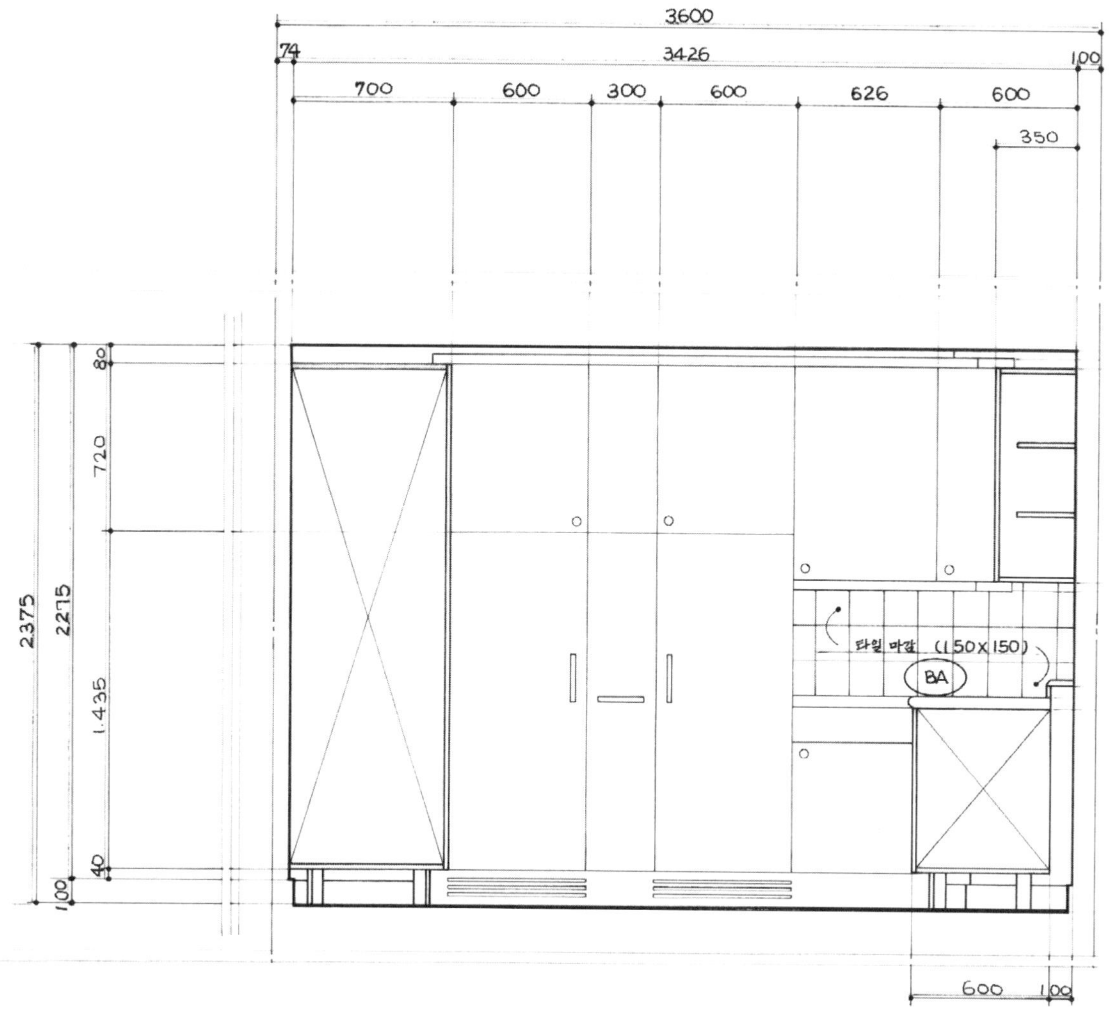

3 I-15 I-01 전 개 도

SCALE : 1/20

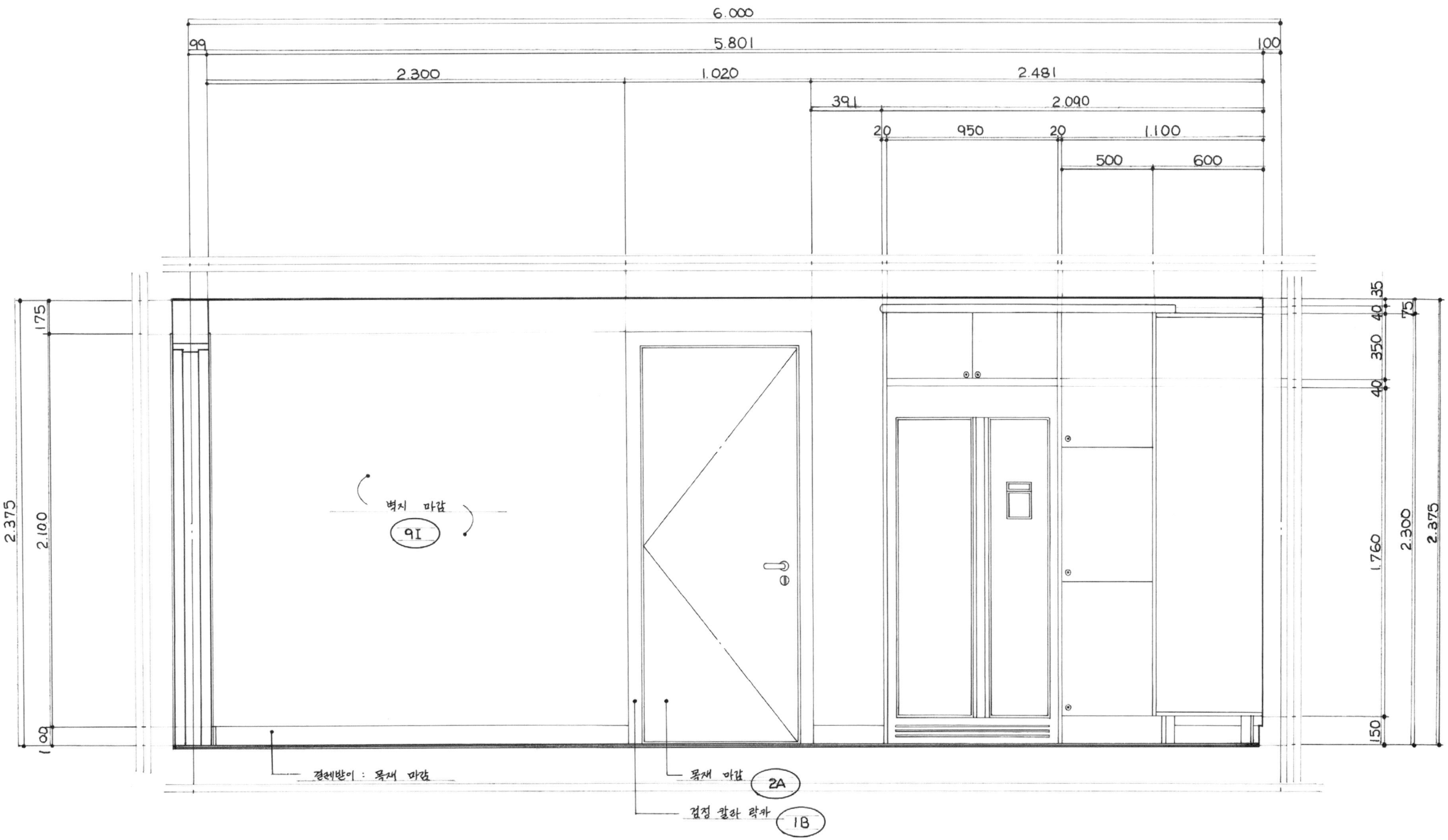

2 전 개 도

I-16 I-01 SCALE : 1/20

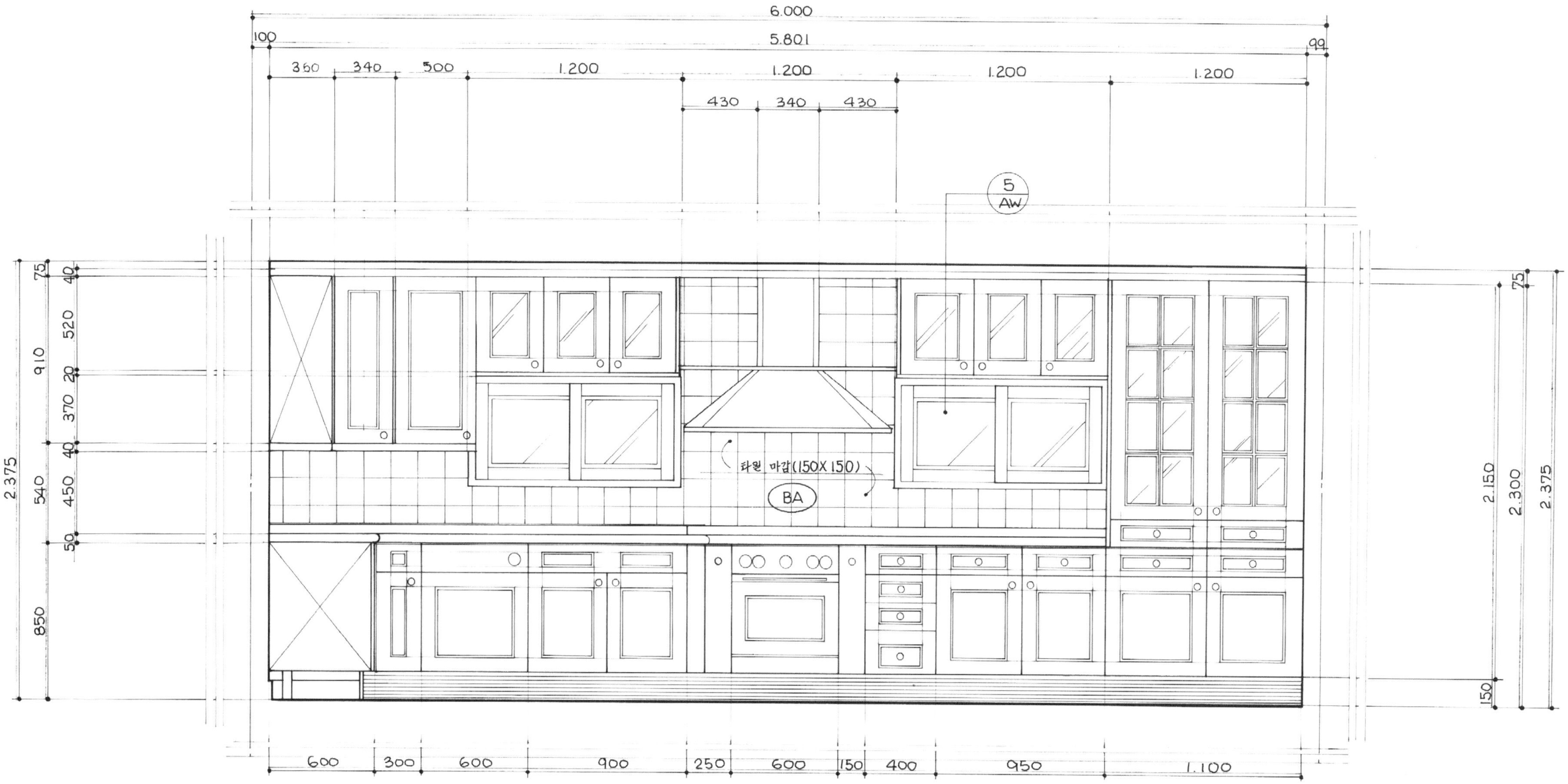

4
I-17 I-01
전 개 도
SCALE : 1/20

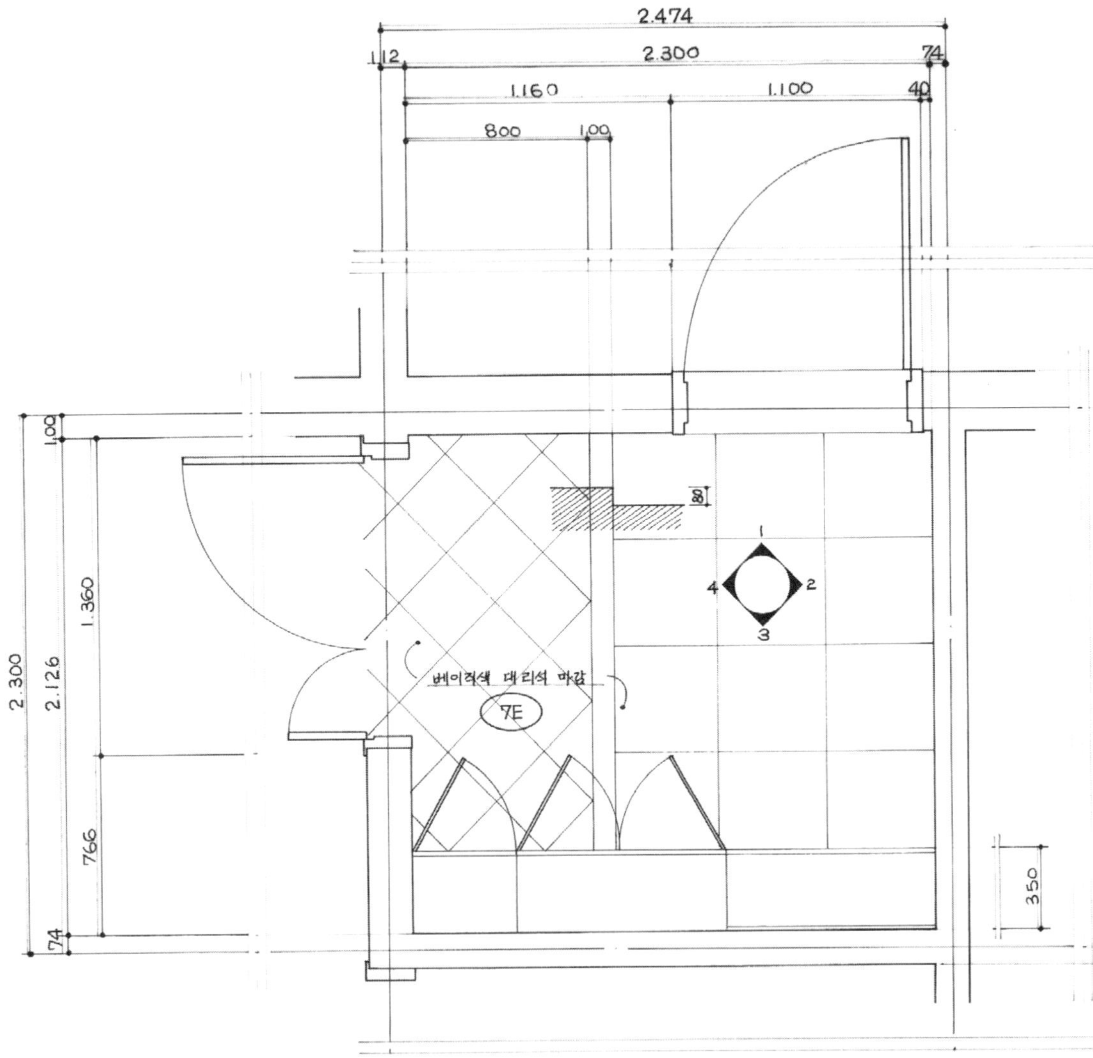

1 부분평면도
I-18 I-01 SCALE : 1/20

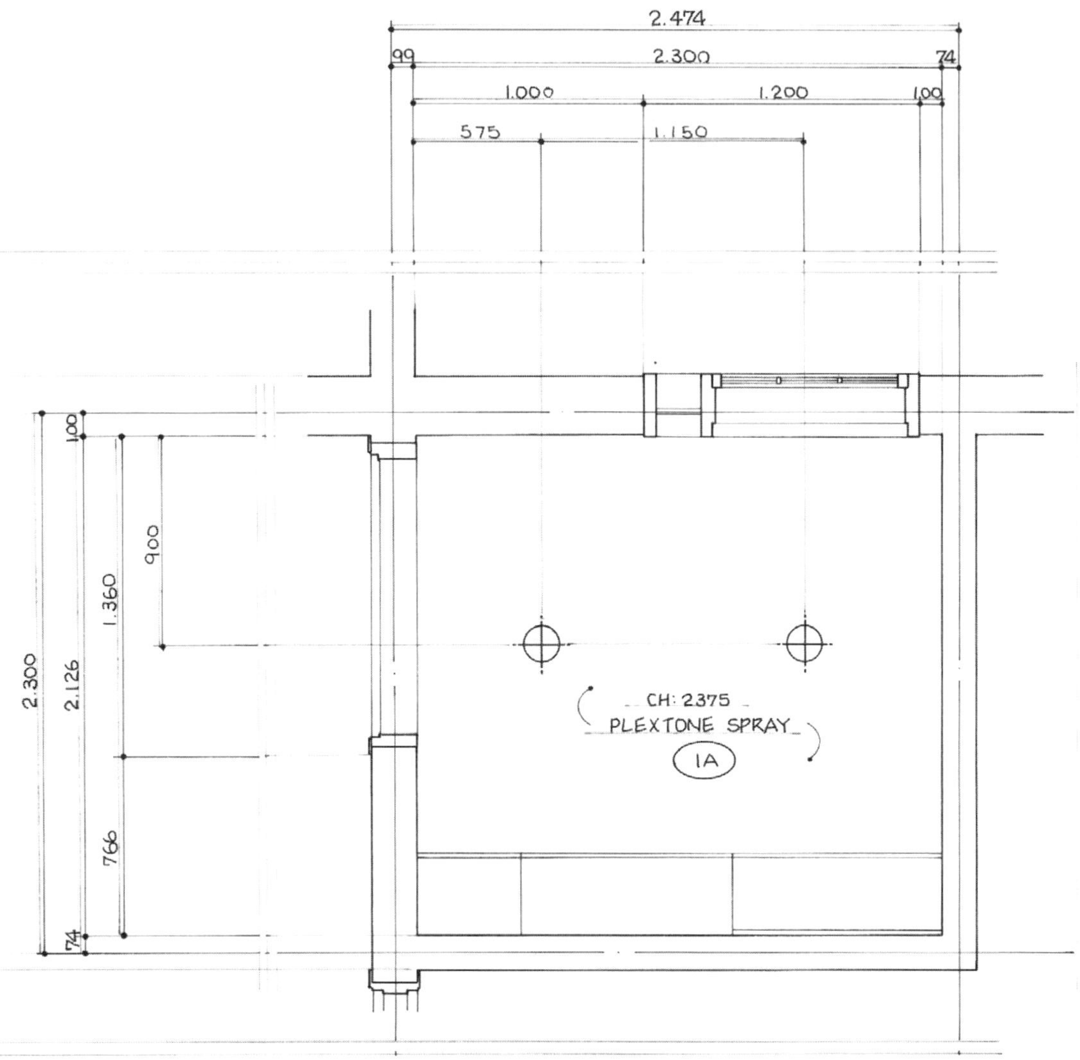

2 부분천장도
I-18 I-18 SCALE : 1/20

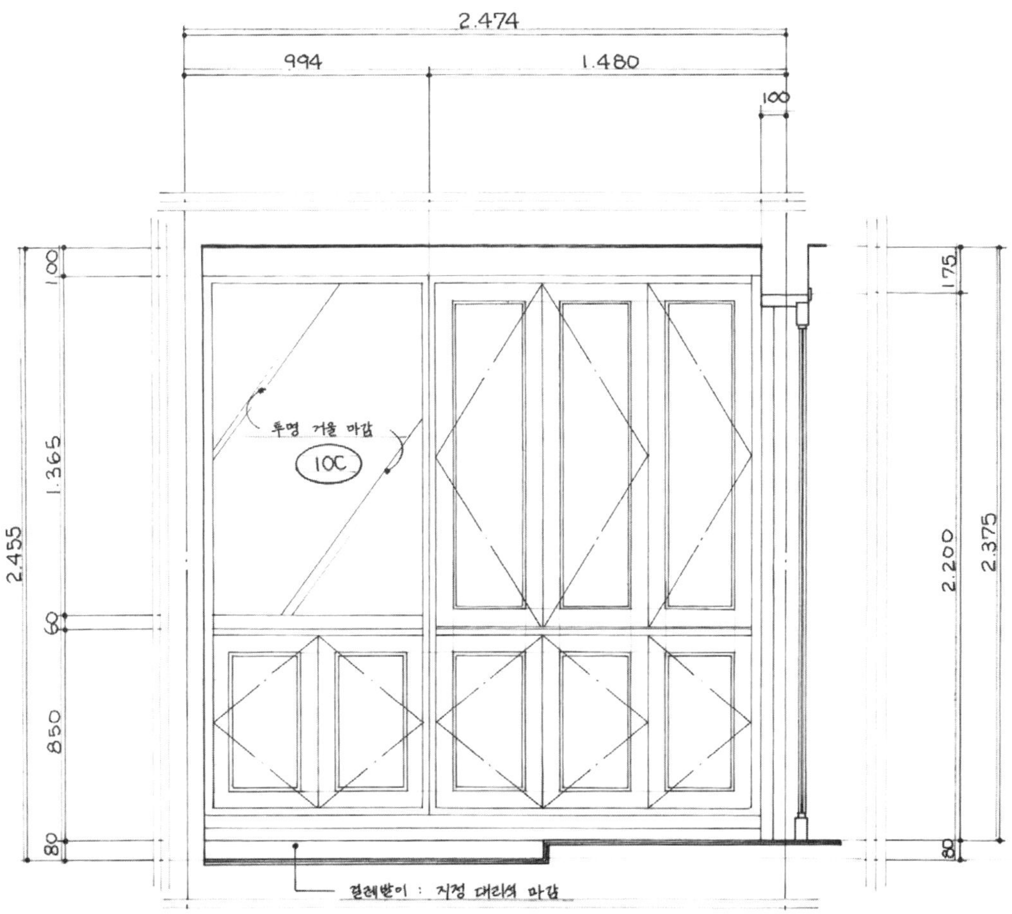

3 전개도
I-19 I-18 SCALE : 1/20

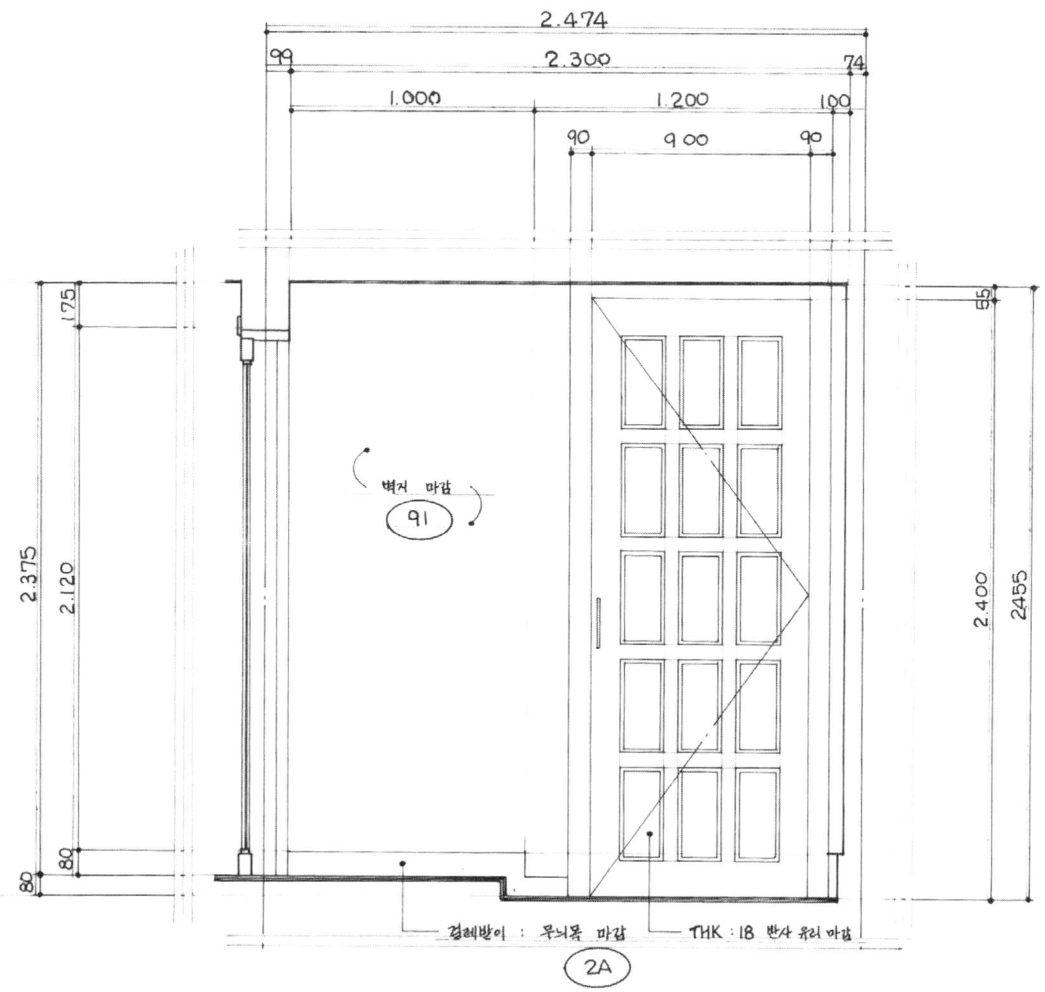

1 전개도
I-19 I-18 SCALE : 1/20

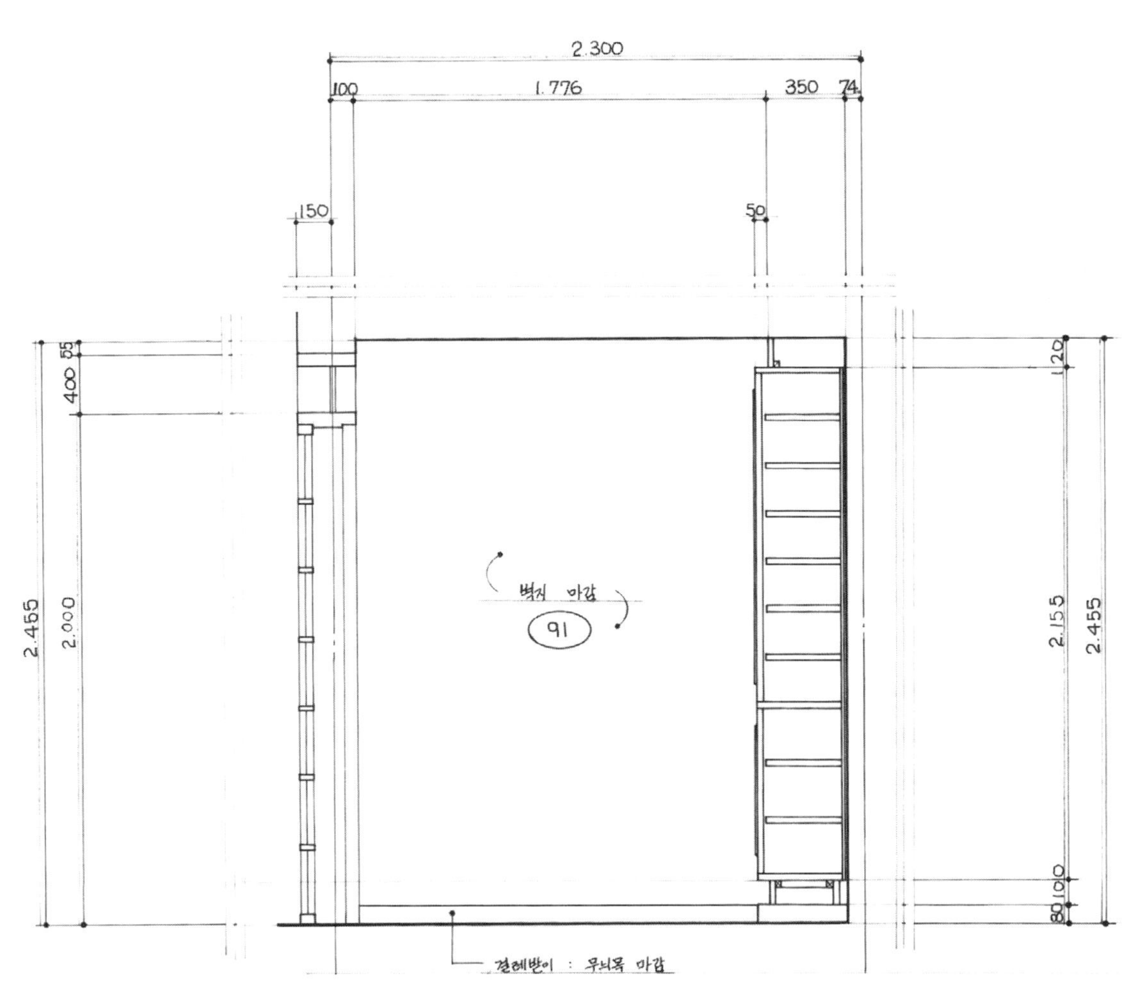

2 전개도
I-20 I-18
SCALE : 1/20

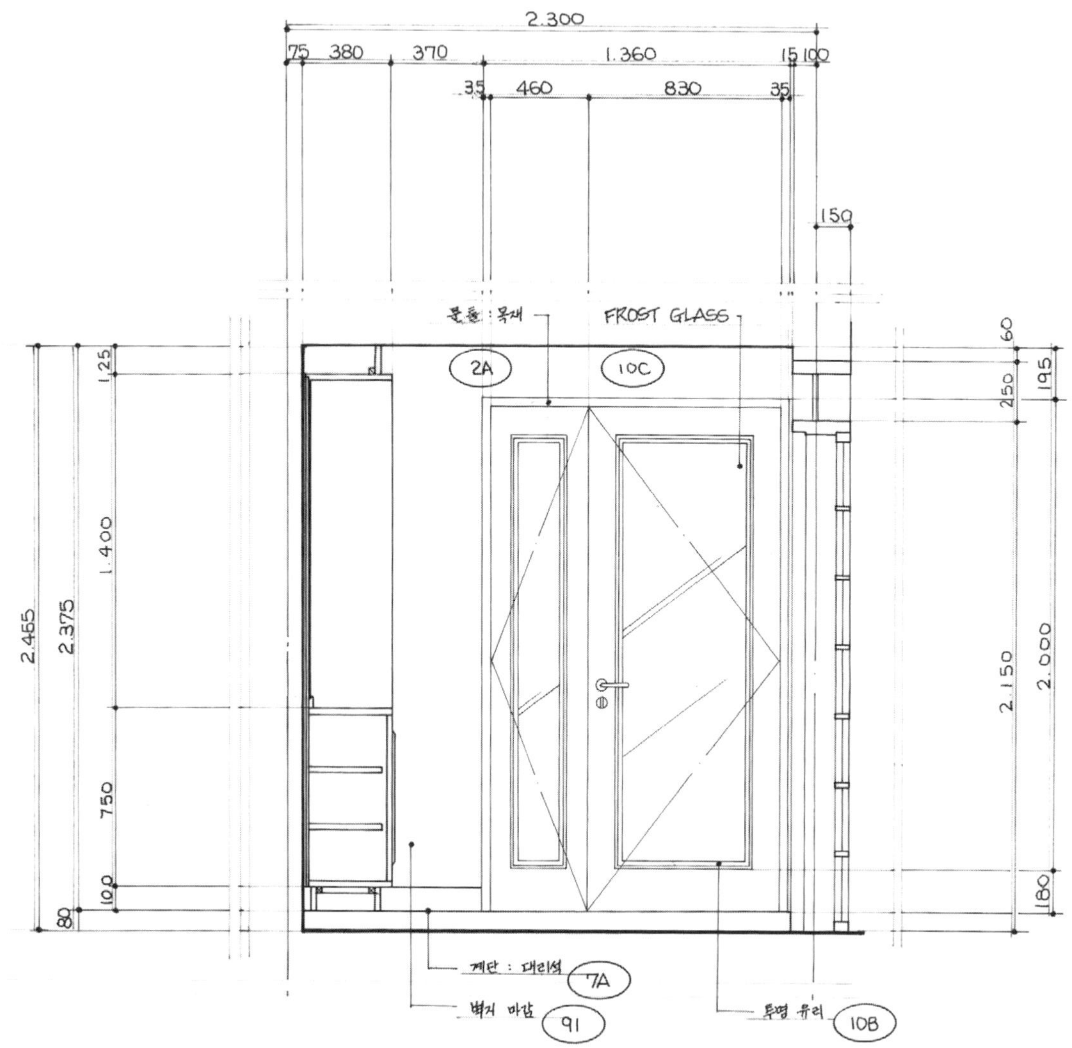

4 전개도
I-20 I-18
SCALE : 1/20

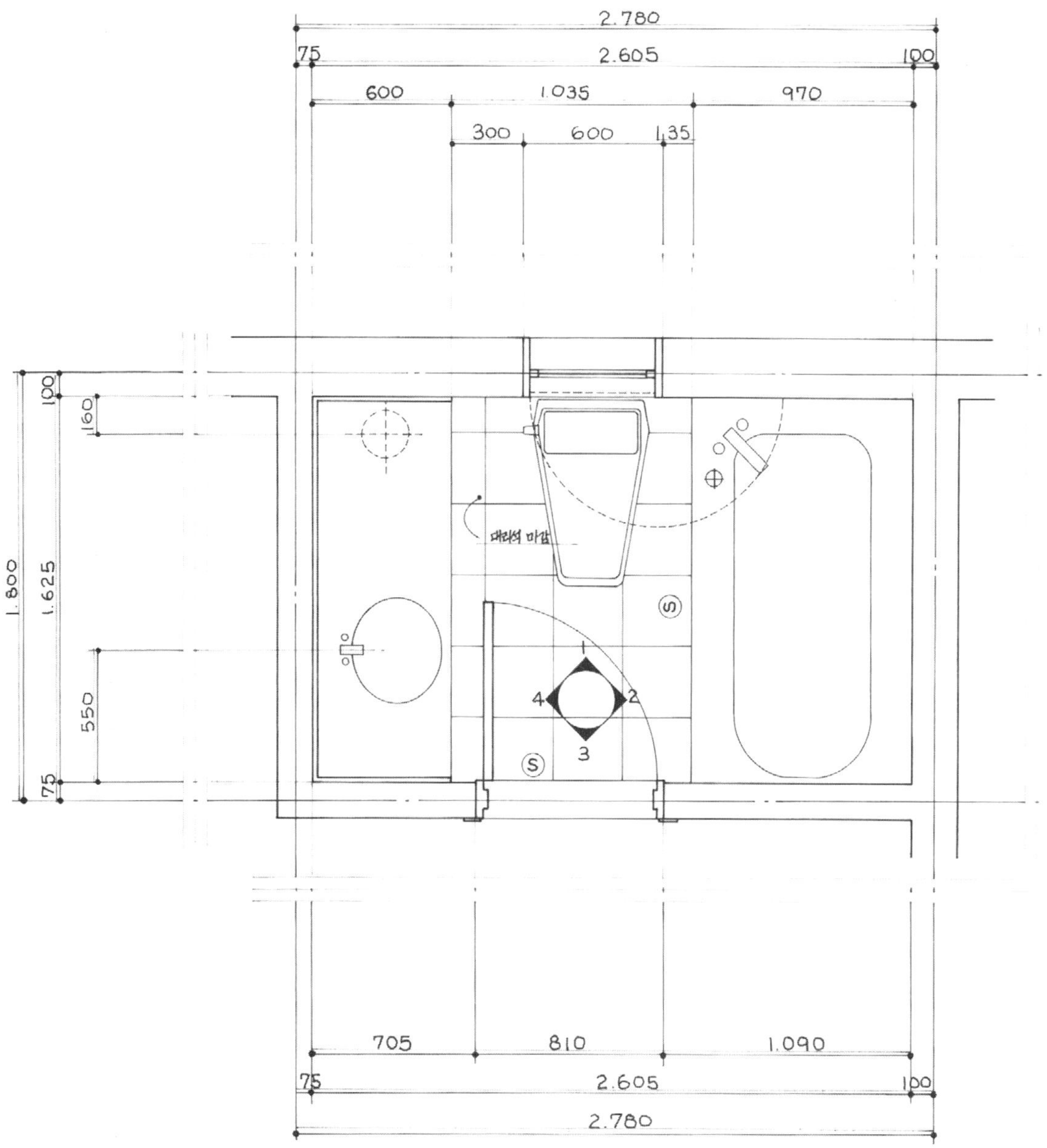

1 부 분 평 면 도
I-21 I-03 SCALE : 1 / 20

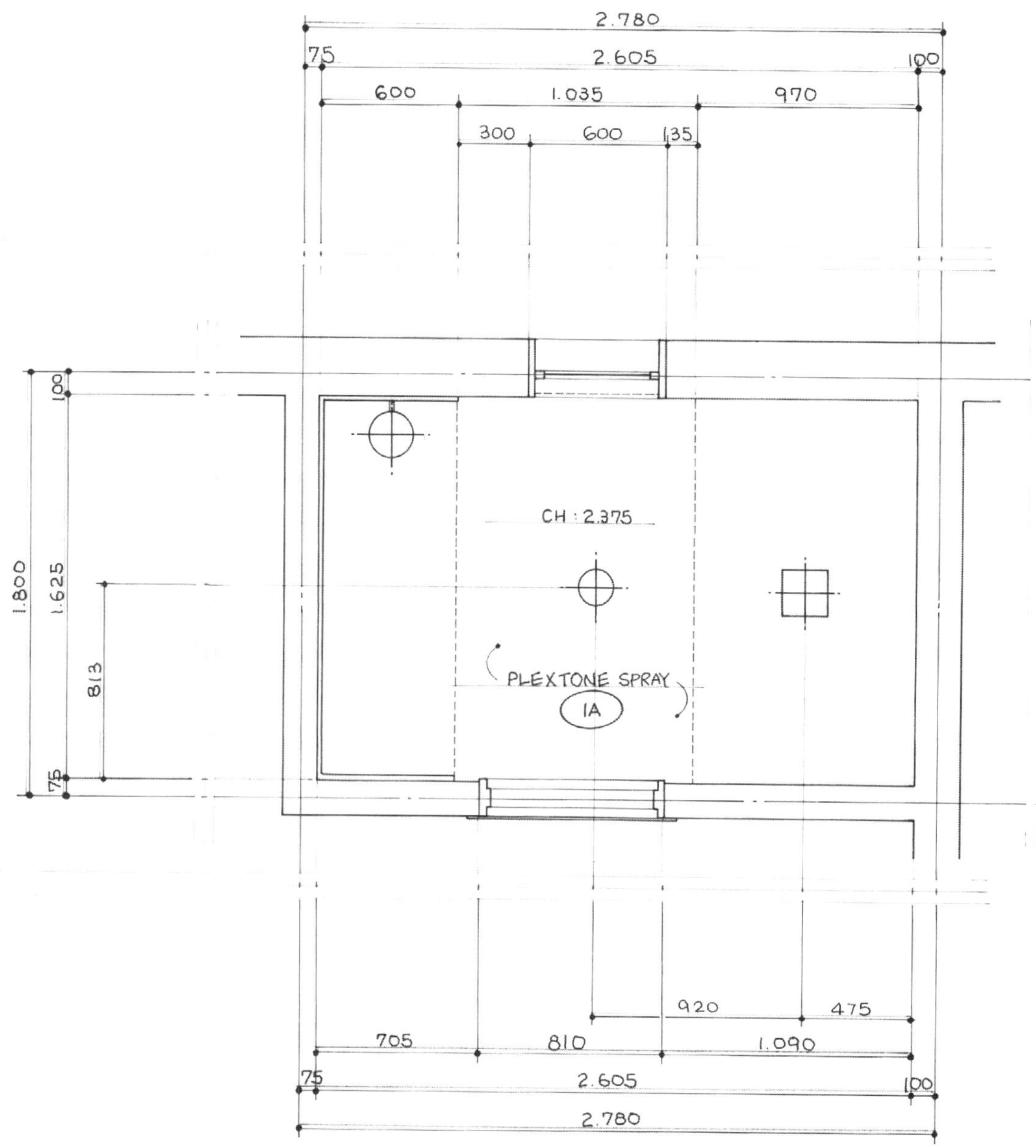

2 부 분 천 장 도
I-21 I-21 SCALE : 1 / 20

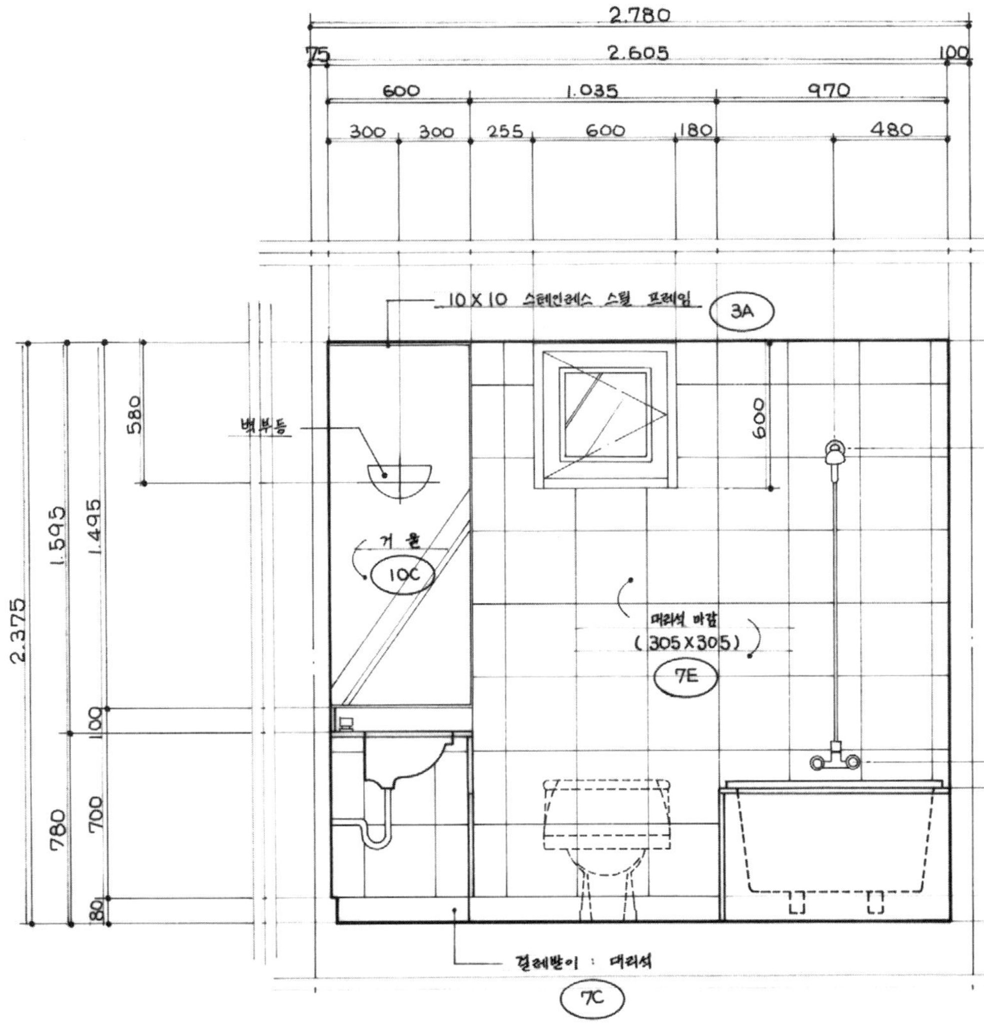

1 전 개 도
I-22 I-21
SCALE : 1/20

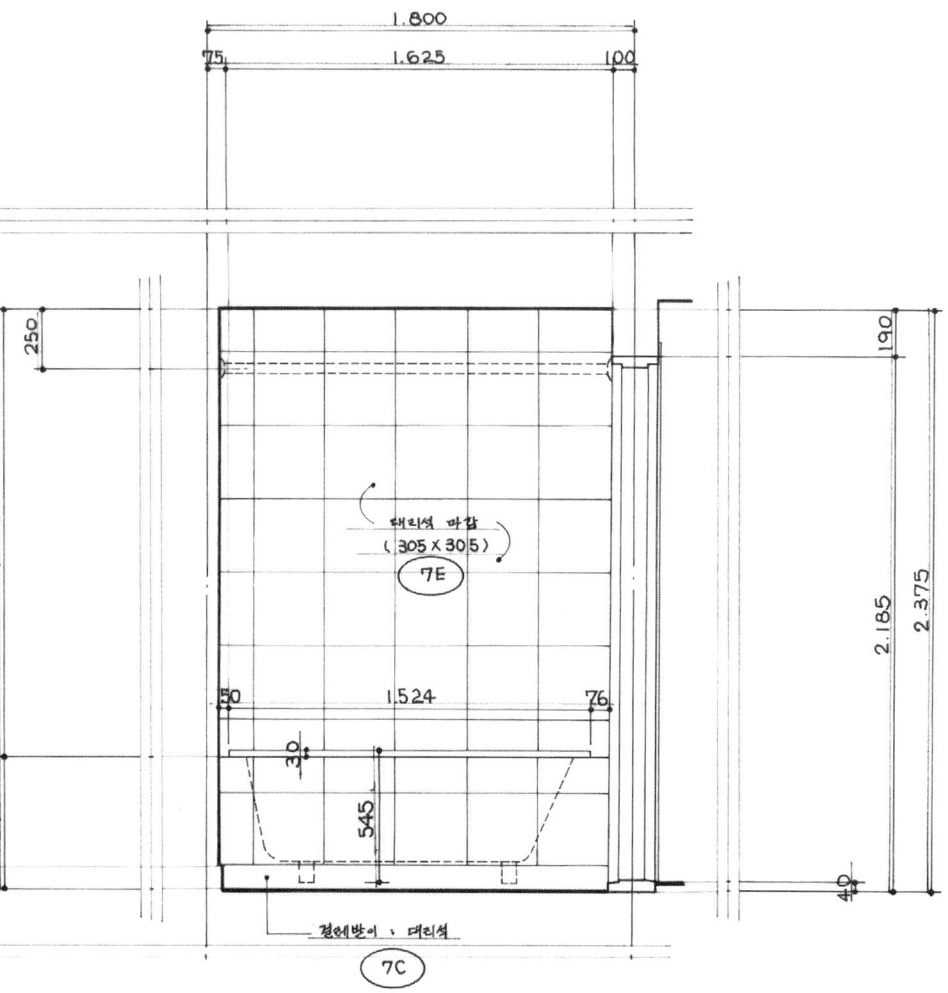

2 전 개 도
I-22 I-21
SCALE : 1/20

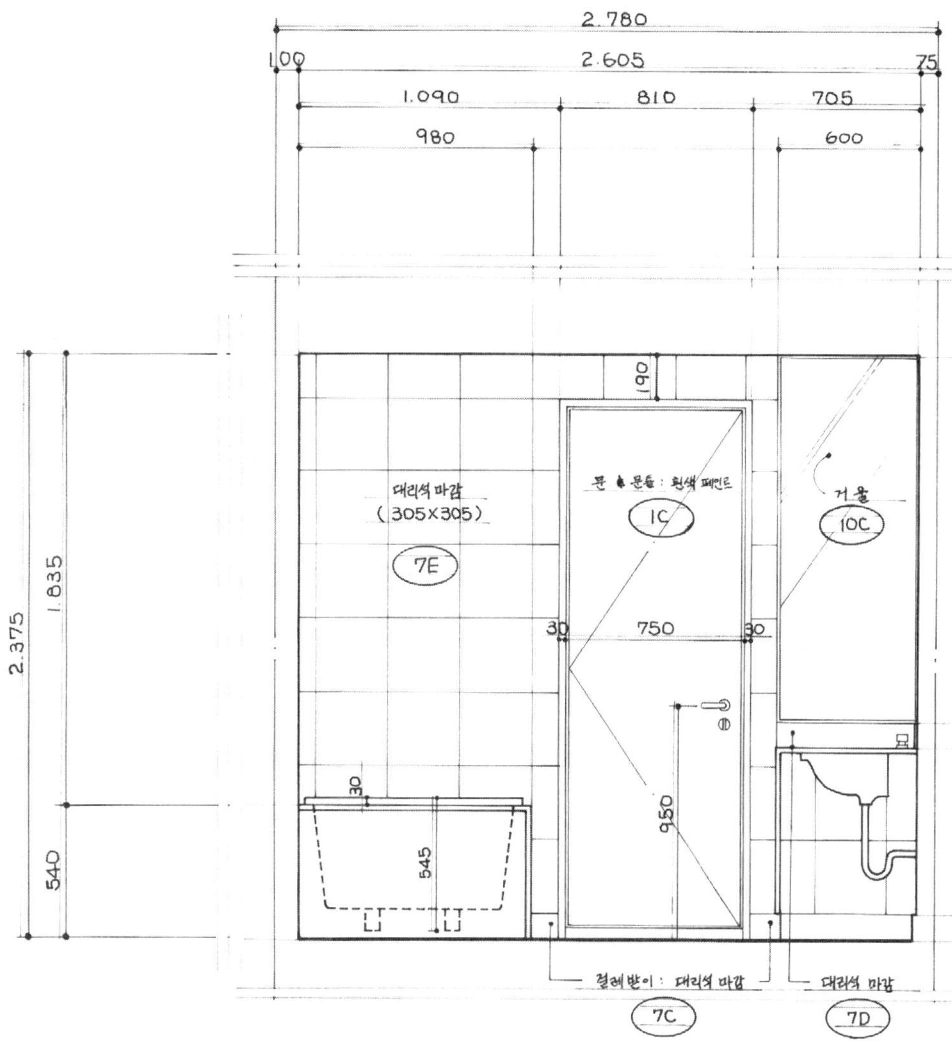

3 전개도
I-23 I-03 SCALE : 1 / 20

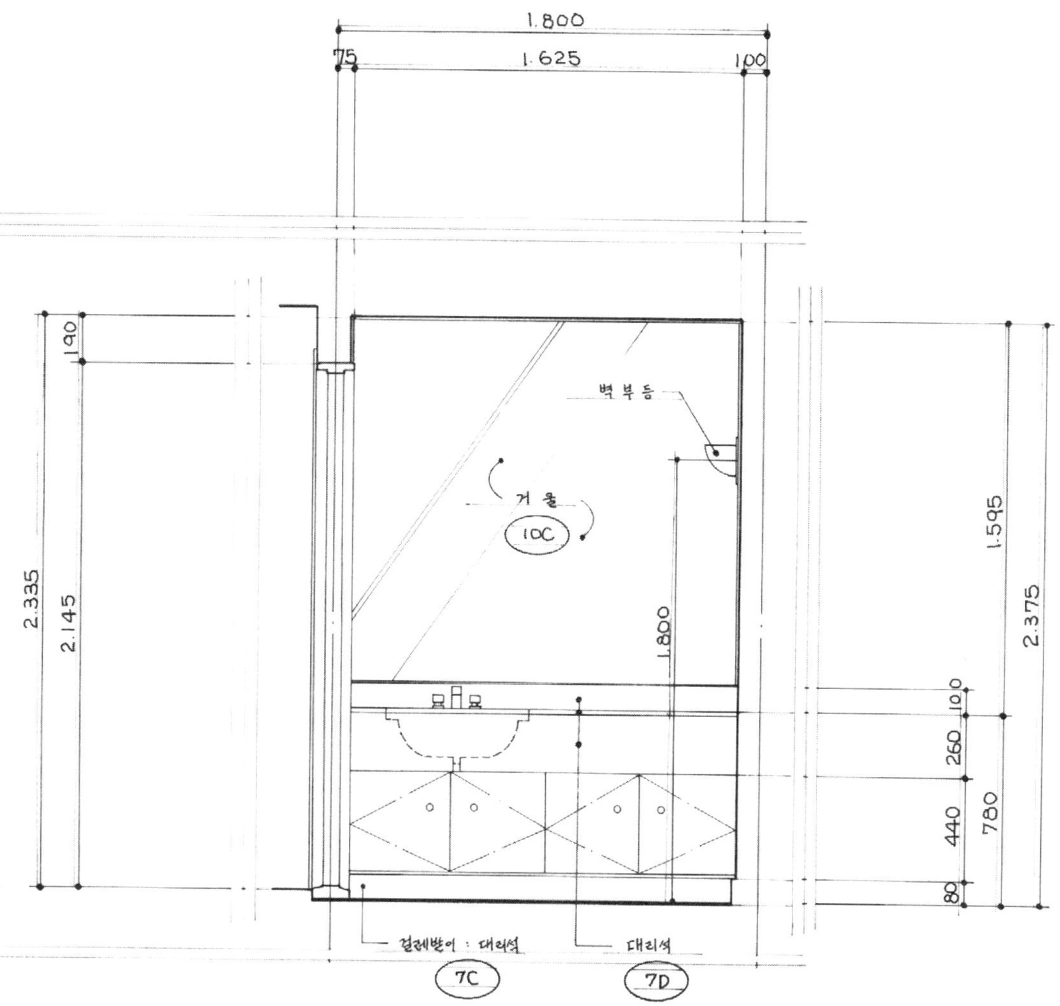

4 전개도
I-23 I-03 SCALE : 1 / 20

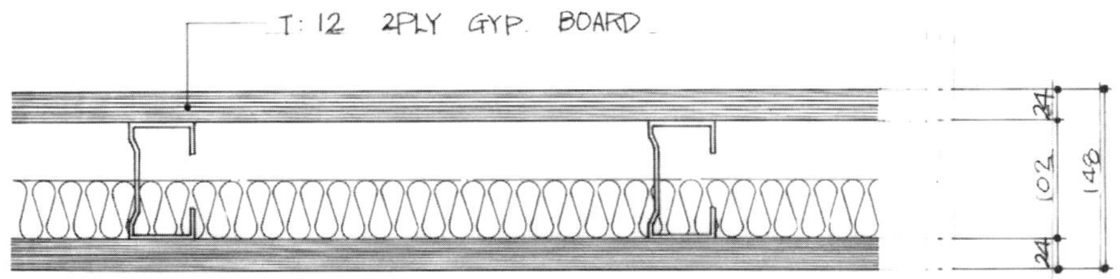
T: 12 2PLY GYP. BOARD
24
102
148
24

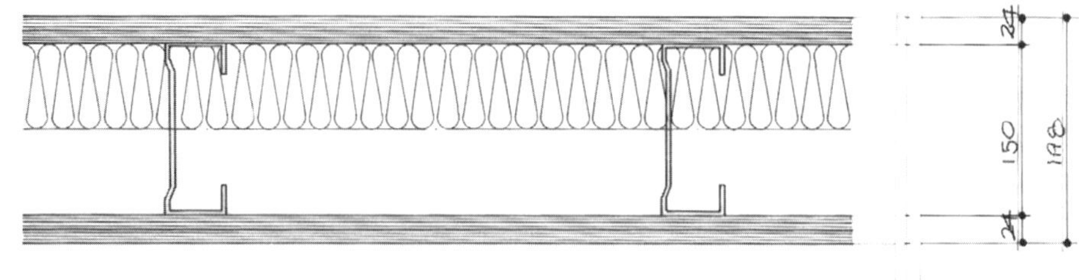
24
150
198
24

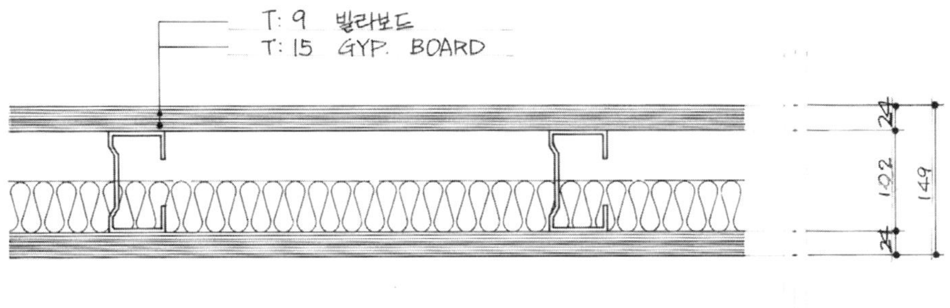
T: 9 빌라보드
T: 15 GYP. BOARD
24
122
149
24

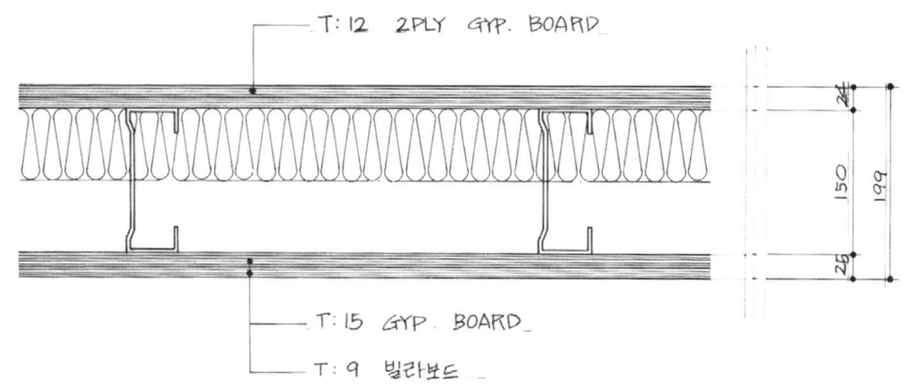
T: 12 2PLY GYP. BOARD
24
150
199
25
T: 15 GYP. BOARD
T: 9 빌라보드

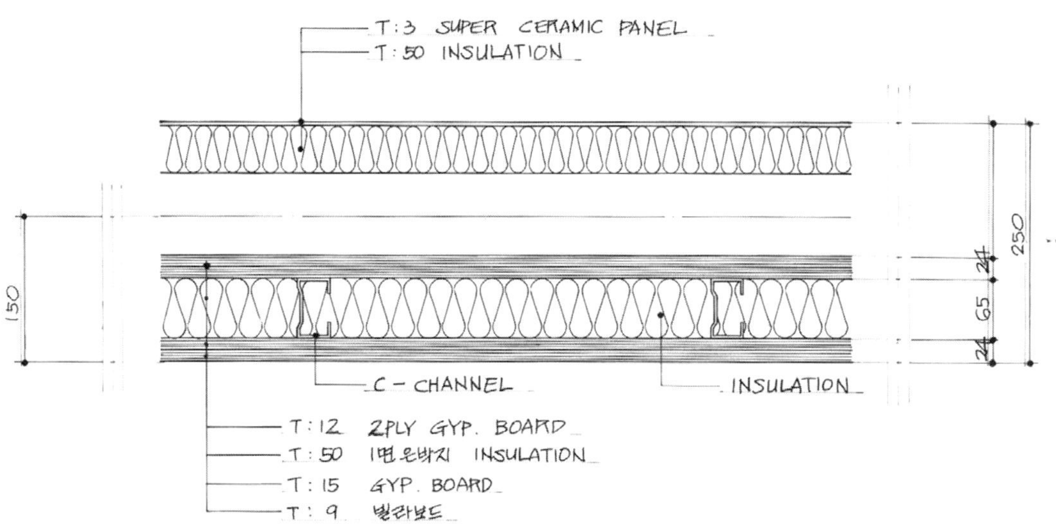
T: 3 SUPER CERAMIC PANEL
T: 50 INSULATION
150
250
24
65
24
C - CHANNEL
INSULATION
T: 12 2PLY GYP. BOARD
T: 50 1면 은박지 INSULATION
T: 15 GYP. BOARD
T: 9 빌라보드

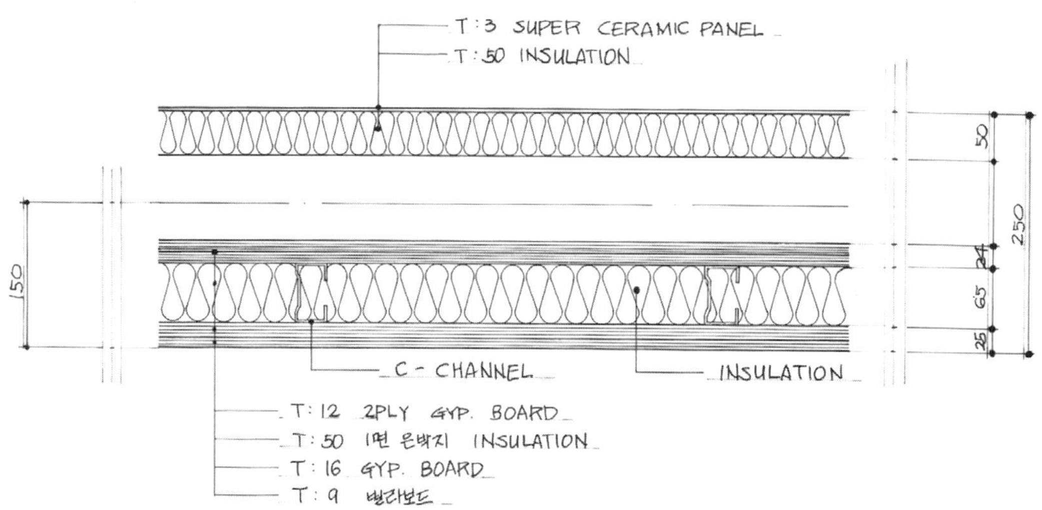
T: 3 SUPER CERAMIC PANEL
T: 50 INSULATION
50
150
250
24
65
25
C - CHANNEL
INSULATION
T: 12 2PLY GYP. BOARD
T: 50 1면 은박지 INSULATION
T: 16 GYP. BOARD
T: 9 빌라보드

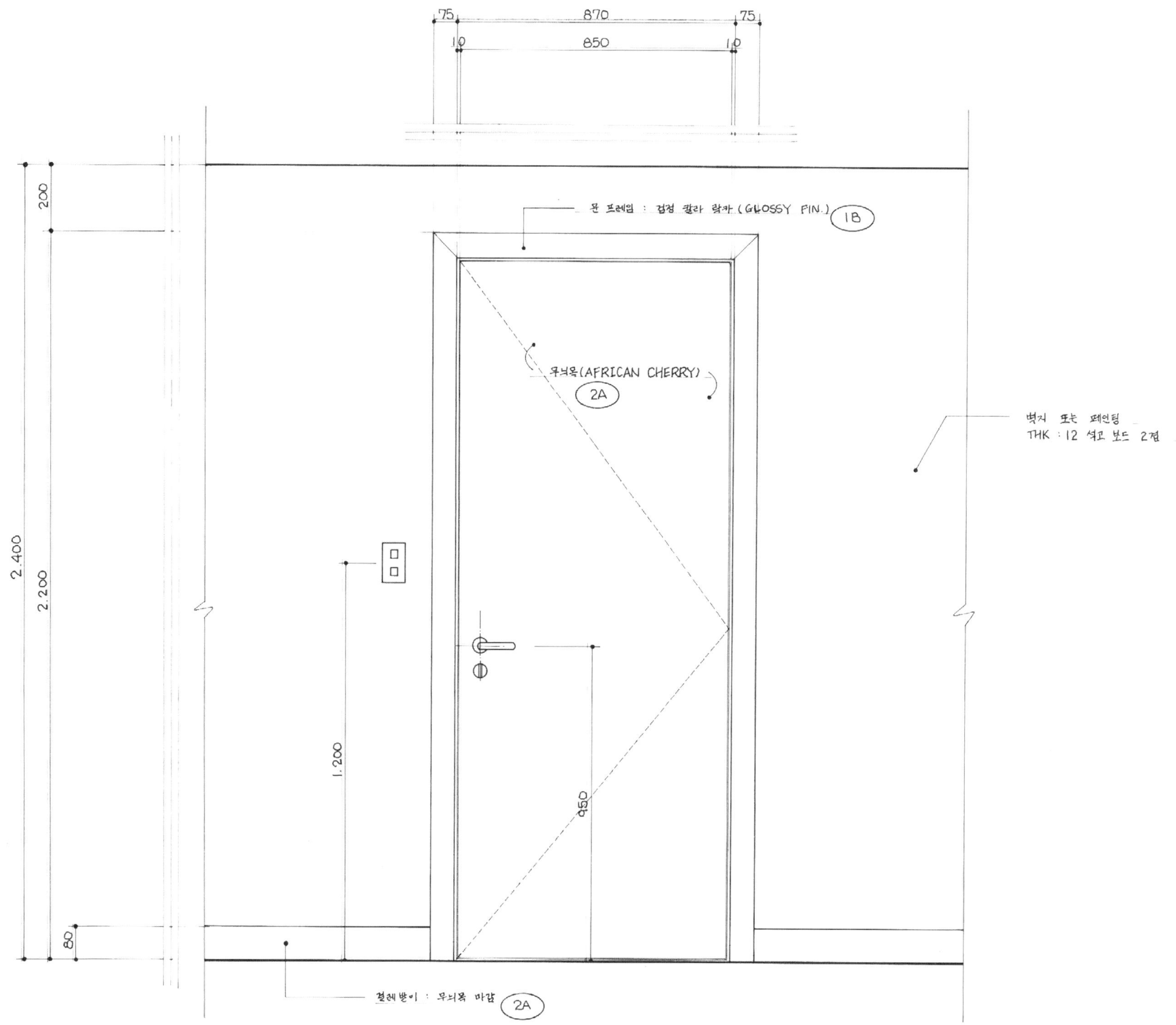

1 | I-28 전 개 도
SCALE : 1/10

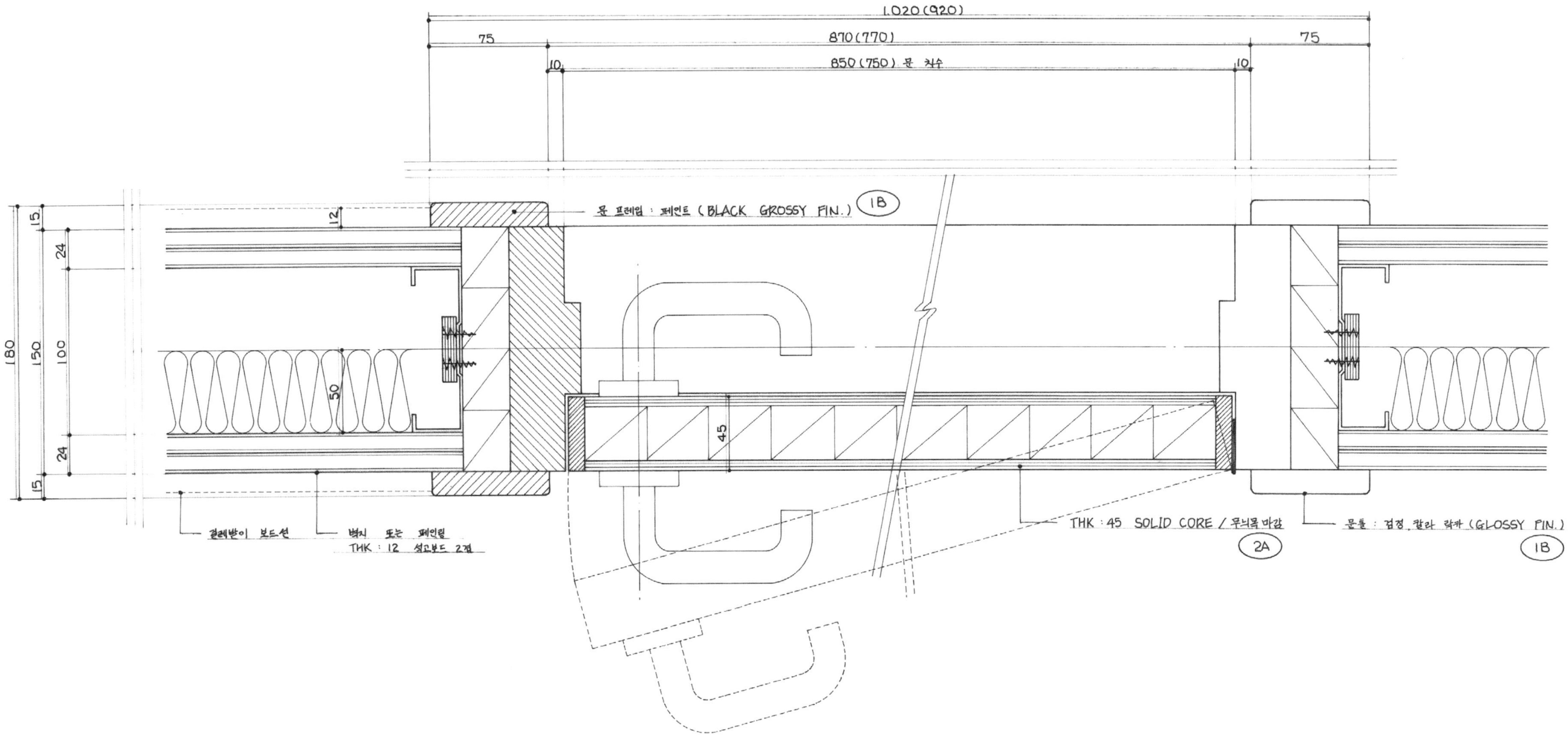

1 단면상세도
I-29 I-28 SCALE : 1 / 2

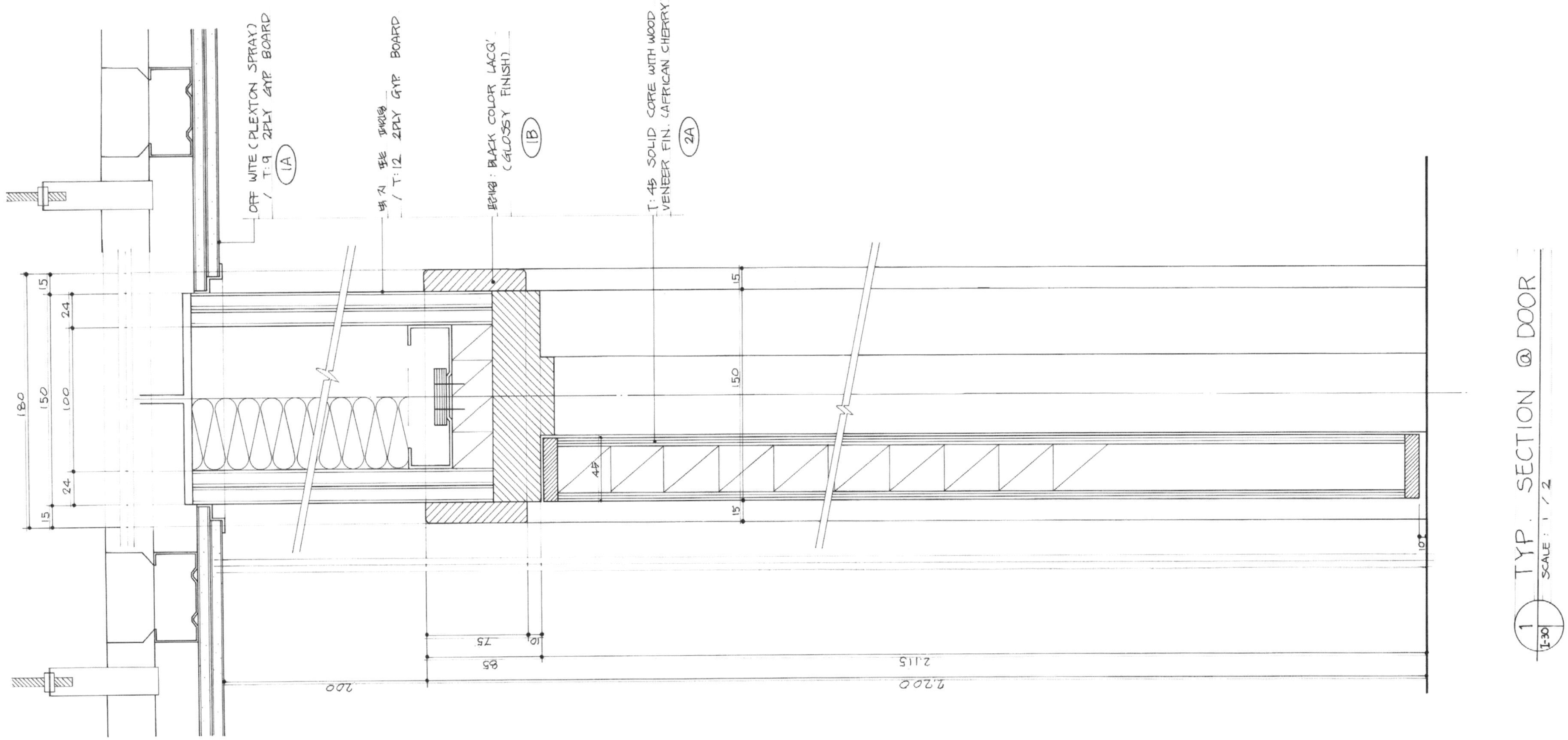
OFF WITE (PLEXTON SPRAY)
/ T:9 2PLY GYP. BOARD
1A
/ T:12 2PLY GYP. BOARD
BLACK COLOR LACQ'
(GLOSSY FINISH)
1B
T:45 SOLID CORE WITH WOOD
VENEER FIN. (AFRICAN CHERRY)
2A
1
I-30
TYP. SECTION @ DOOR
SCALE : 1/2

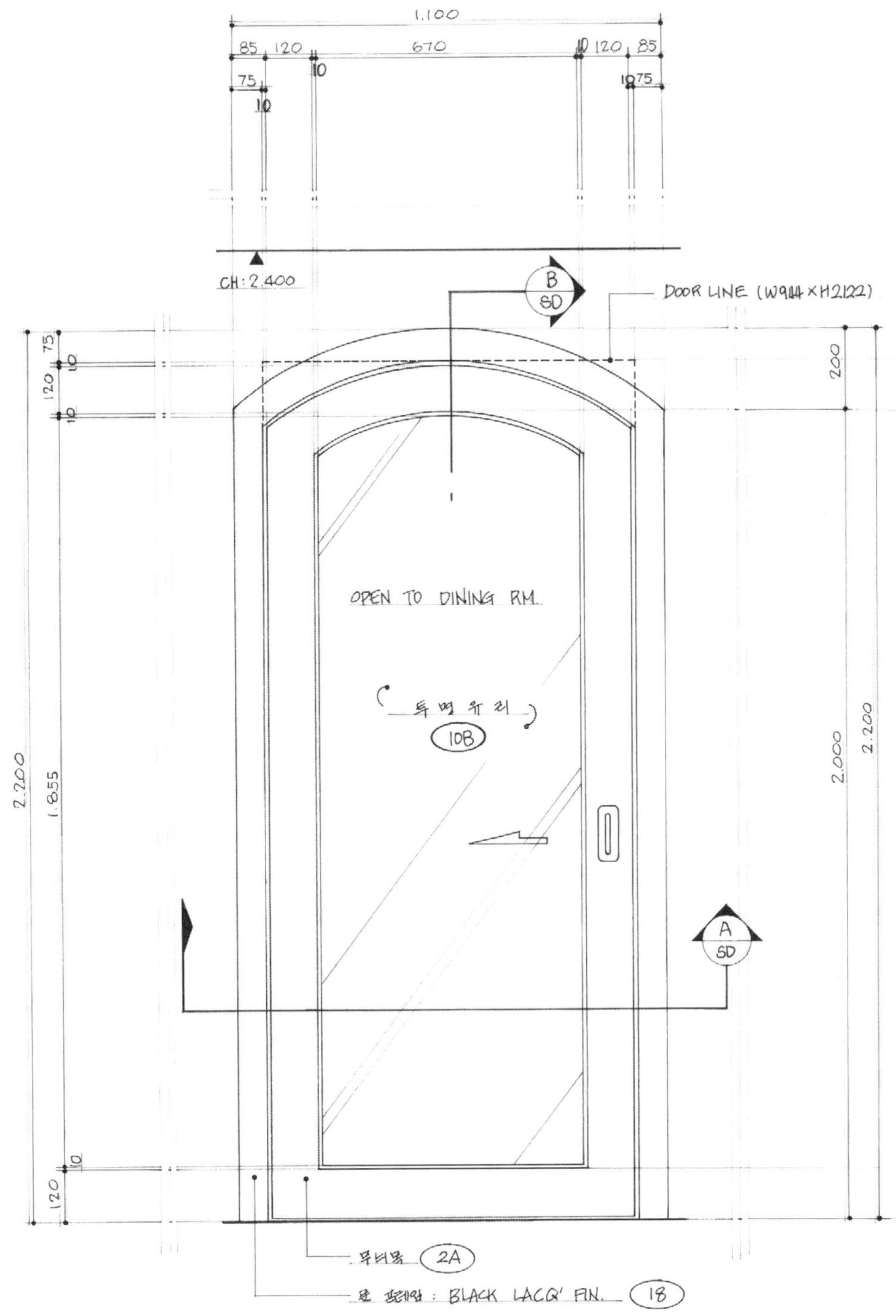

1 전개도
I-31 I-01
SCALE : 1 / 10

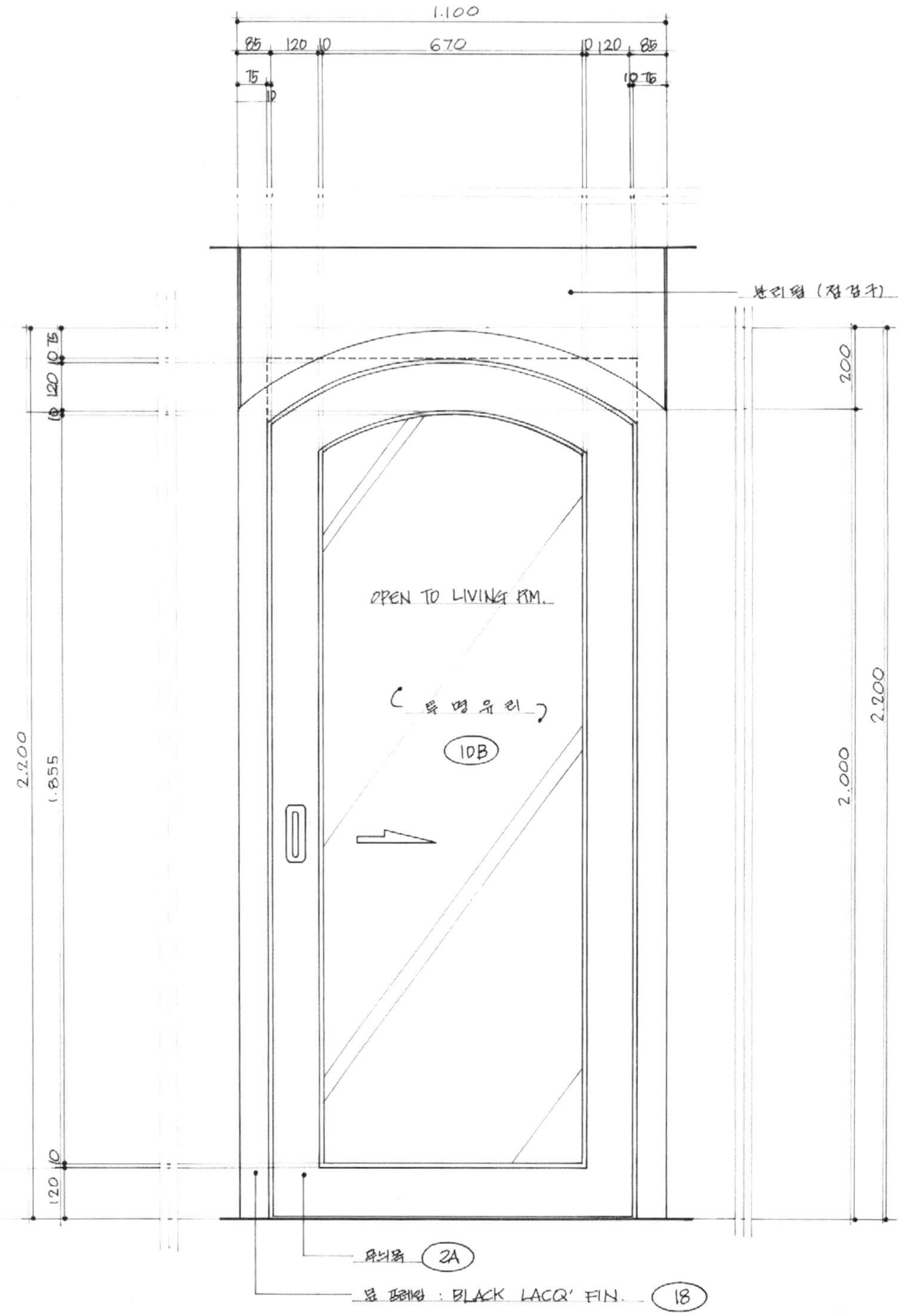

2 전개도
I-31
SCALE : 1 / 10

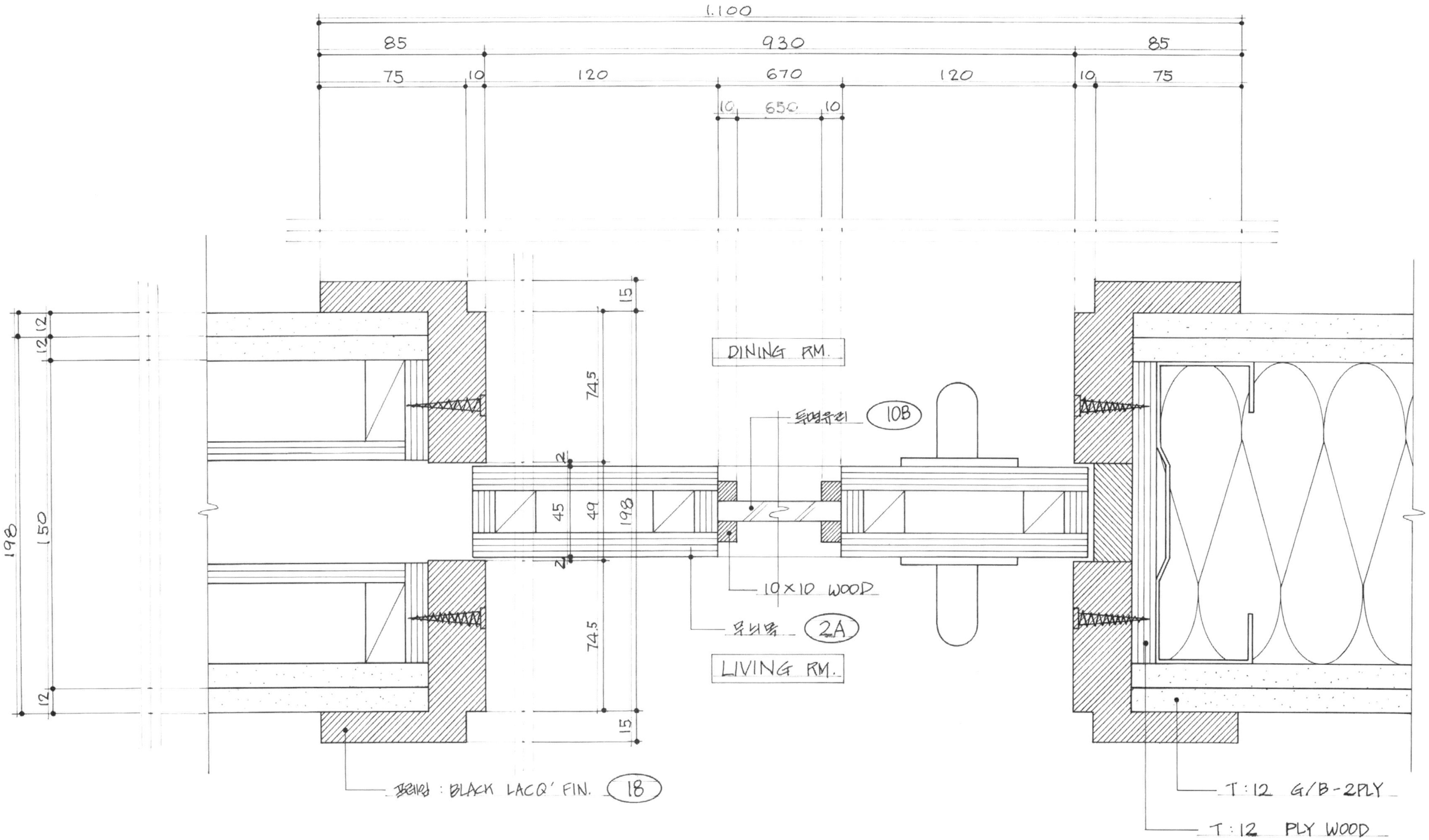

1.100
85
930
85
75
10
120
670
120
10
75
10
650
10
DINING RM.
투명유리
10B
10×10 WOOD
무늬목
2A
LIVING RM.
15
74.5
2
45
49
198
74.5
15
198
150
12
12
12
12
T : 12 G/B-2PLY
T : 12 PLY WOOD
BLACK LACQ' FIN.
18

상 세 도

SCALE : 1 / 2

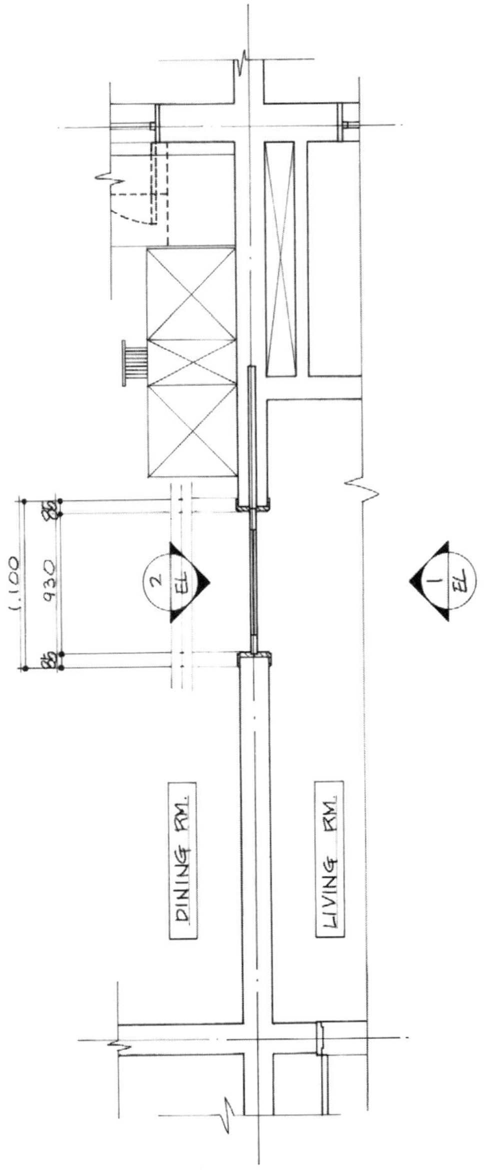

1 I-33 I-32
A TYPE - 102호
1층 부분 평면도
SCALE : 1 / 30

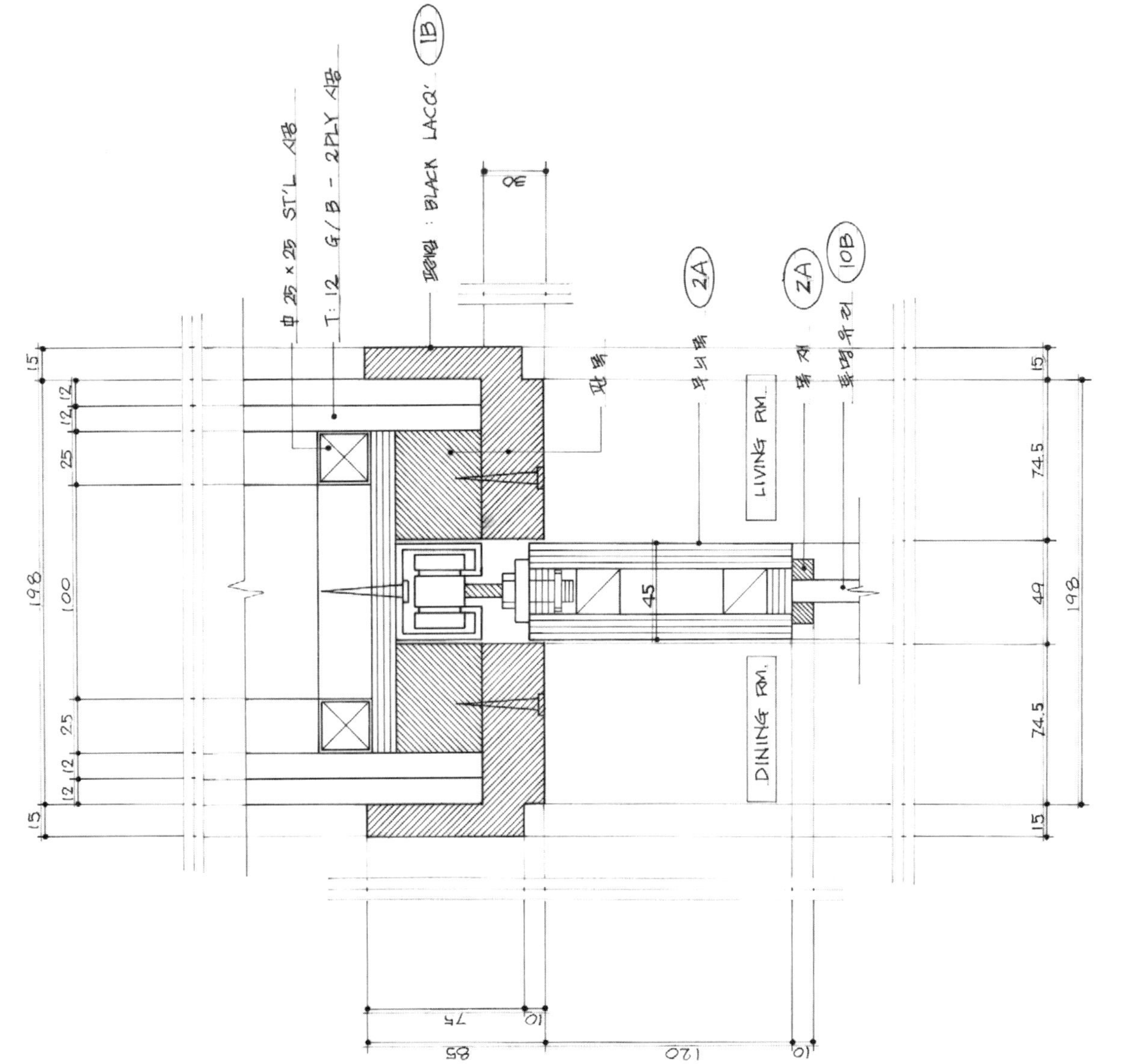

2 I-33
상세도
SCALE : 1 / 2

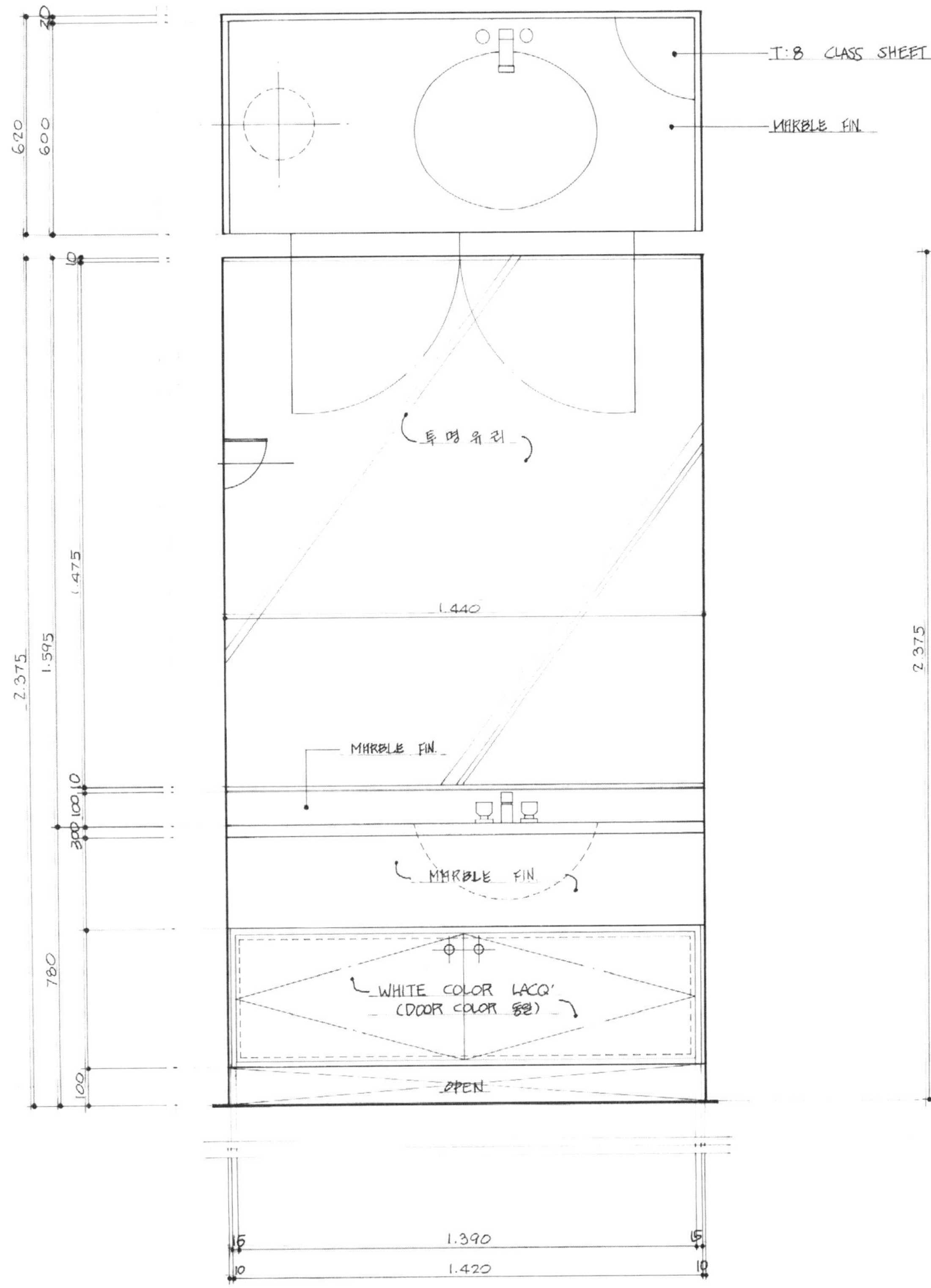

1 정 면 도
I-34 I-01 SCALE : 1/10

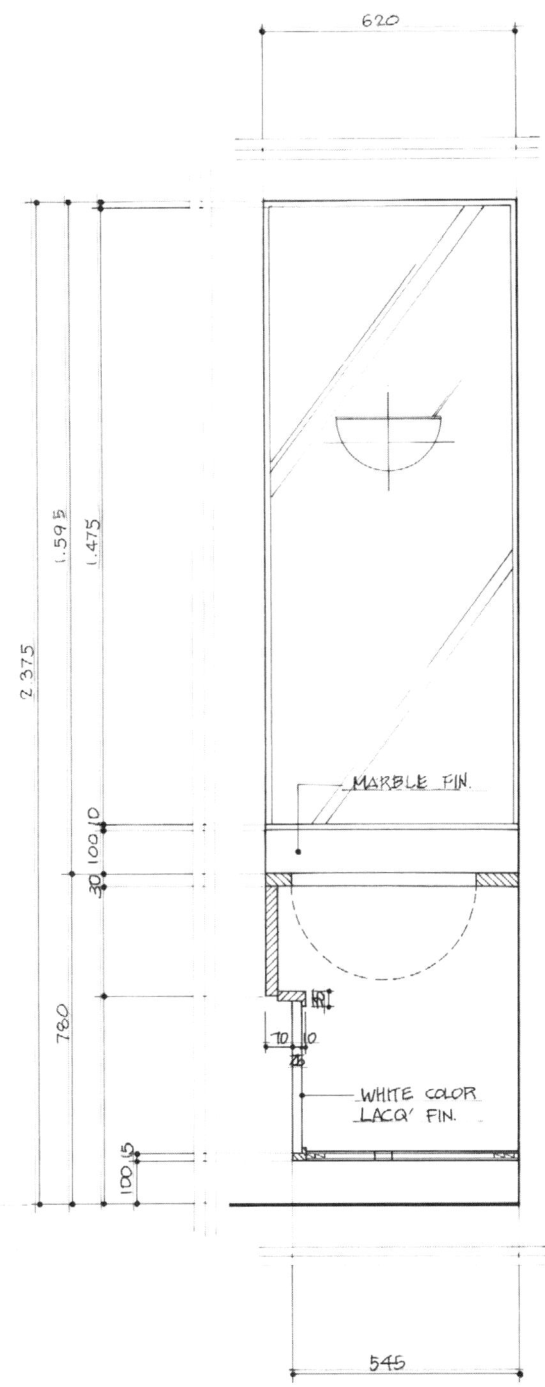

2 측 면 도
I-34 SCALE : 1/10

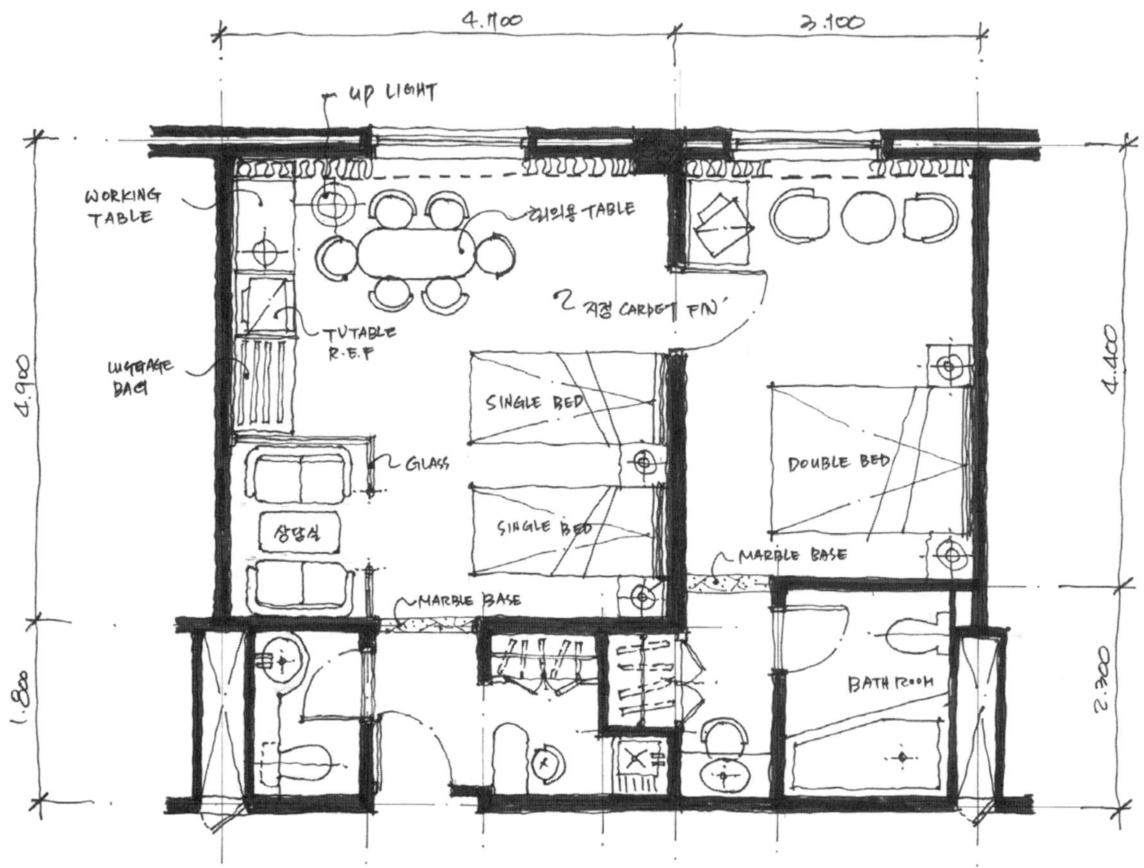

ROYAL SUITE ROOM PLAN

상업공간 B

- Restaurant

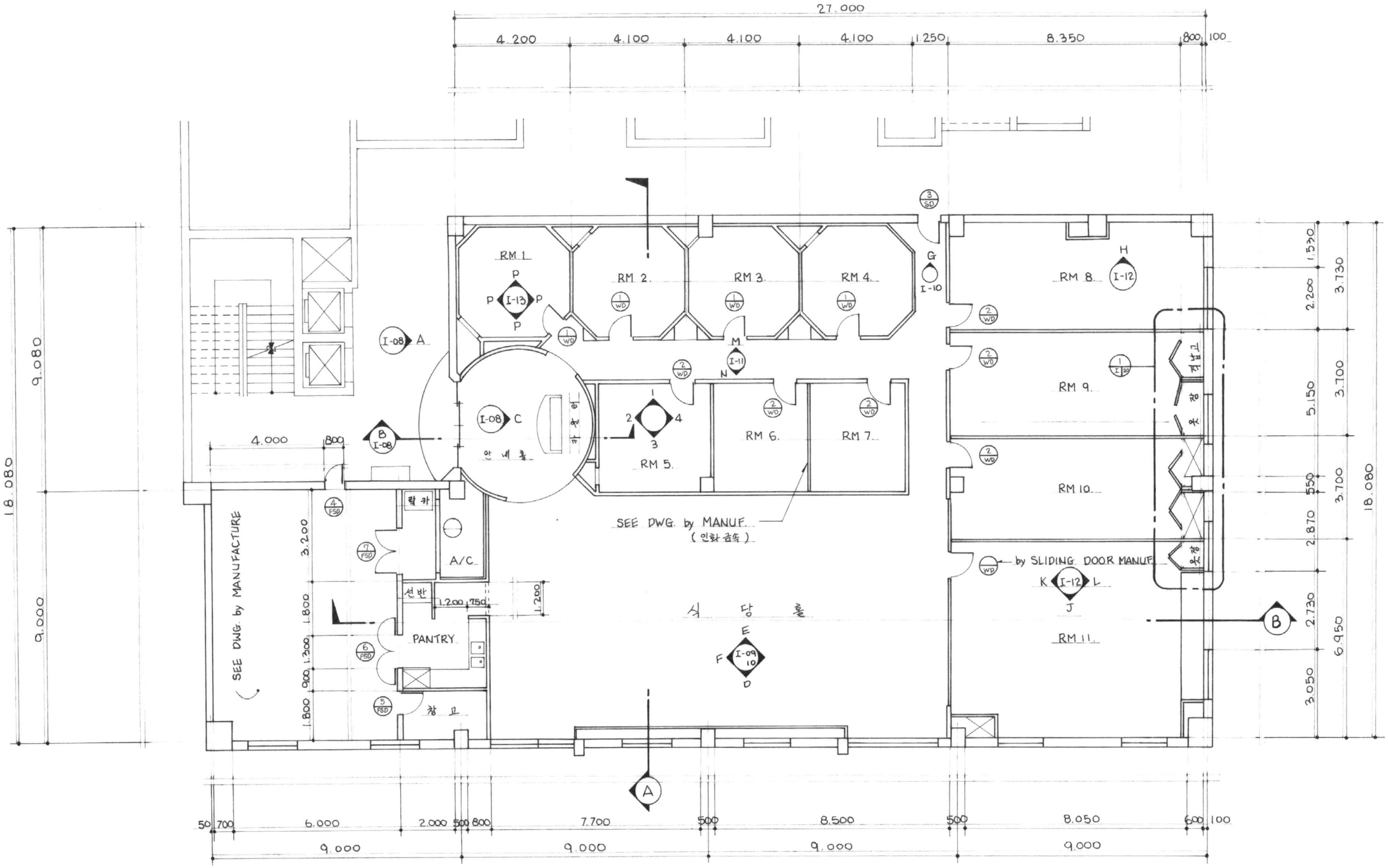

1 / I 02 평 면 도
SCALE : 1/100

※ CAD로 도면 작성시는 보조선을 생략함.

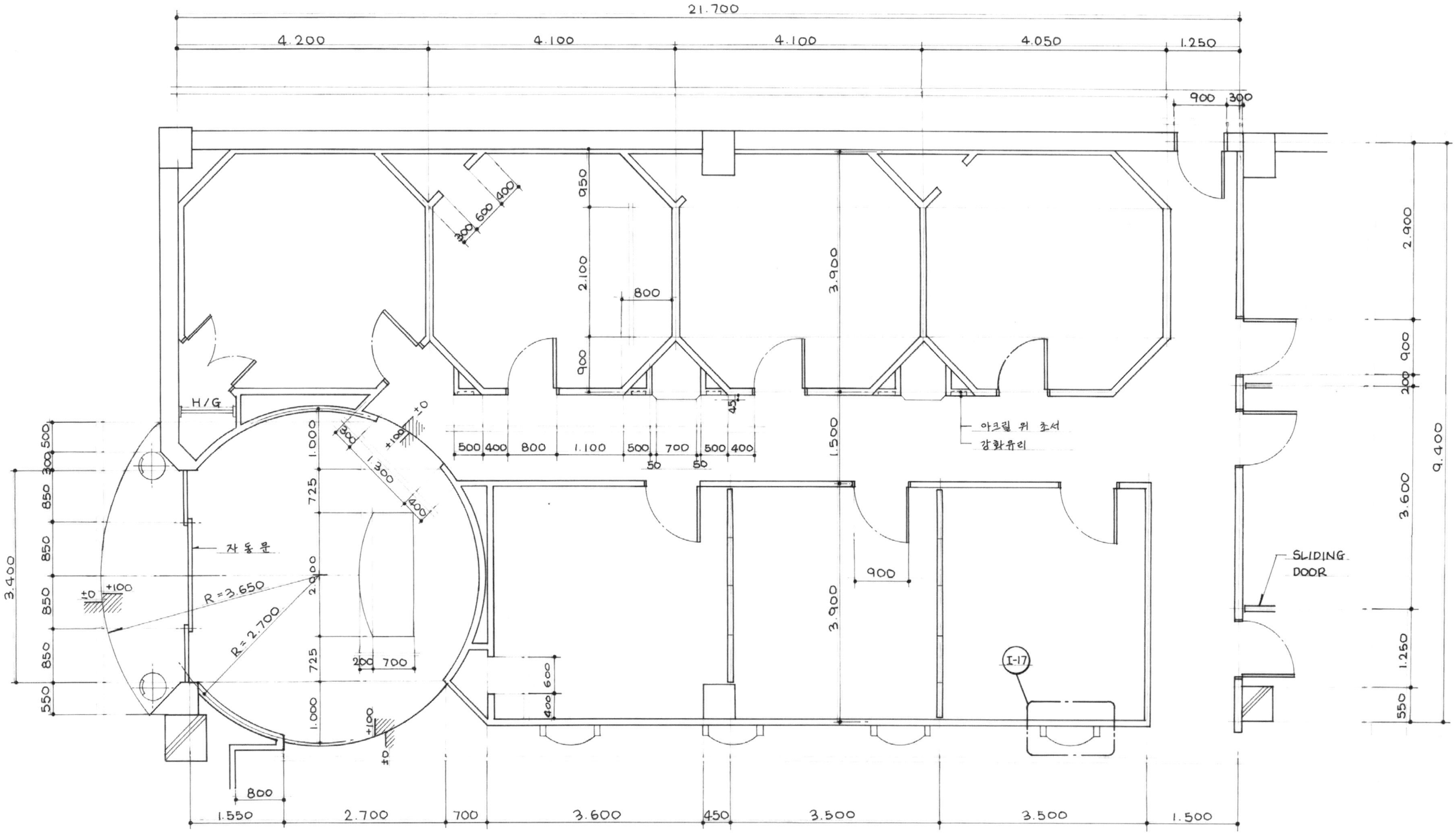

I | 03 부 분 평 면 도

SCALE : 1/50

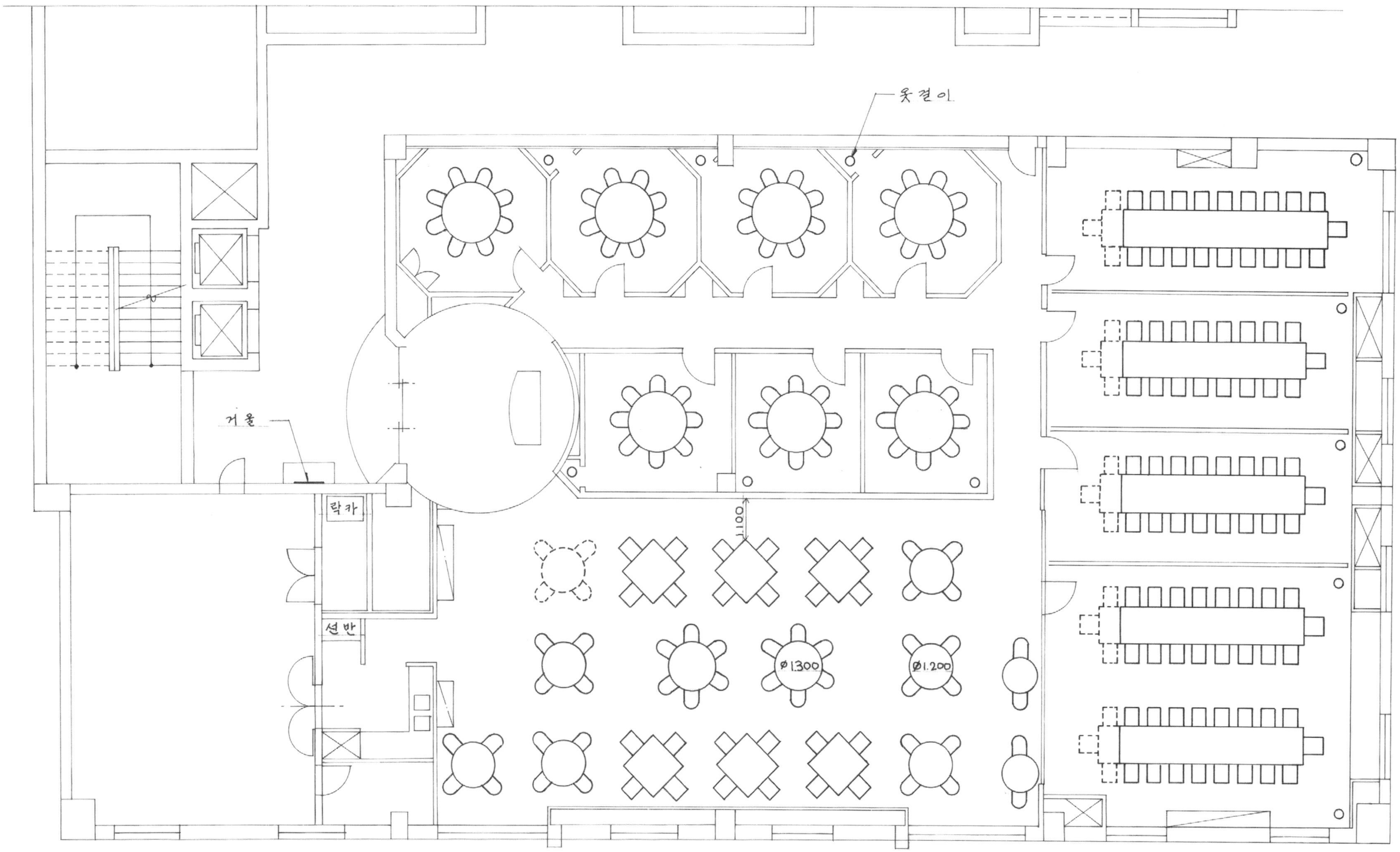

1	가 구 배 치 도
I 04	SCALE : 1/100

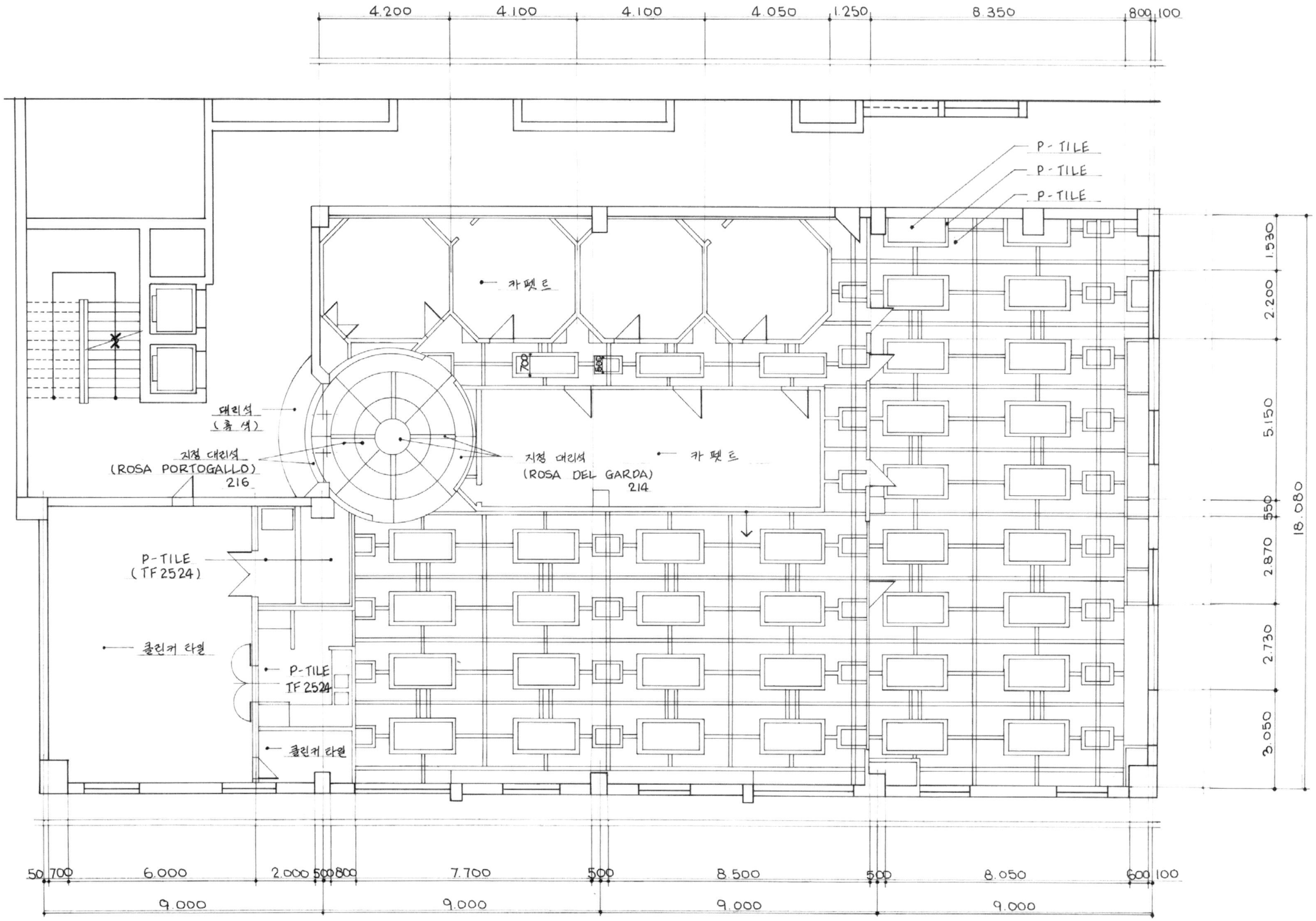

1 바 닥 패 턴 도
I 05 SCALE : 1 / 100

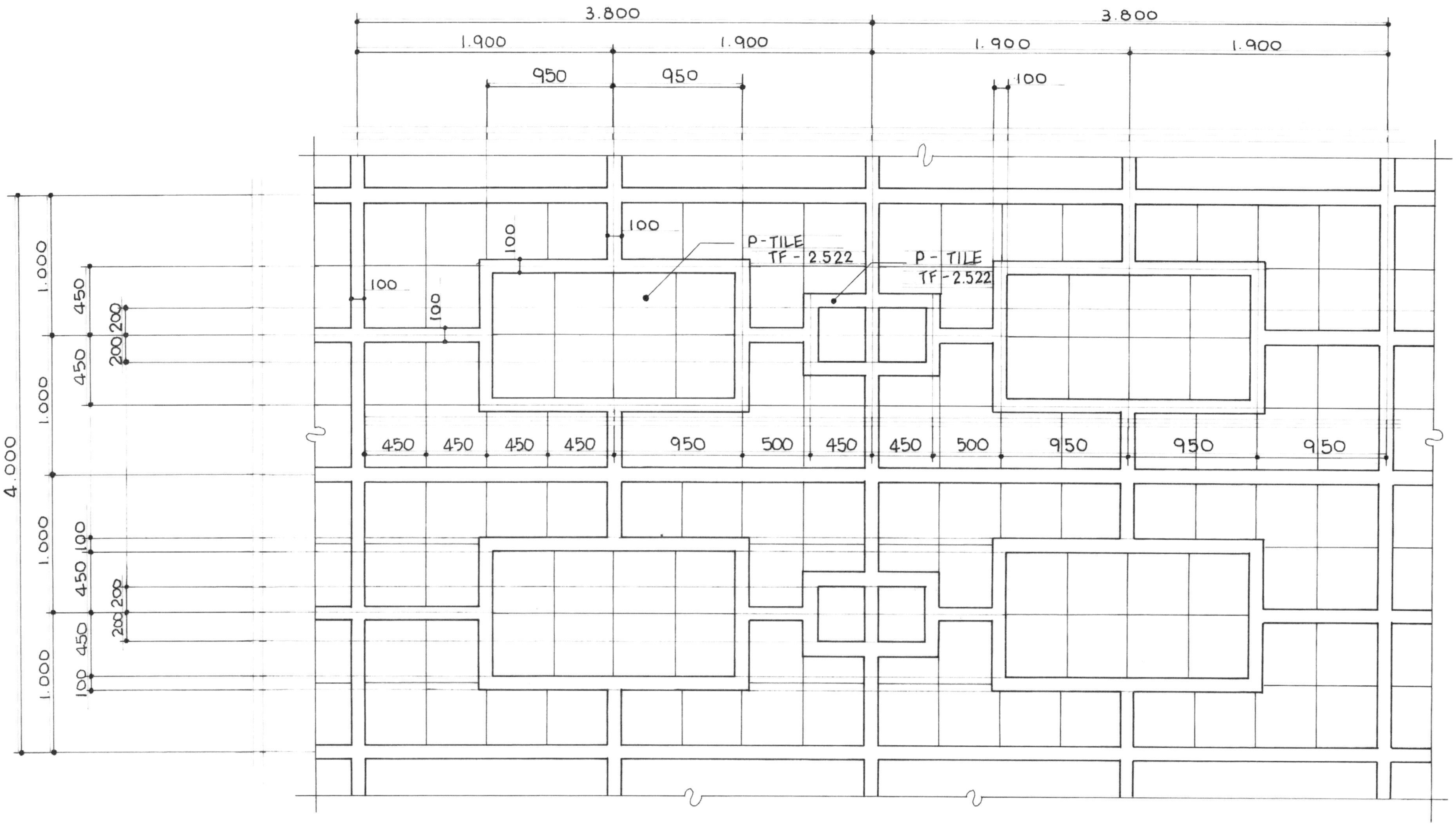

1 | I 06

바닥 패턴상세도

SCALE : 1/30

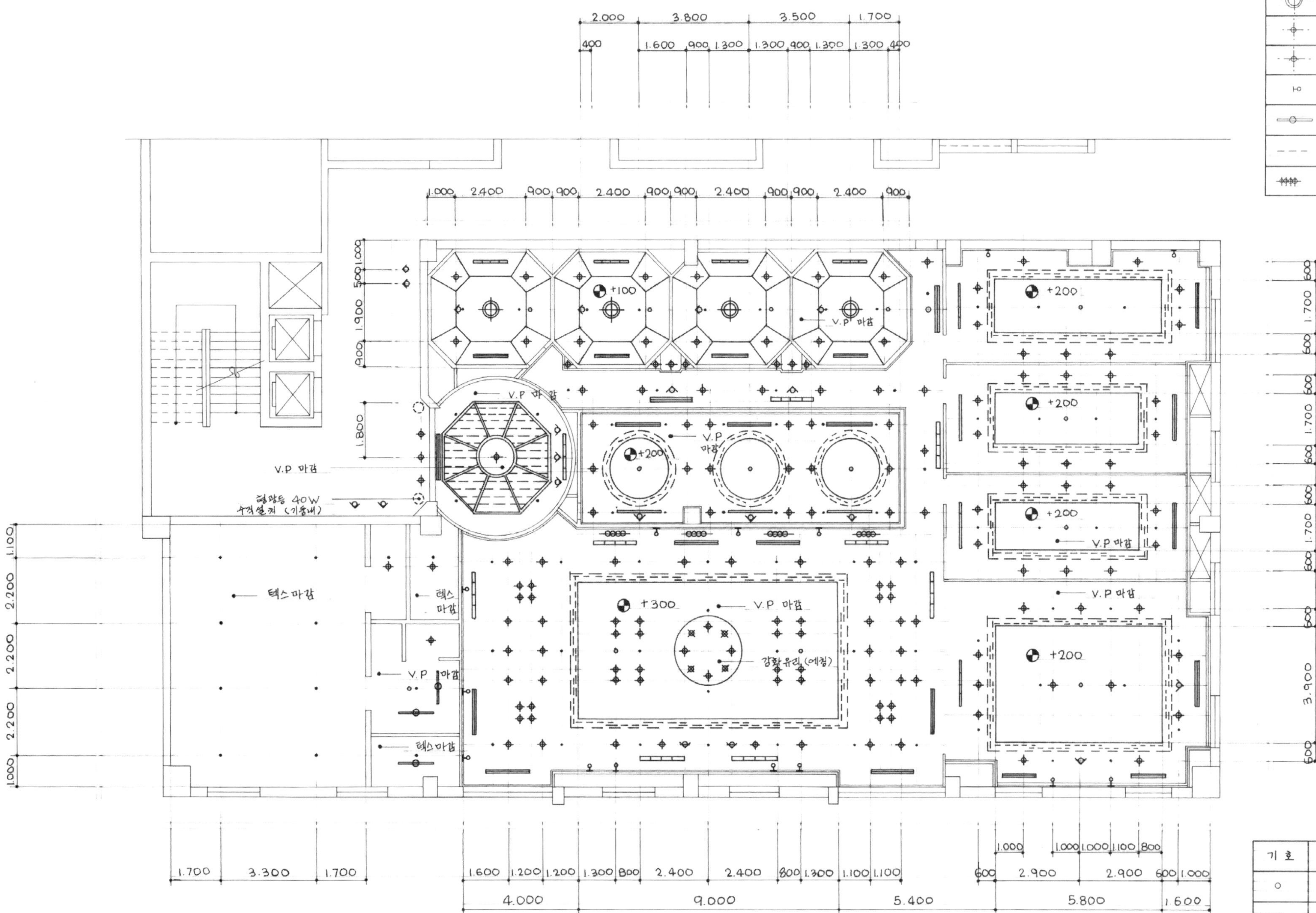

기 호	명 칭	수 량
(symbol)	펜 던 트	4
(symbol)	DOWN LIGHT	133
(symbol)	SPOT LIGHT	25
(symbol)	BRACKET	14
(symbol)	형 광 등	
(symbol)	형 광 등 (간접조명)	139
(symbol)	D/L (할로겐)	4

기 호	명 칭	수 량
○	감 지 기	15
•	SPRINGLER	87
(symbol)	DIFFUSER (SUPPY)	26
(symbol)	DIFFUSER (RETURN)	11

1 / I 07 천 장 도

SCALE : 1/100

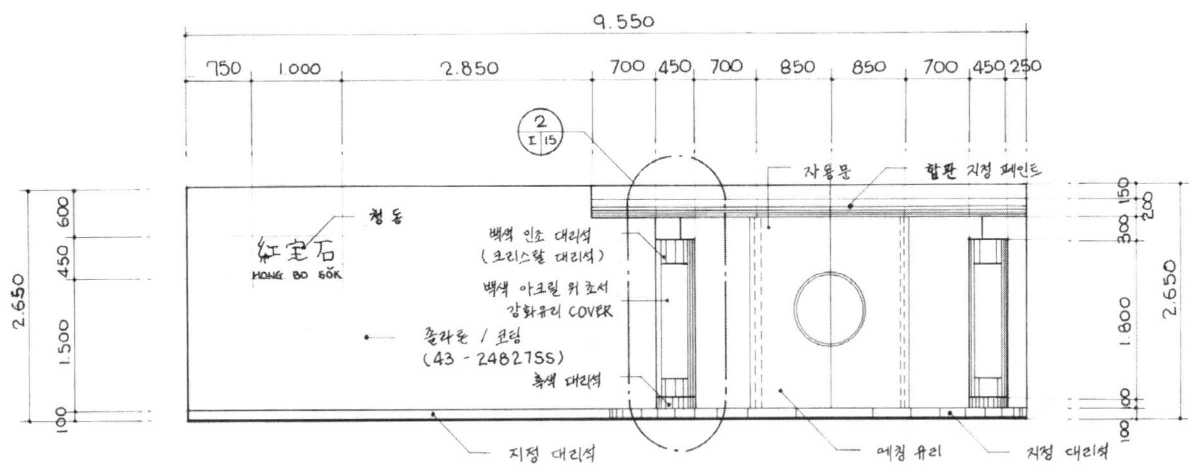

A I 08 입 구 정 면 도

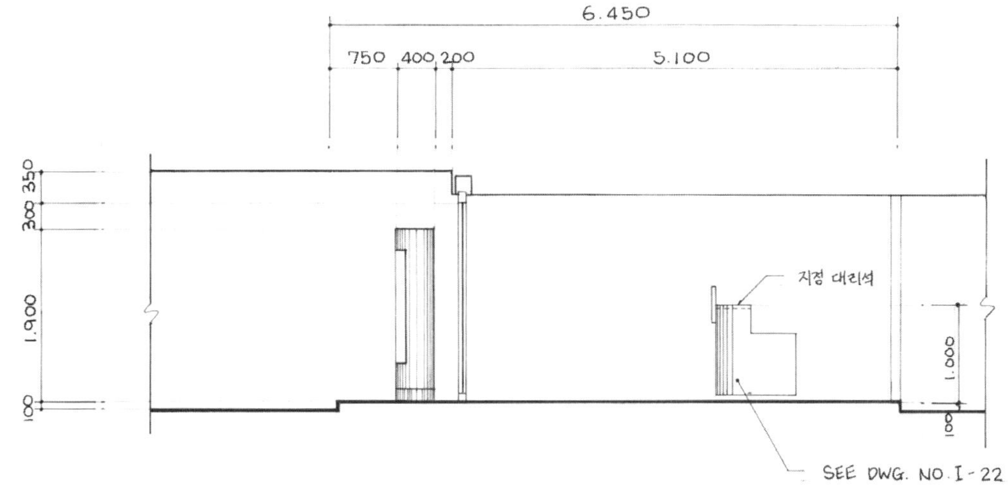

B I 08 카 운 터 홀 부 분 단 면 도
SCALE : 1/50

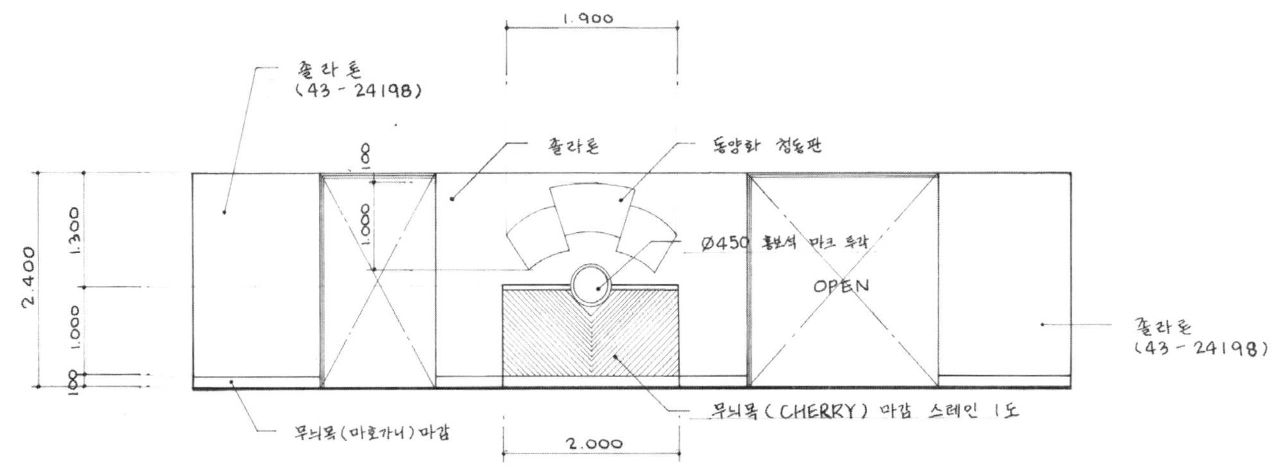

C I 08 카 운 터 홀 전 개 도
SCALE : 1/50

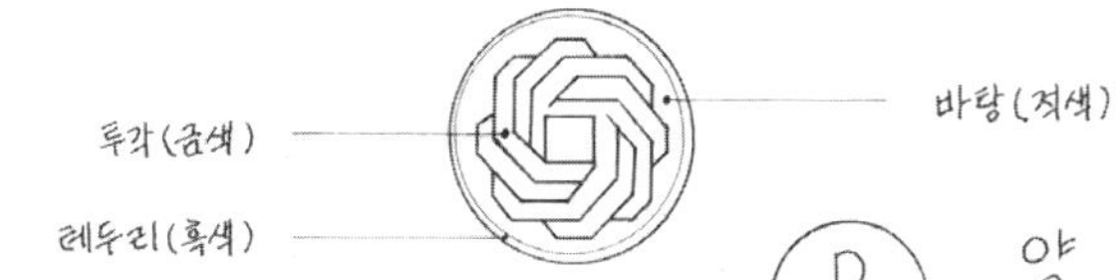

D I 08 양 각 (CASH COUNTER MARK)
SCALE : NONE

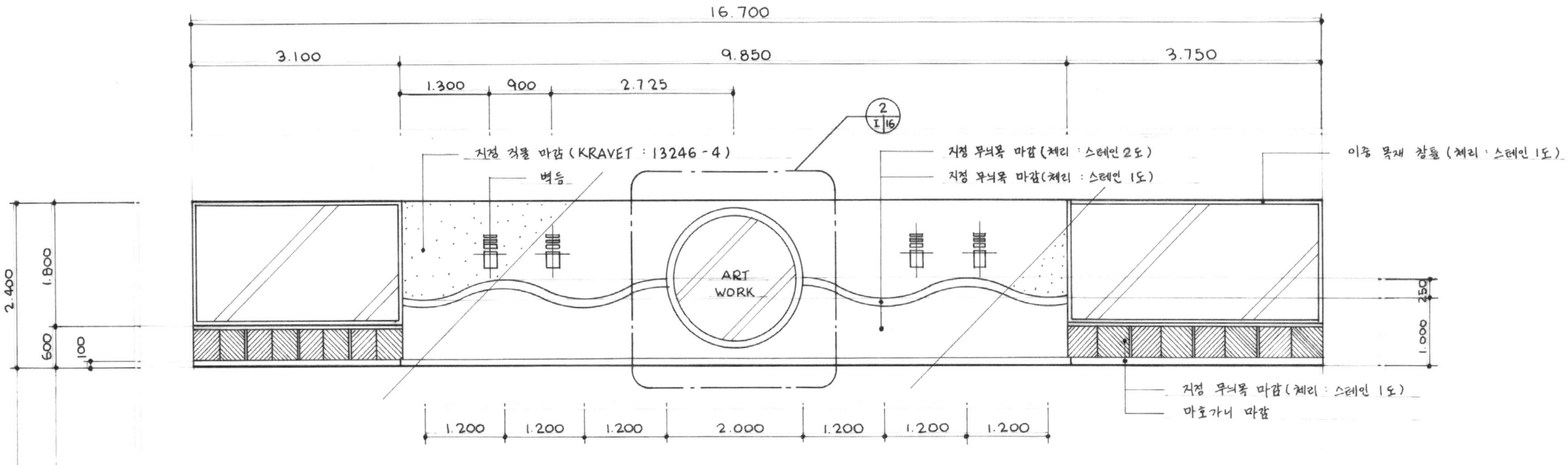

D I 09 식 당 홀 입 면 도
SCALE : 1 / 50

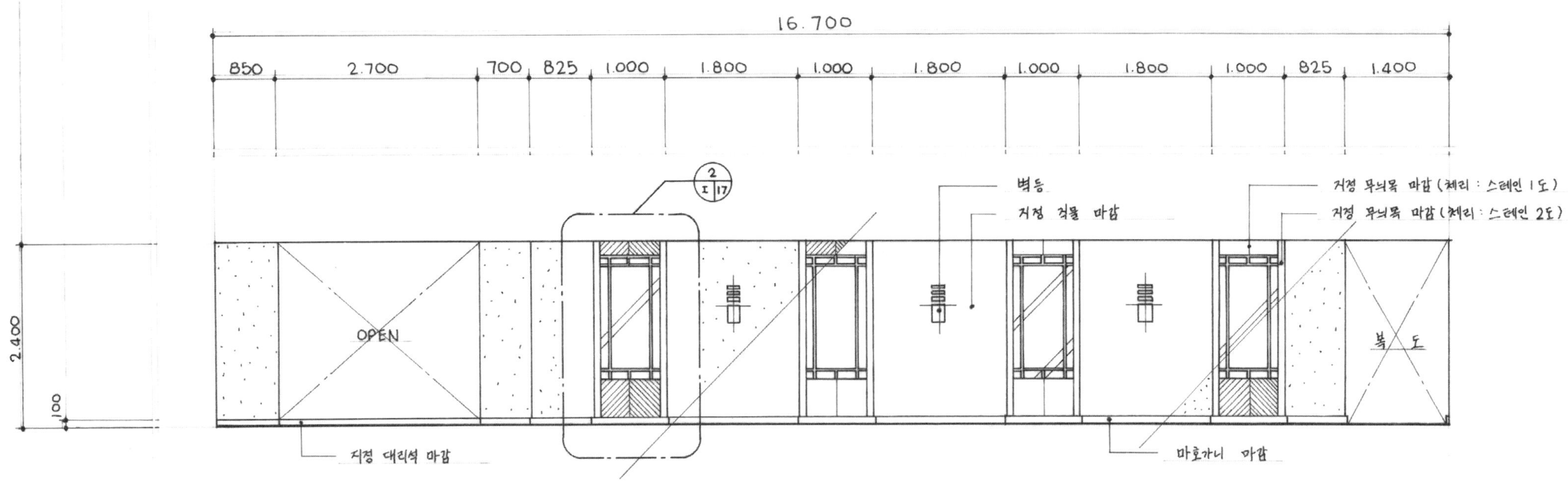

E I 09 식 당 홀 입 면 도 (작은 ROOM측)
SCALE 1 / 50

※ 무늬목 · 스테인 COLOR는 SAMPLE로 반드시 DESIGNER의 승인을 받아야 함.

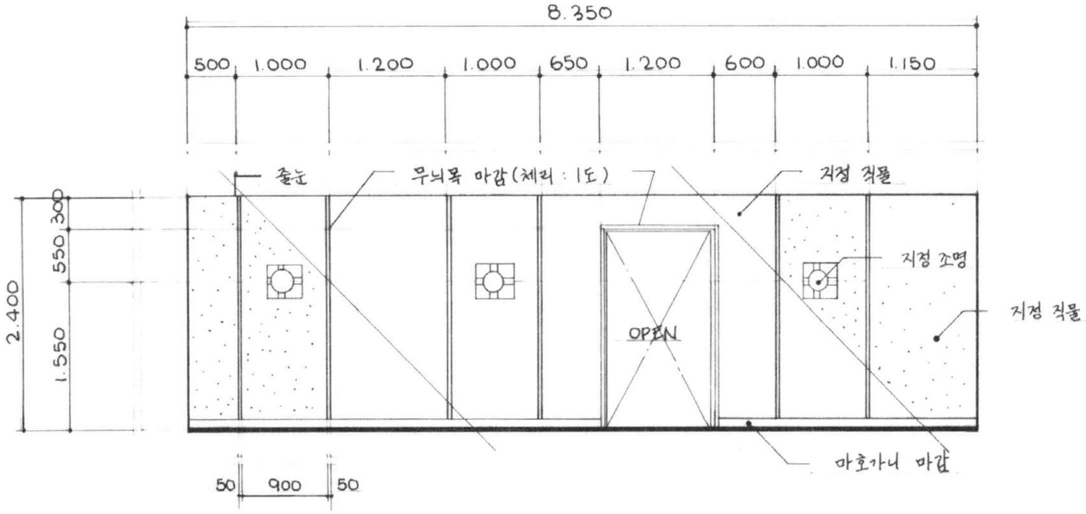

F I 10 식당홀입면도(주방측)
SCALE : 1/50

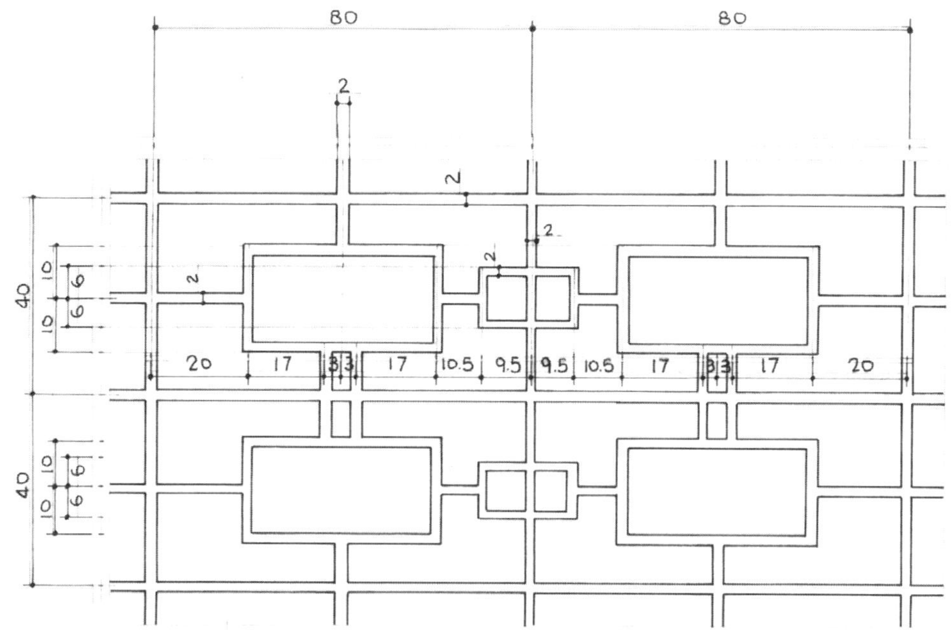

자동문문양(에칭)상세도 SCALE : 1/10

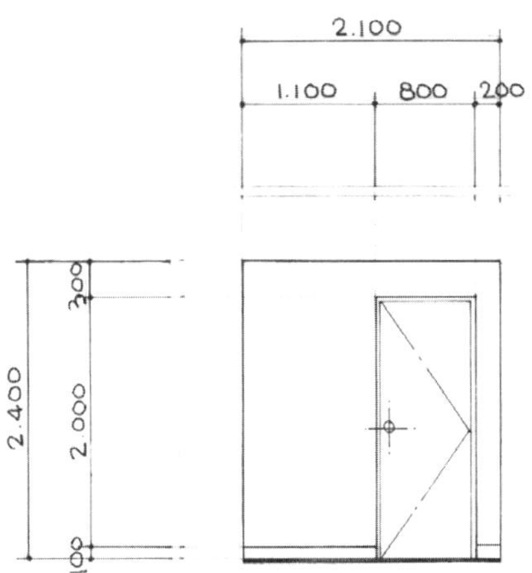

G I 10 화장실측비상구
SCALE : 1/50

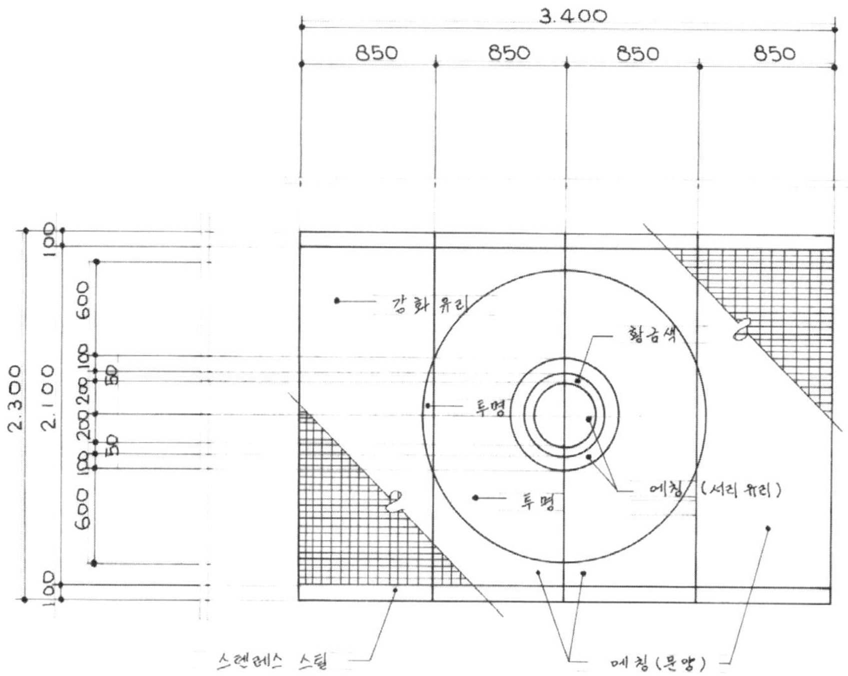

2 I 06 자동문입면상세도
SCALE : 1/30

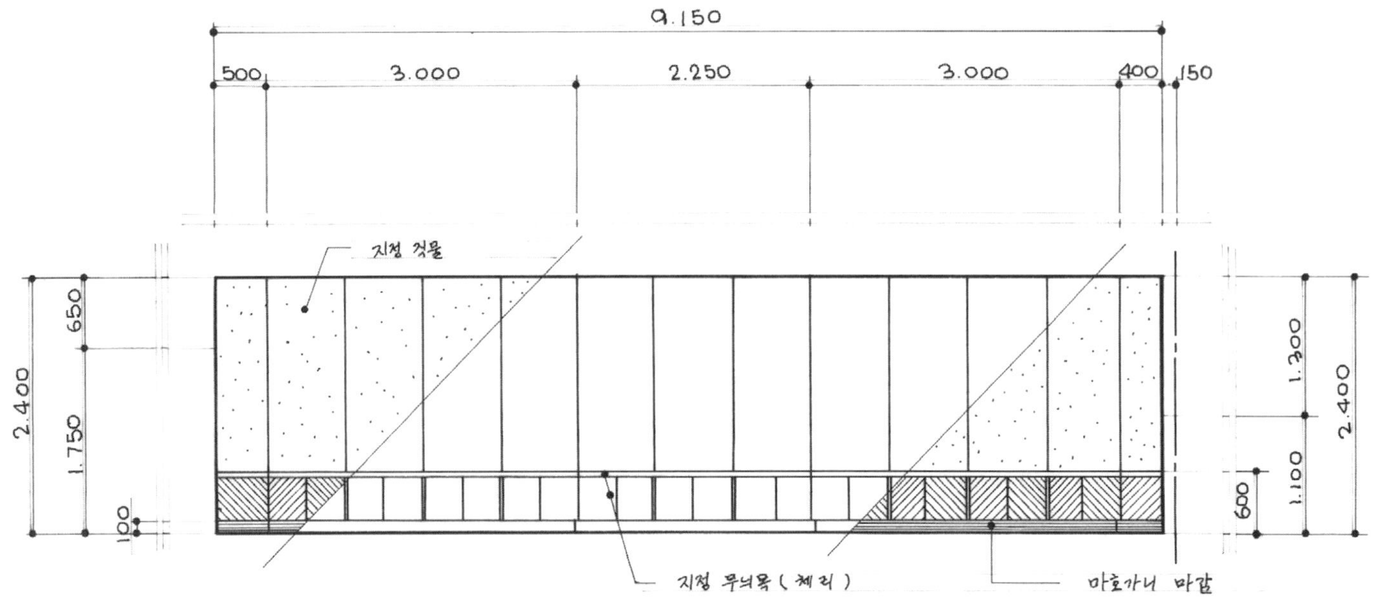

ROOM8(통로측)입면도
SCALE : 1/50

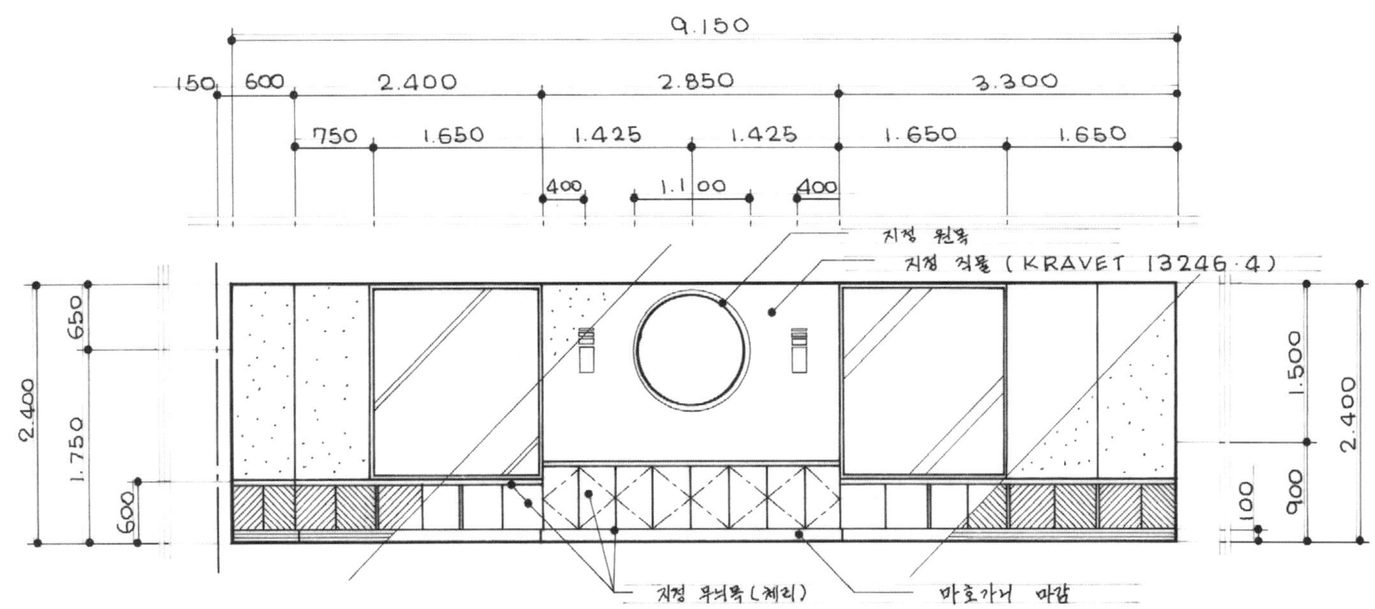

ROOM 11(도로측) 입면도
SCALE : 1/50

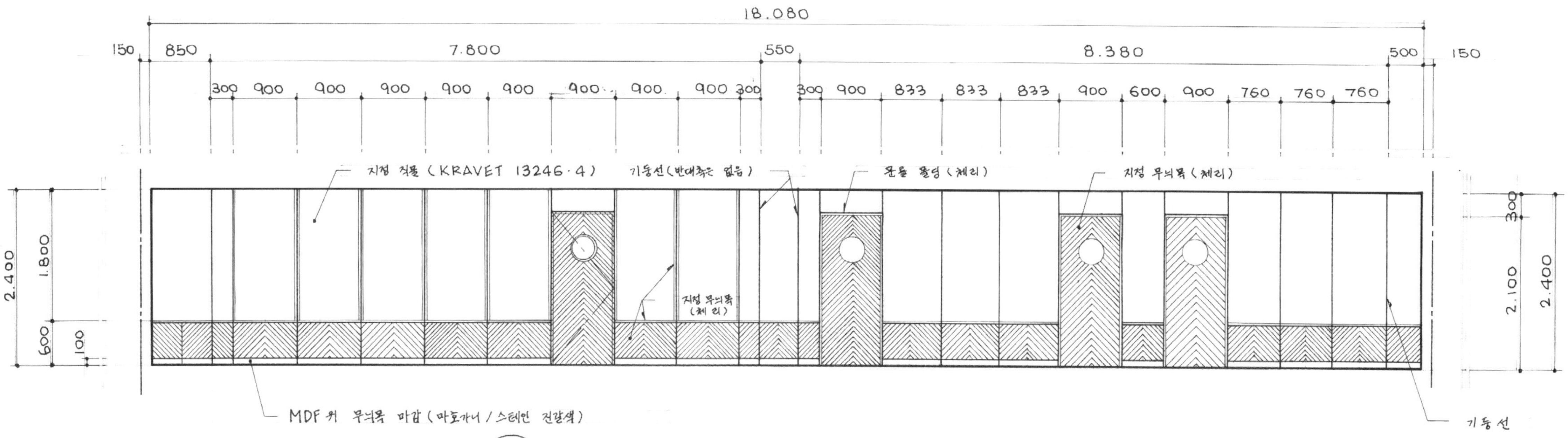

K / I | 11 ROOM 8~11(실내측) 입 면 도
SCALE : 1/50

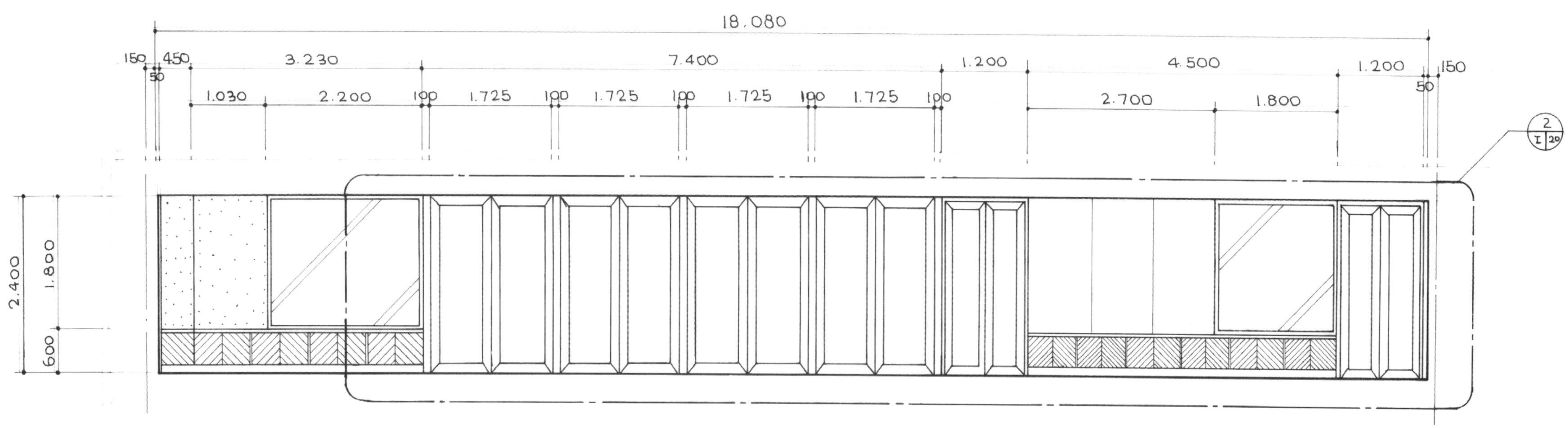

L / I | 11 ROOM 8~11(도로측) 입 면 도
SCALE : 1/50

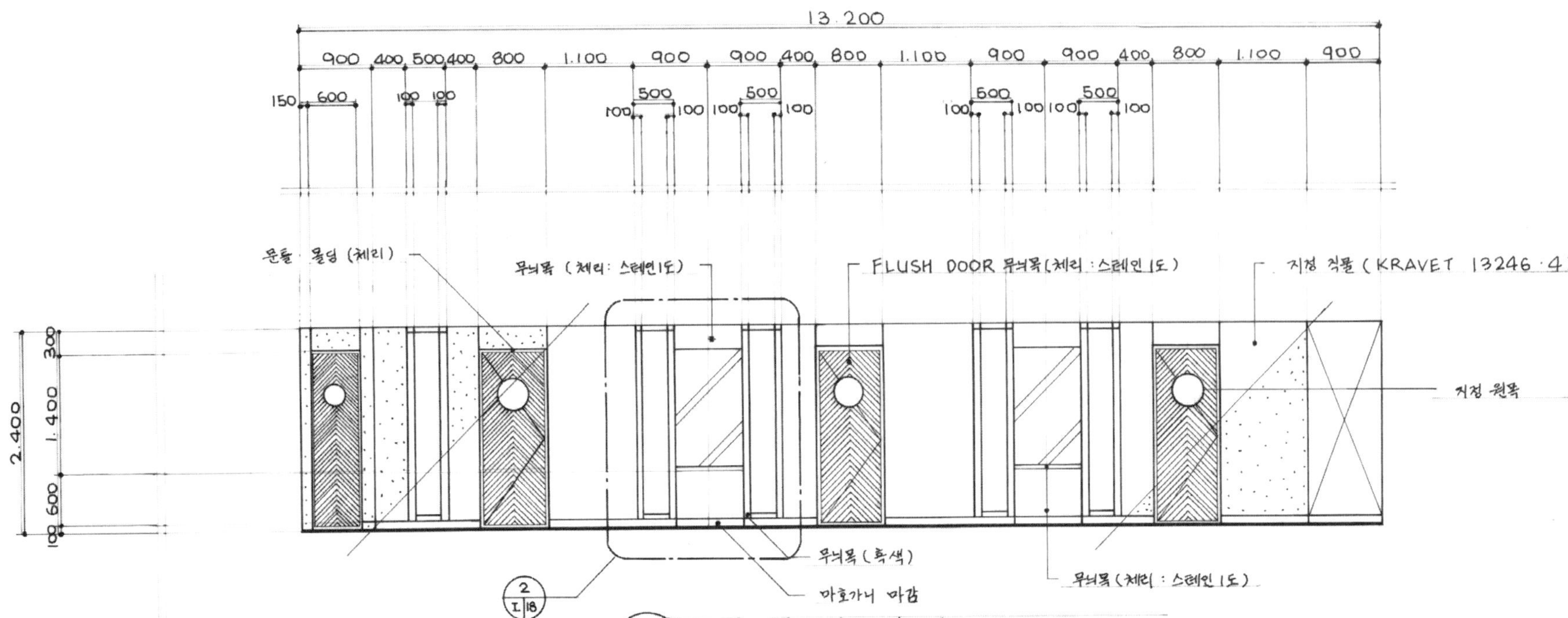

M / I 12 복 도 입 면 도 (팔각 ROOM 측)
SCALE : 1/50

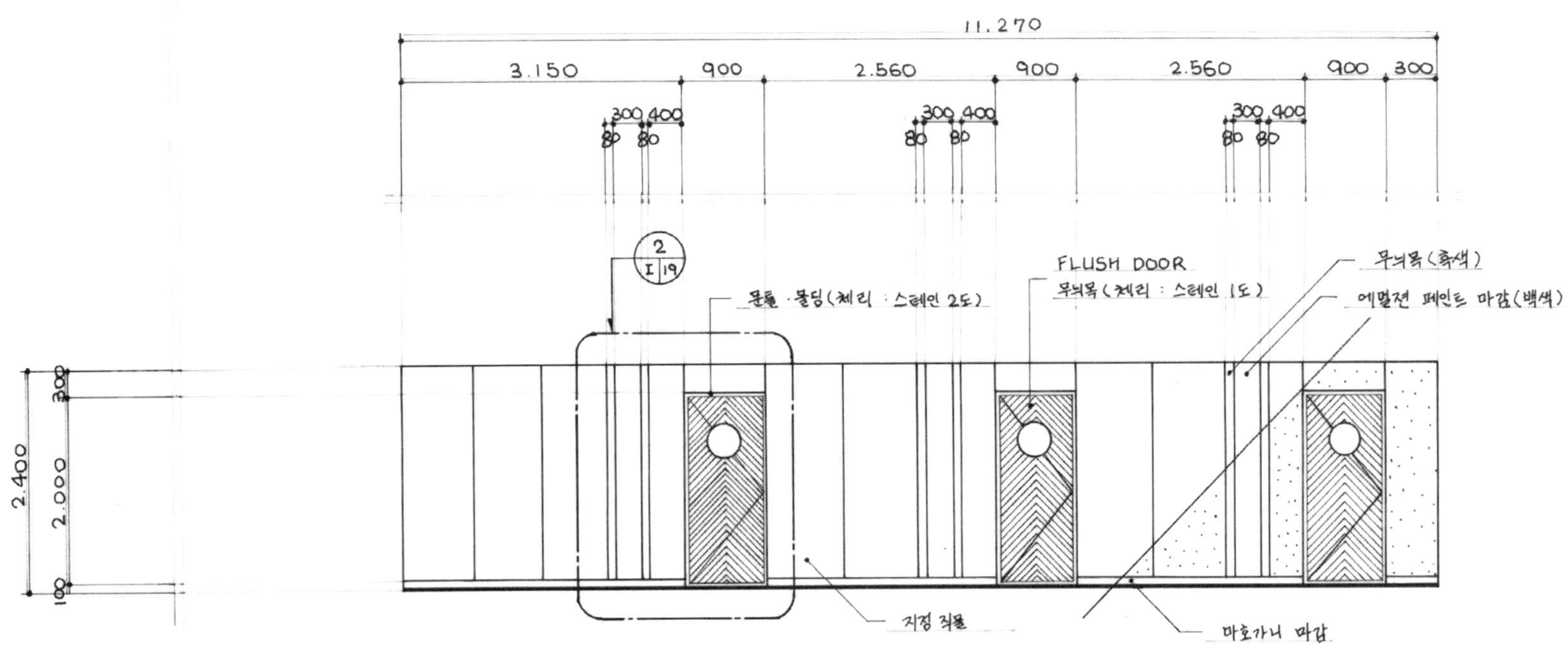

N / I 12 복 도 입 면 도 (사각 ROOM 측)
SCALE : 1/50

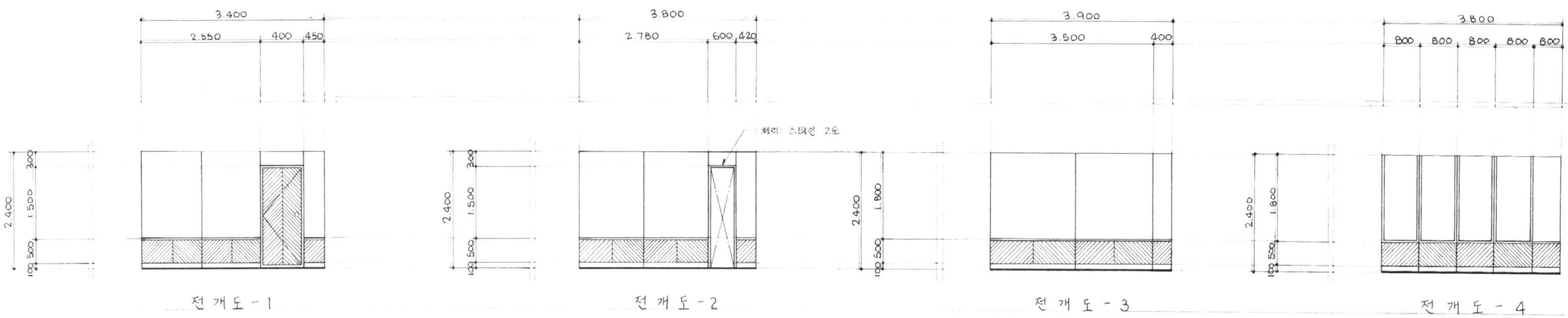

O / I 13 사각 ROOM 전개도
SCALE : 1/50

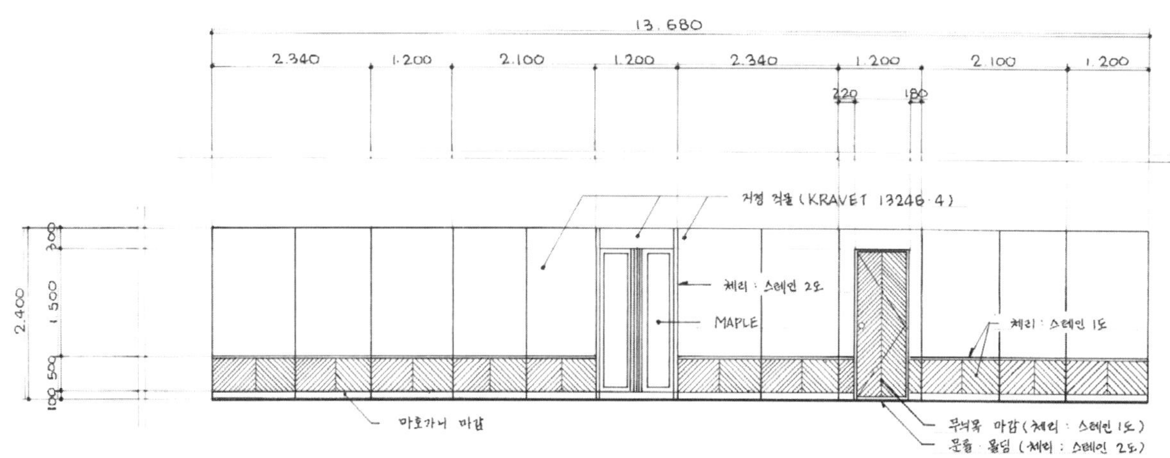

P / I 13 팔각 ROOM 전개도 (ROOM-1)
SCALE : 1/50

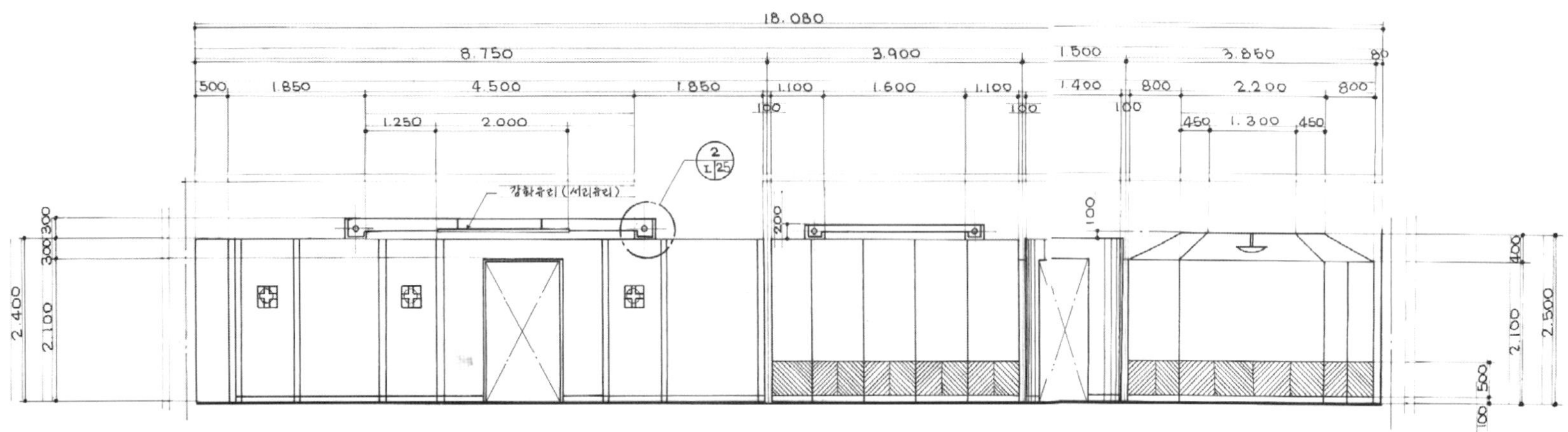

① 단 면 도 - A
SCALE : 1/50

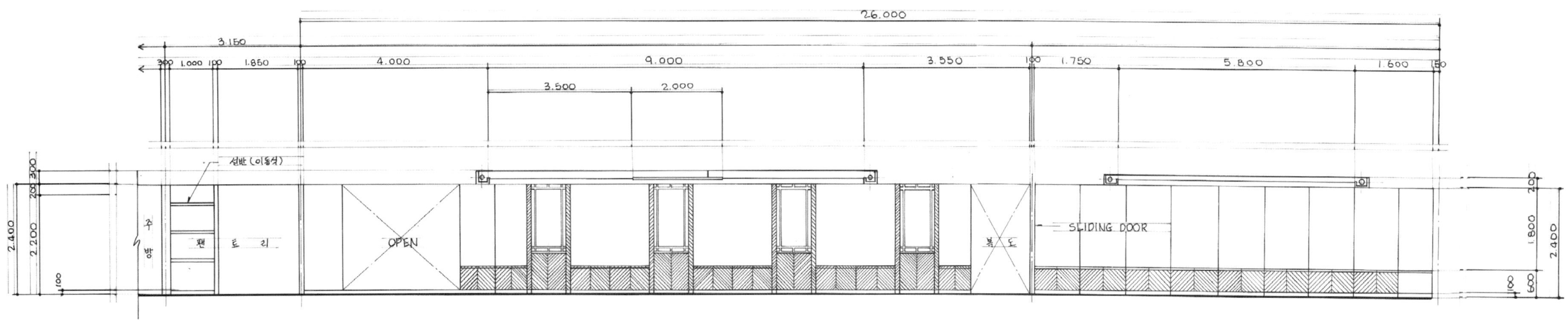

② 단 면 도 - B
SCALE : 1/50

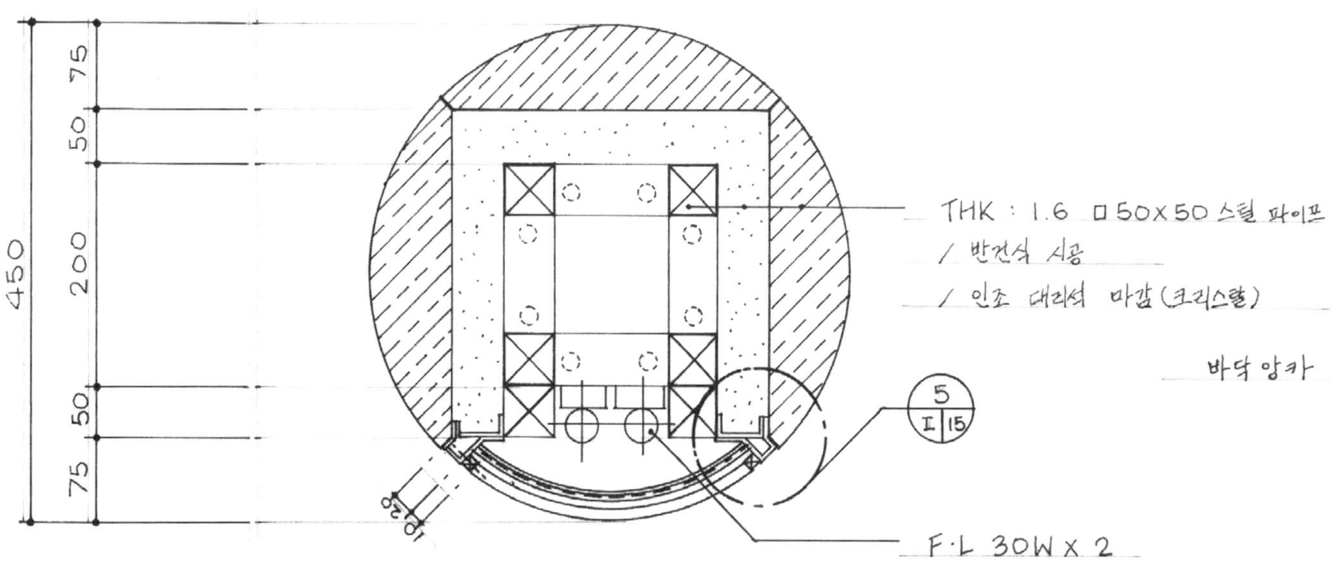

1 I 15 상부단면도'1'
SCALE : 1/5

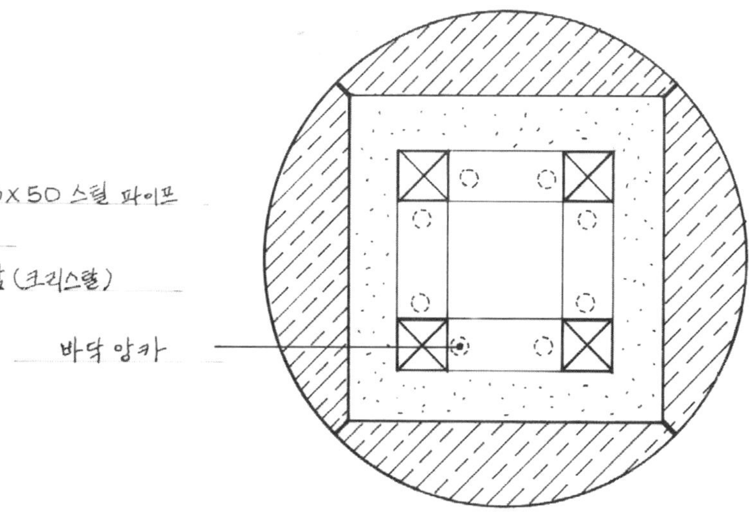

2 I 15 상부단면도'2'
SCALE : 1/5

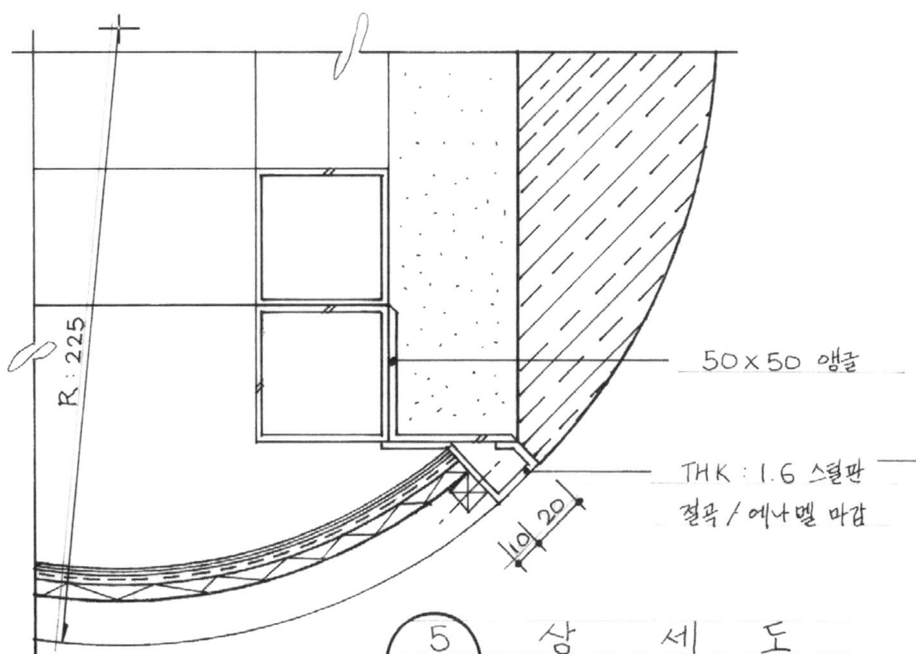

5 I 15 상세도
SCALE : 1/2

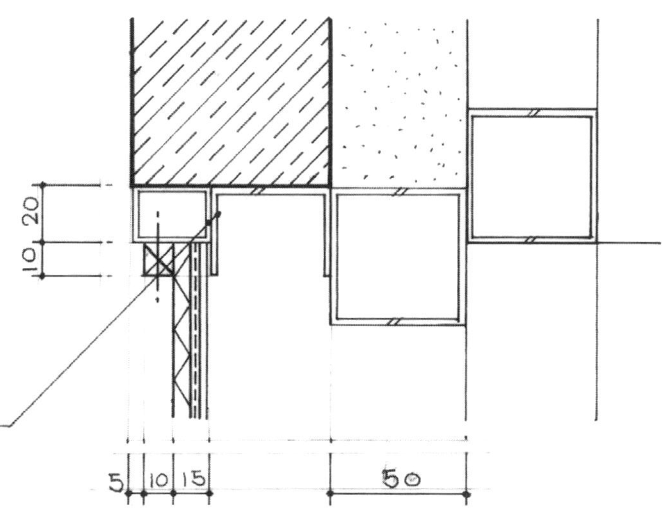

6 I 15 상세도
SCALE : 1/2

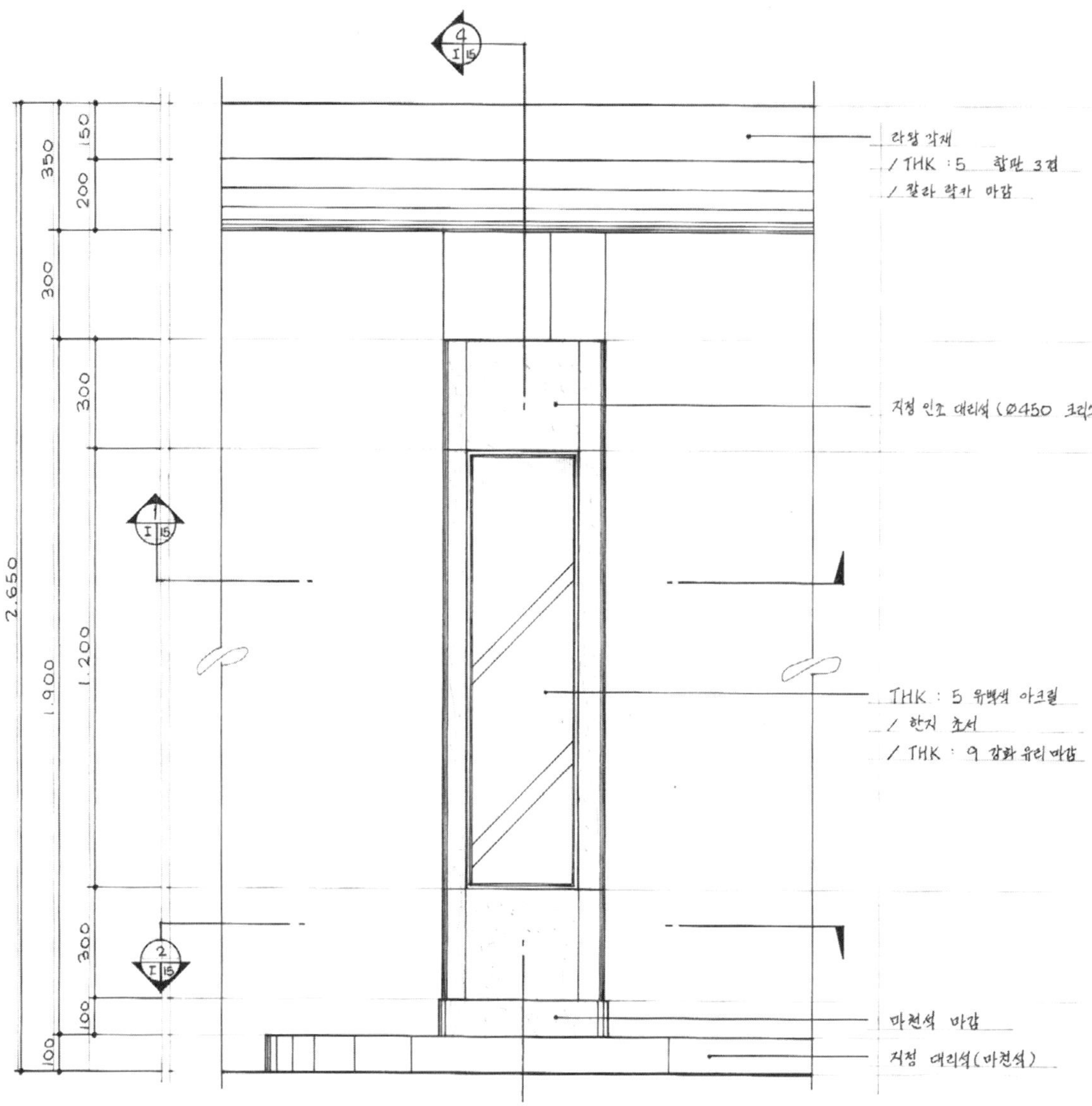

③ 부 분 전 개 도
SCALE : 1/10

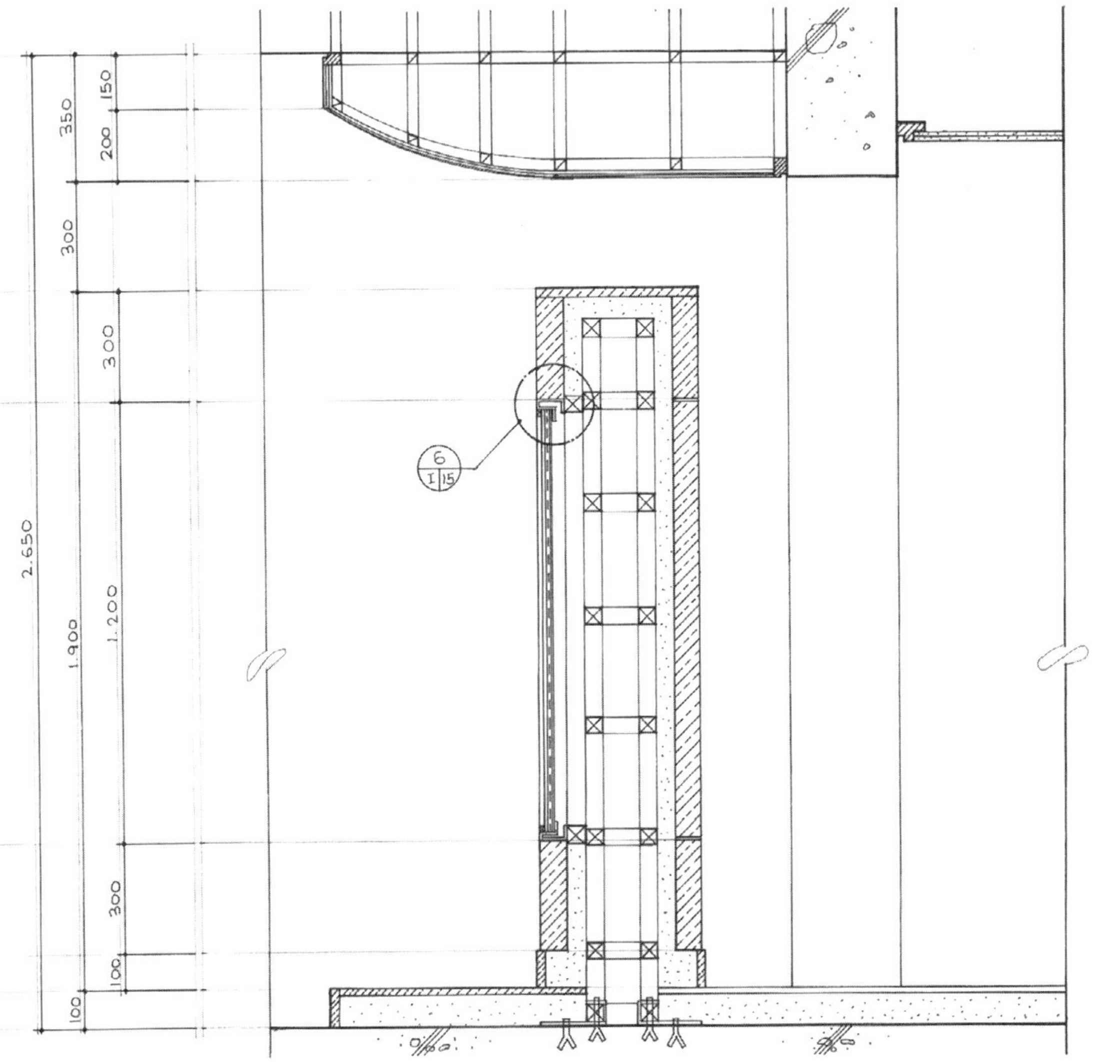

④ 측 면 단 면 도
SCALE : 1/10

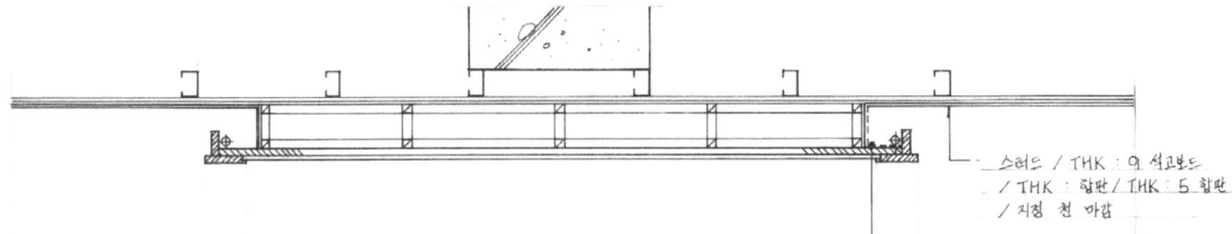

1 I 16 상 부 단 면 도
SCALE : 1/10

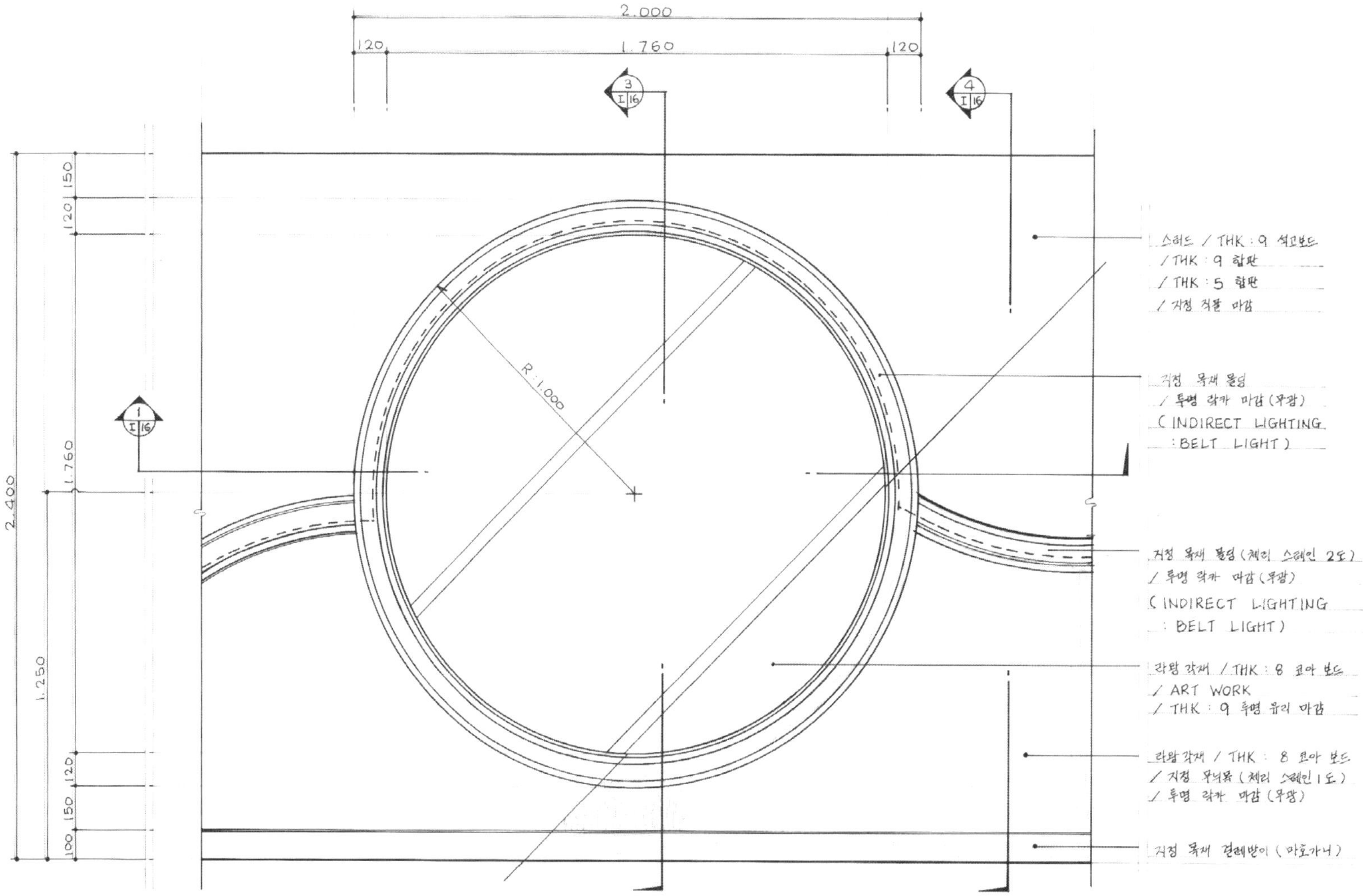

2 I 16 부 분 전 개 도
SCALE : 1/10

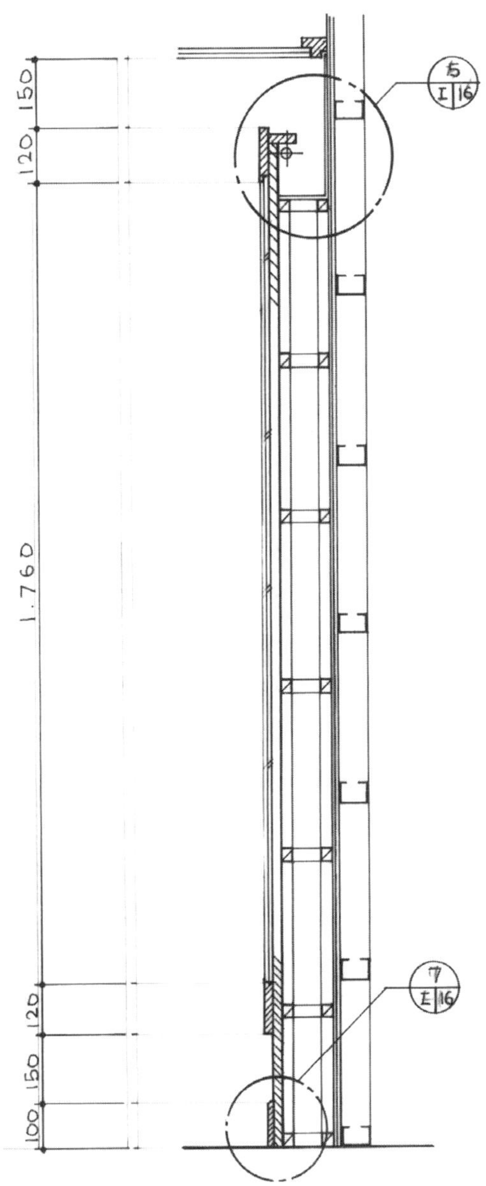

3 단 면 도
I 16 SCALE : 1/10

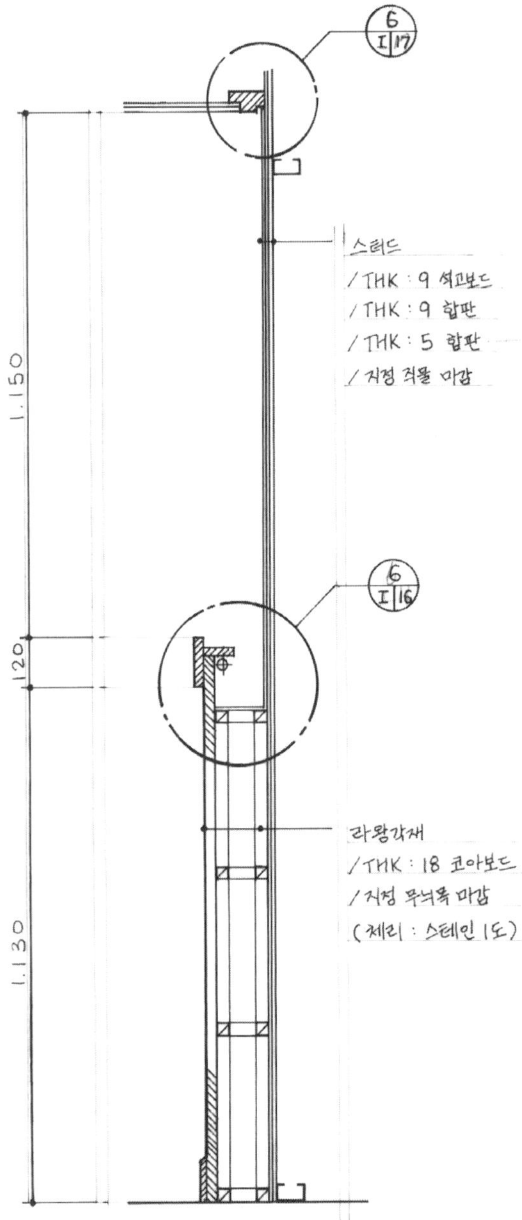

4 단 면 도
I 16 SCALE : 1/10

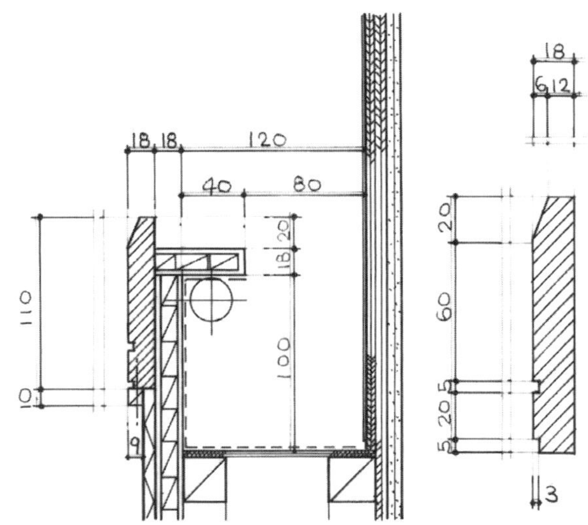

5 상 세 도
I 16 SCALE : 1/3, 1/2

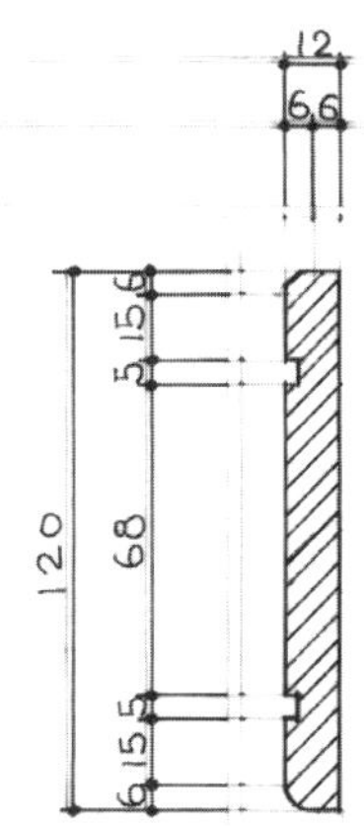

6 상 세 도
I 16 SCALE : 1/2

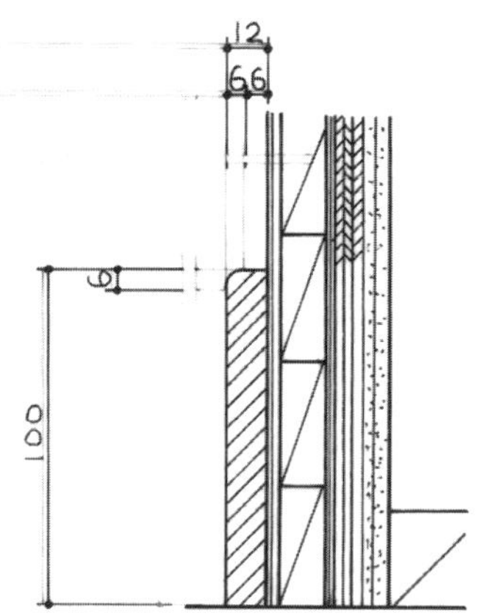

7 상 세 도
I 16 SCALE : 1/2

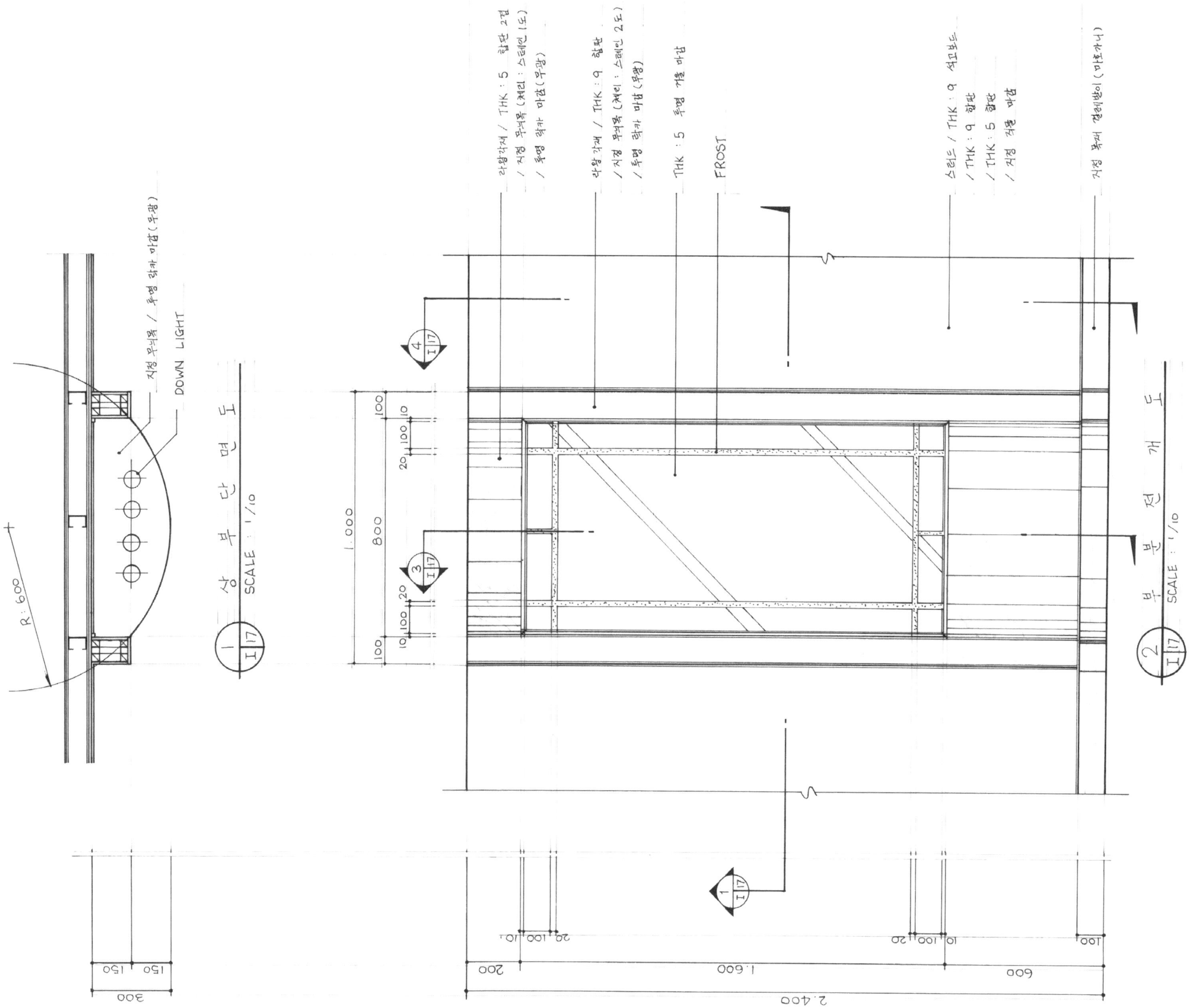
라왕각재 / THK : 5 합판 2겹 / 지정 무늬목 (체리 : 스테인 1도) / 투명 락카 마감(무광)
라왕각재 / THK : 9 합판 / 지정 무늬목 (체리 : 스테인 2도) / 투명 락카 마감(무광)
THK : 5 투명 거울 마감
FROST
스터드 / THK : 9 석고보드 / THK : 9 합판 / THK : 5 합판 / 지정 재료 마감
지정 목재 걸레받이 (마호가니)
지정 무늬목 / 투명 락카 마감(무광)
DOWN LIGHT
R : 600
상부 단면도
SCALE : 1/10
부분 전개도
SCALE : 1/10
1.000
800
2.400
1.600
600
200
300
150
100
20
10

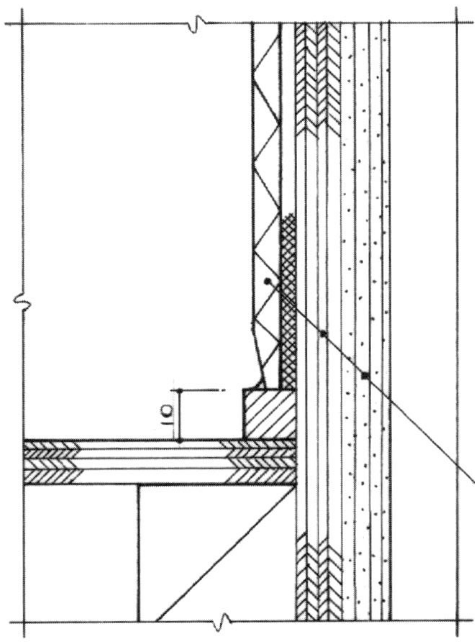

5 I|17 상 세 도
SCALE : 1/1

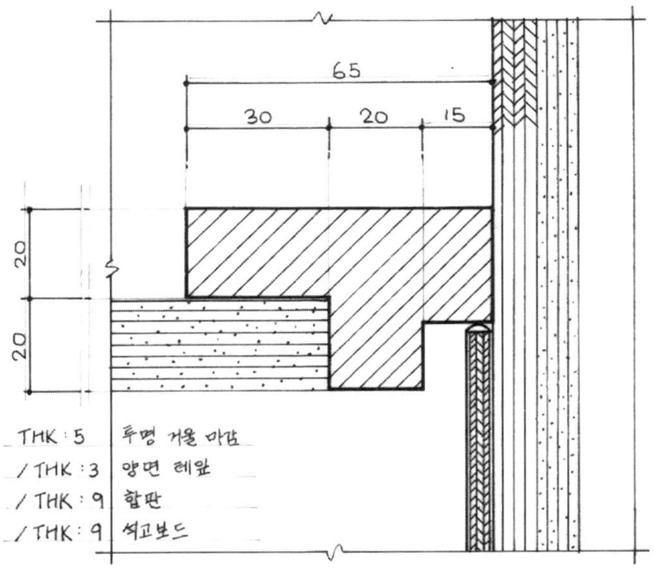

6 I|17 상 세 도
SCALE : 1/1

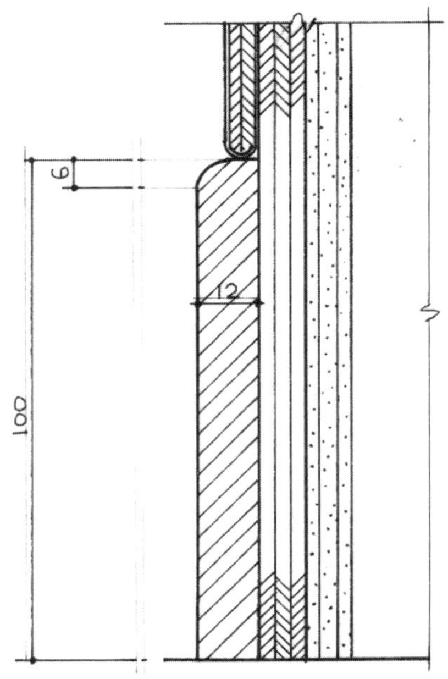

7 I|17 상 세 도
SCALE : 1/1

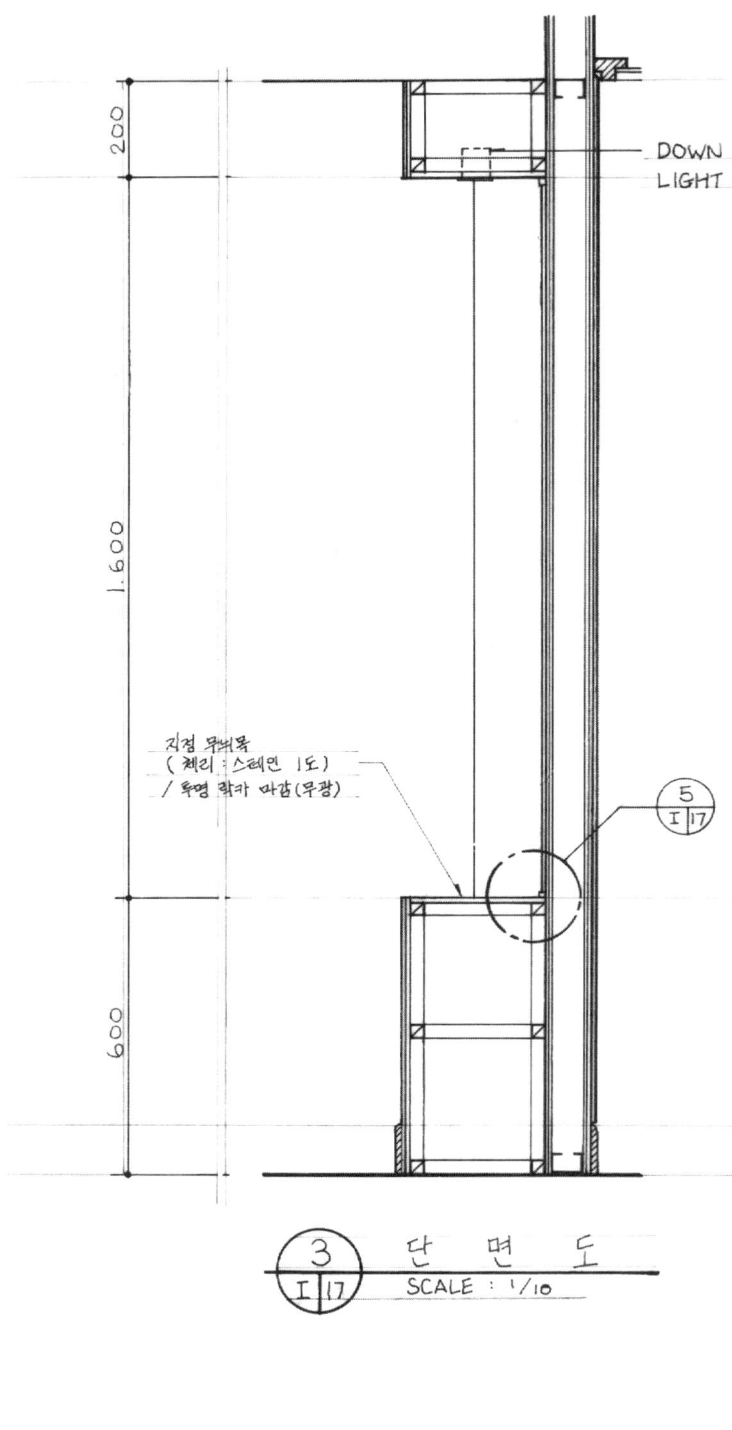

3 I|17 단 면 도
SCALE : 1/10

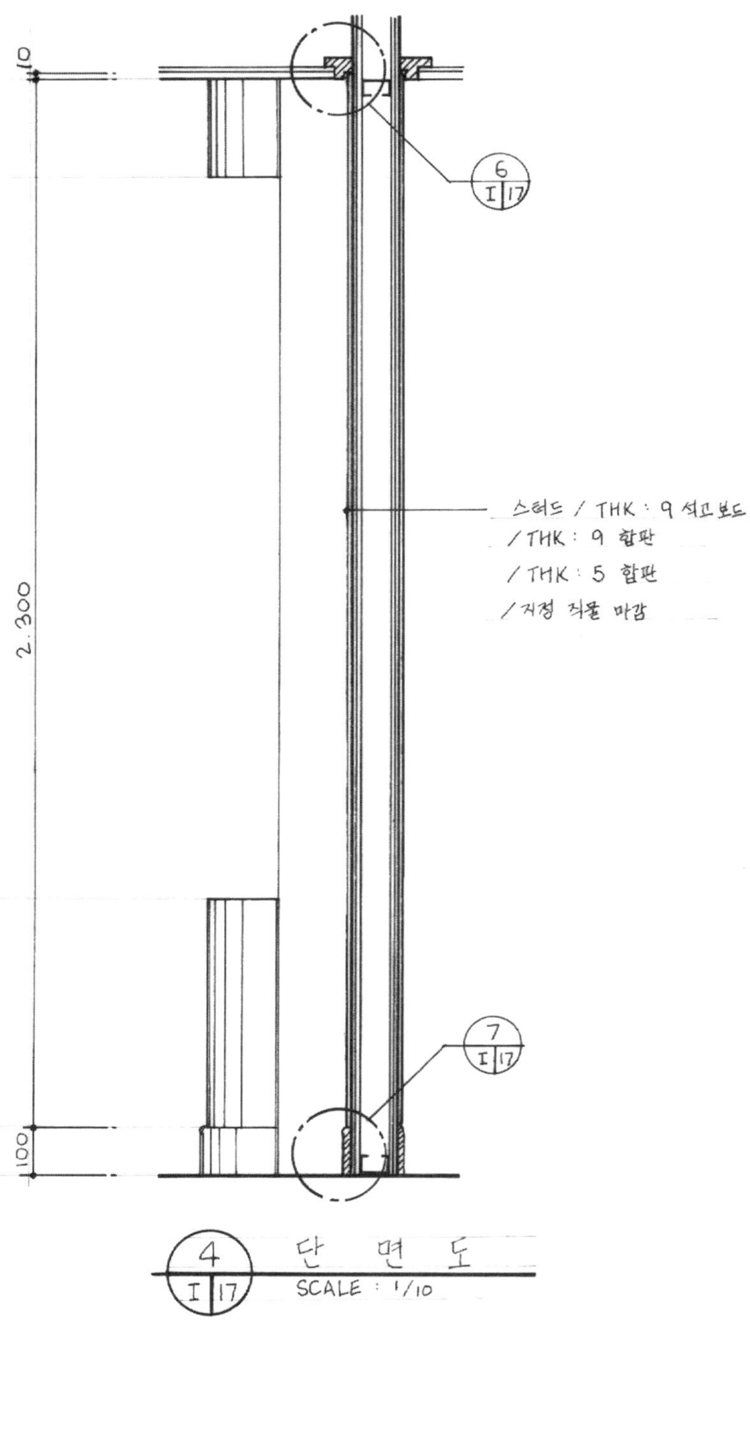

4 I|17 단 면 도
SCALE : 1/10

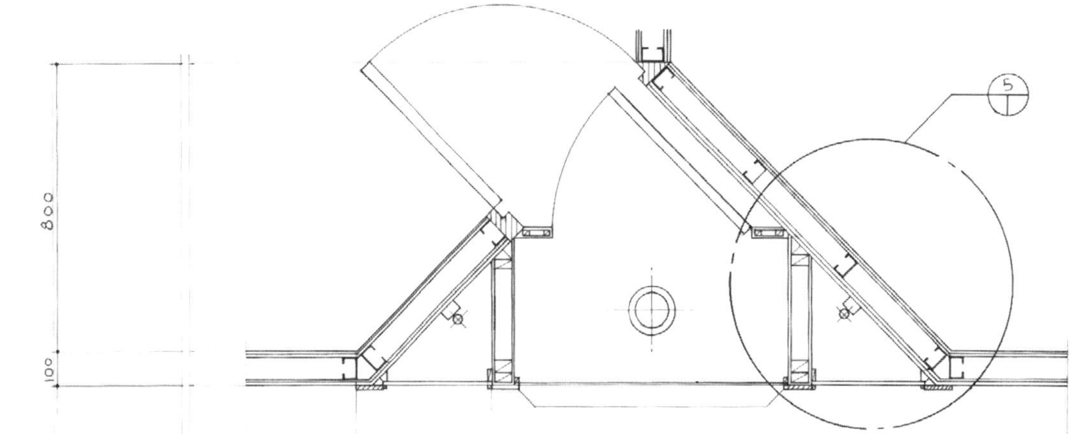

1 상 부 단 면 도
I 18 SCALE : 1/10

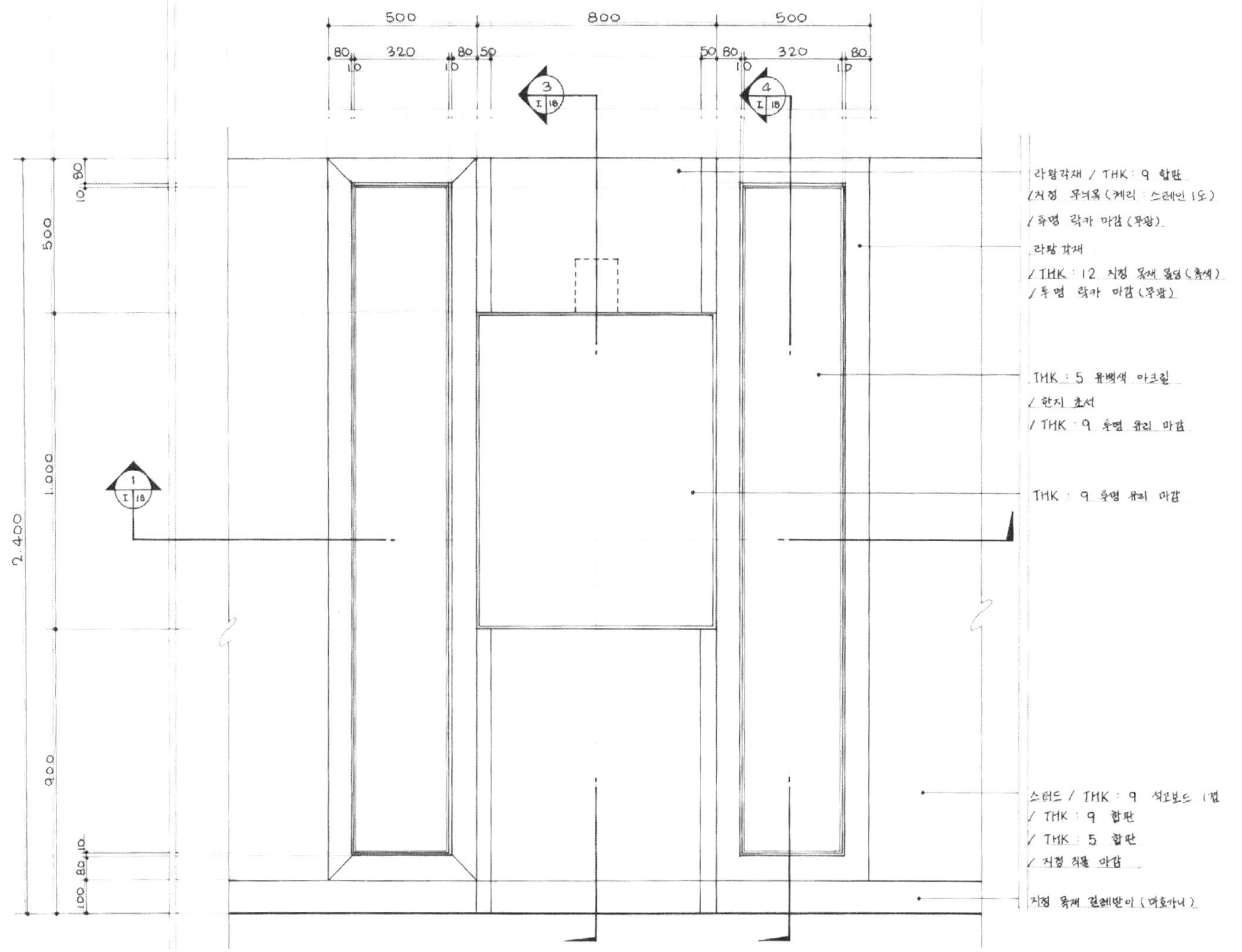

2 부 분 전 개 도
I 18 SCALE : 1/10

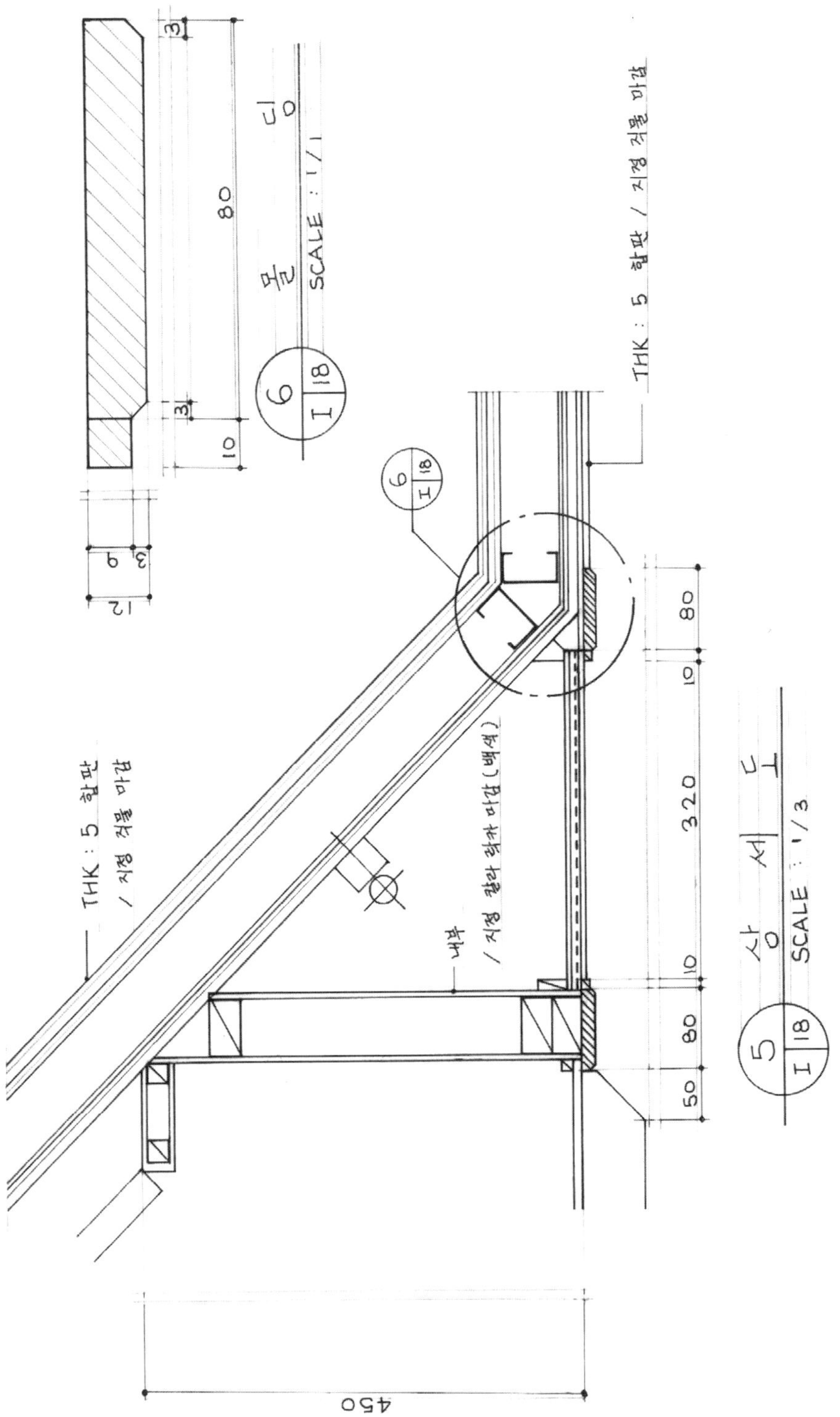
6 I 18 몰딩 SCALE : 1/1
80
10
12
THK : 5 합판 / 지정 칠물 마감
THK : 5 합판 / 지정 칠물 마감
내부 / 지정 칼라 락카 마감(백색)
5 I 18 상세도 SCALE : 1/3
80
10
320
10
80
50
450

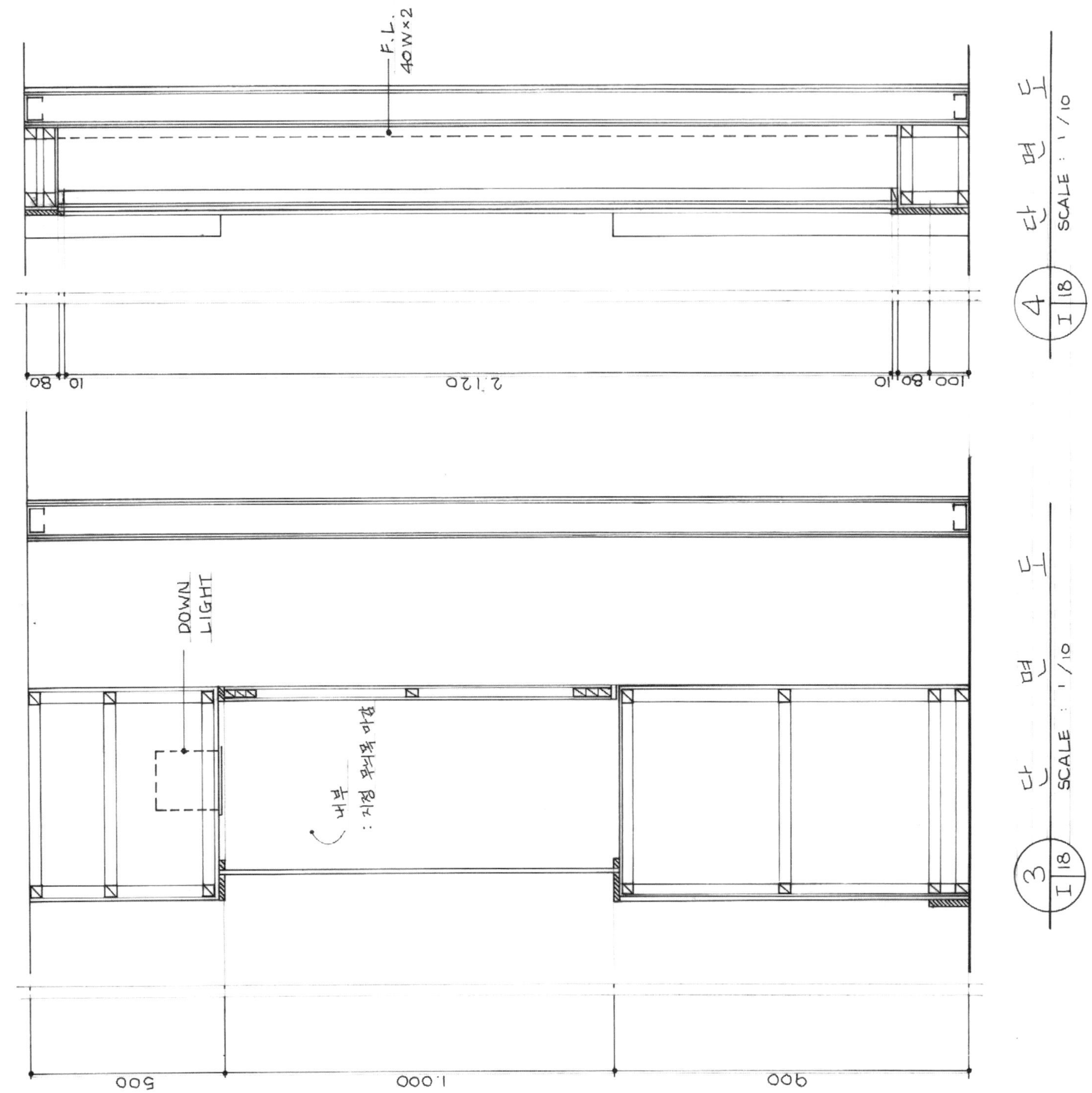
F.L. 40W×2
4 I 18 단면도 SCALE : 1/10
80
10
2,120
10
80
100
DOWN LIGHT
내부 : 지정 무늬목 마감
3 I 18 단면도 SCALE : 1/10
500
1,000
900

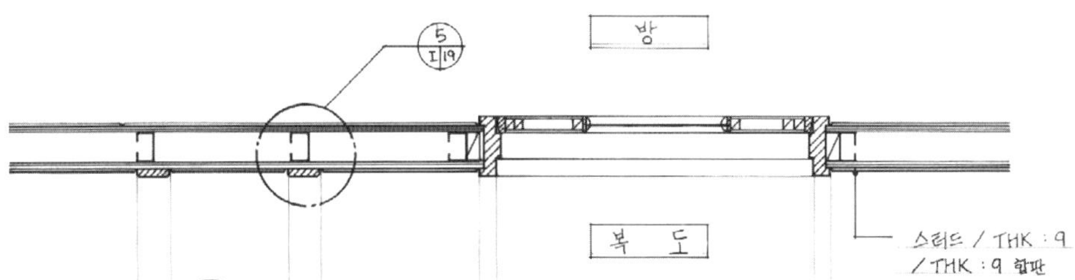

② 상 부 단 면 도
SCALE : 1/10

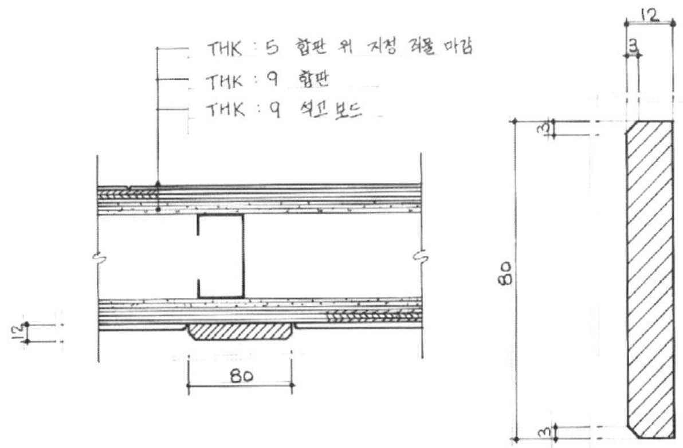

⑤ 상 세 도 몰 딩
SCALE : 1/3, 1/1

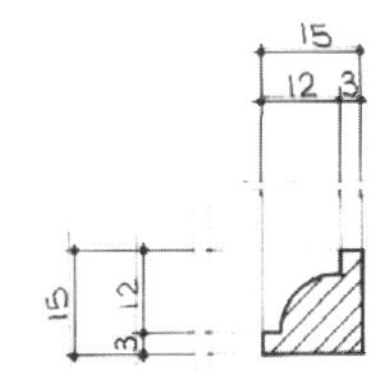

⑥ 몰 딩
SCALE : 1/1

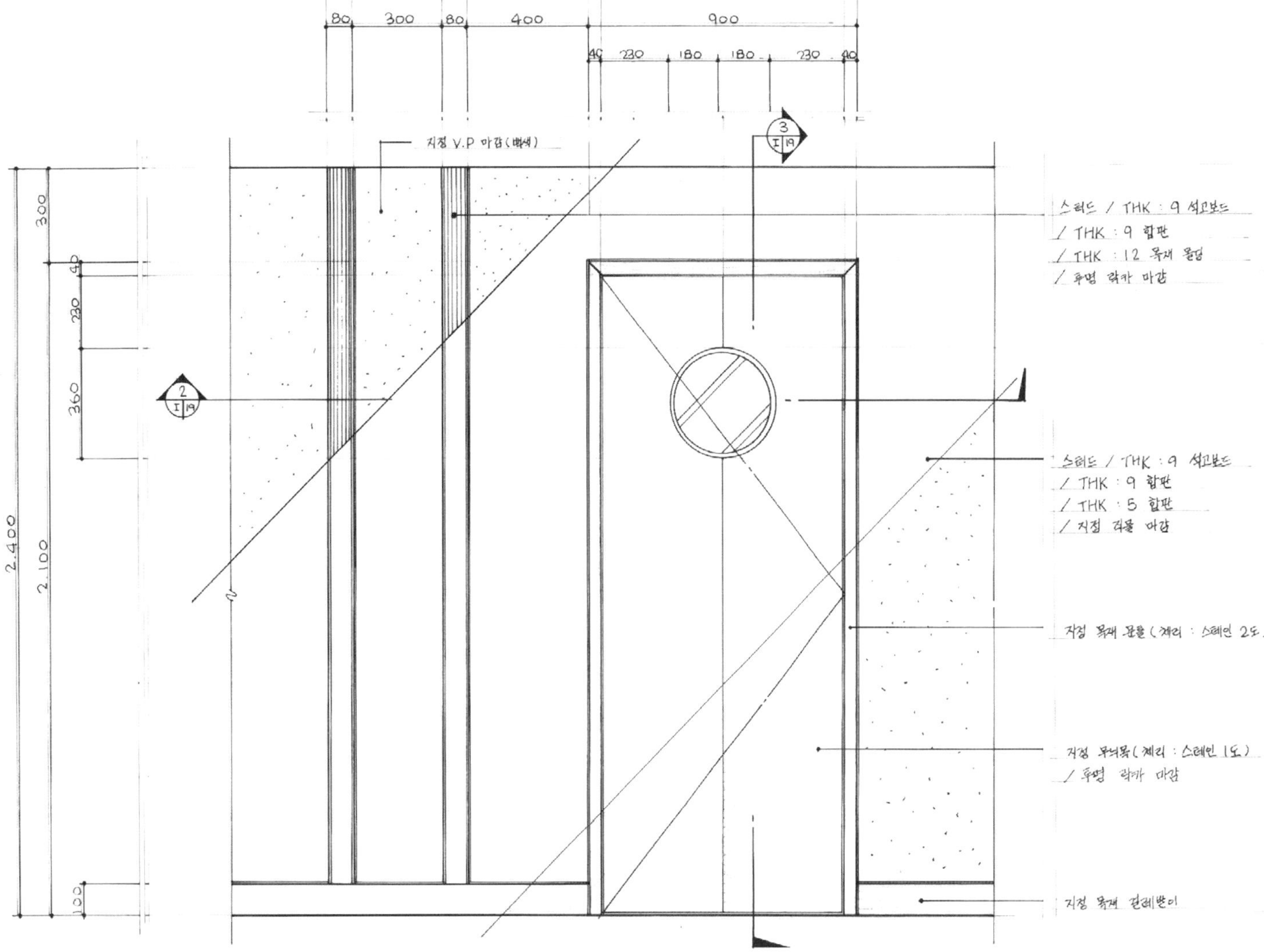

① 부 분 전 개 도
SCALE : 1/10

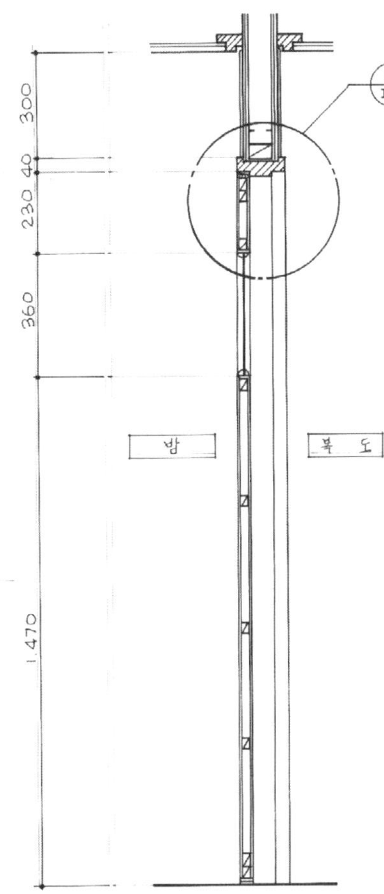

③ 단 면 도
SCALE : 1/10

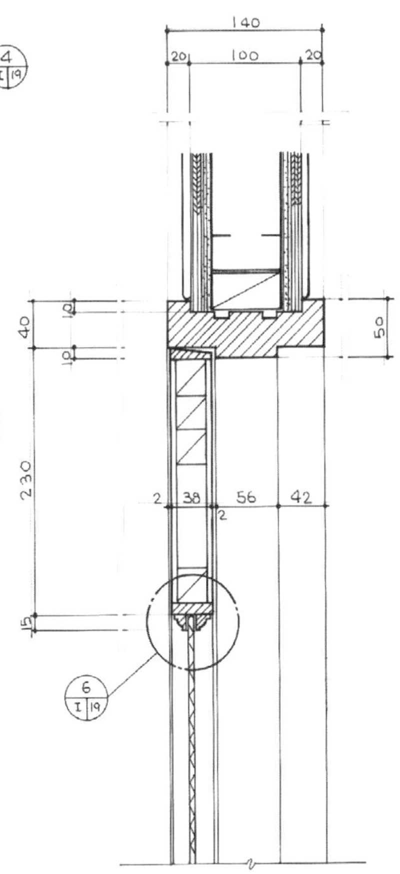

④ 단 면 도
SCALE : 1/3

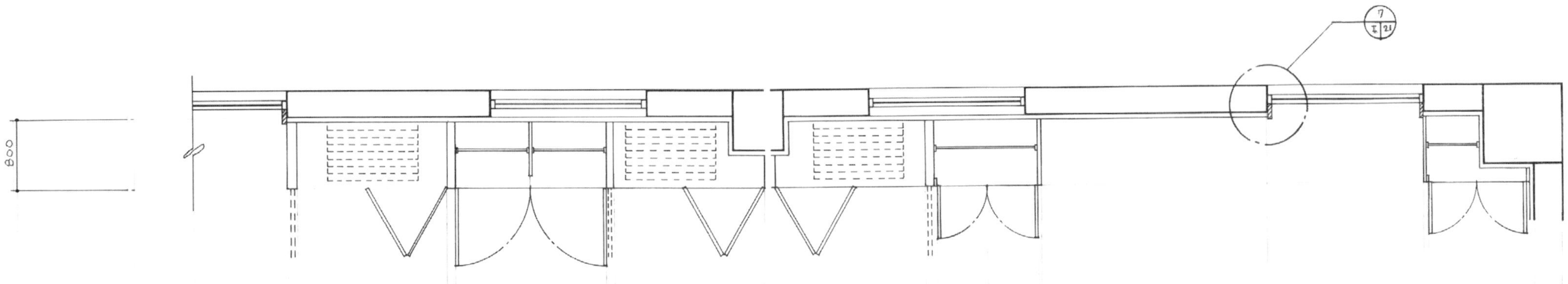

1 부분바닥평면도
SCALE : 1/30

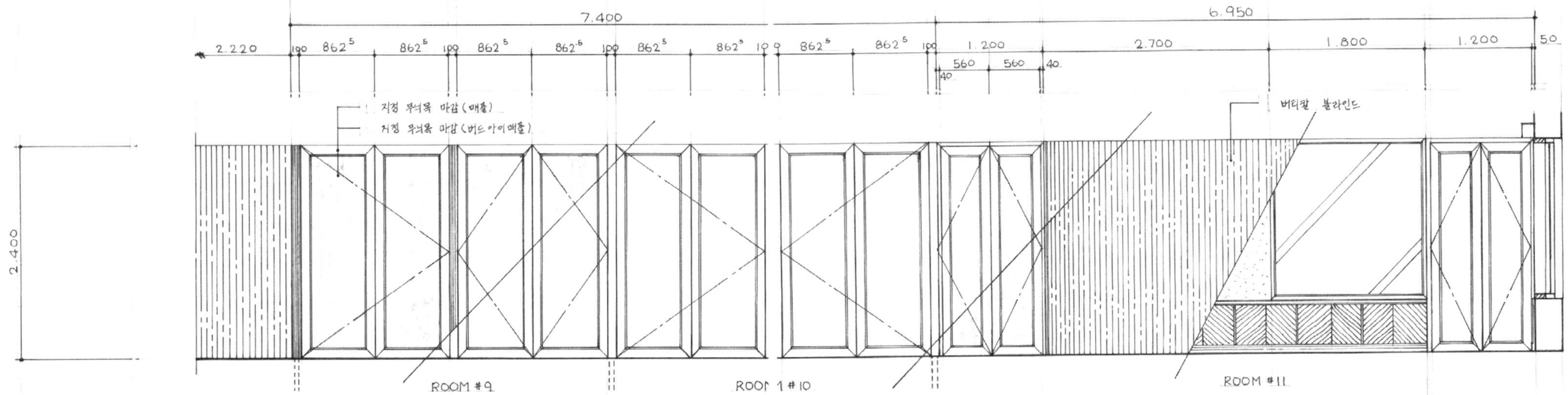

2 전개도
SCALE : 1/30

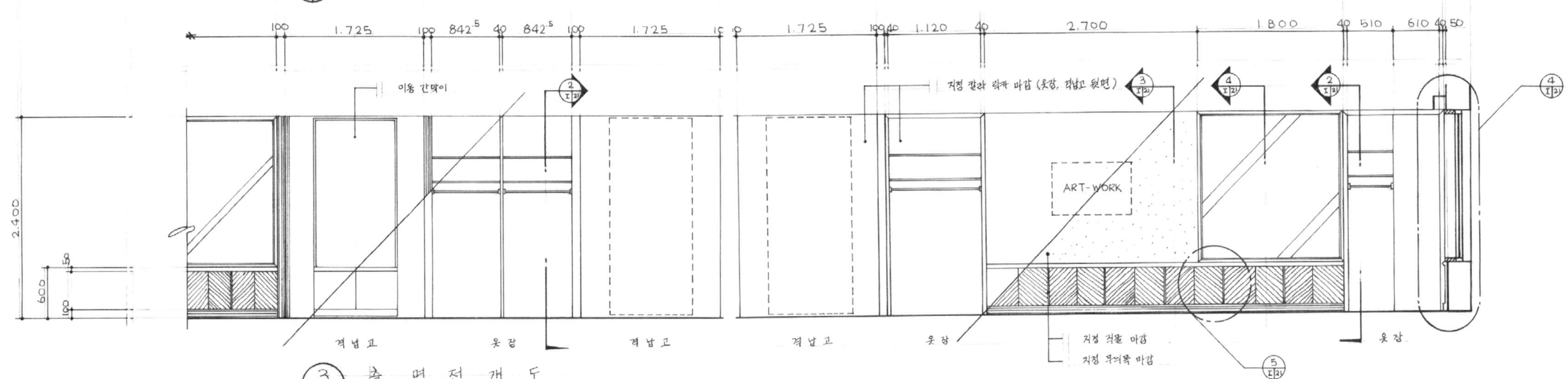

3 측면전개도
SCALE : 1/30

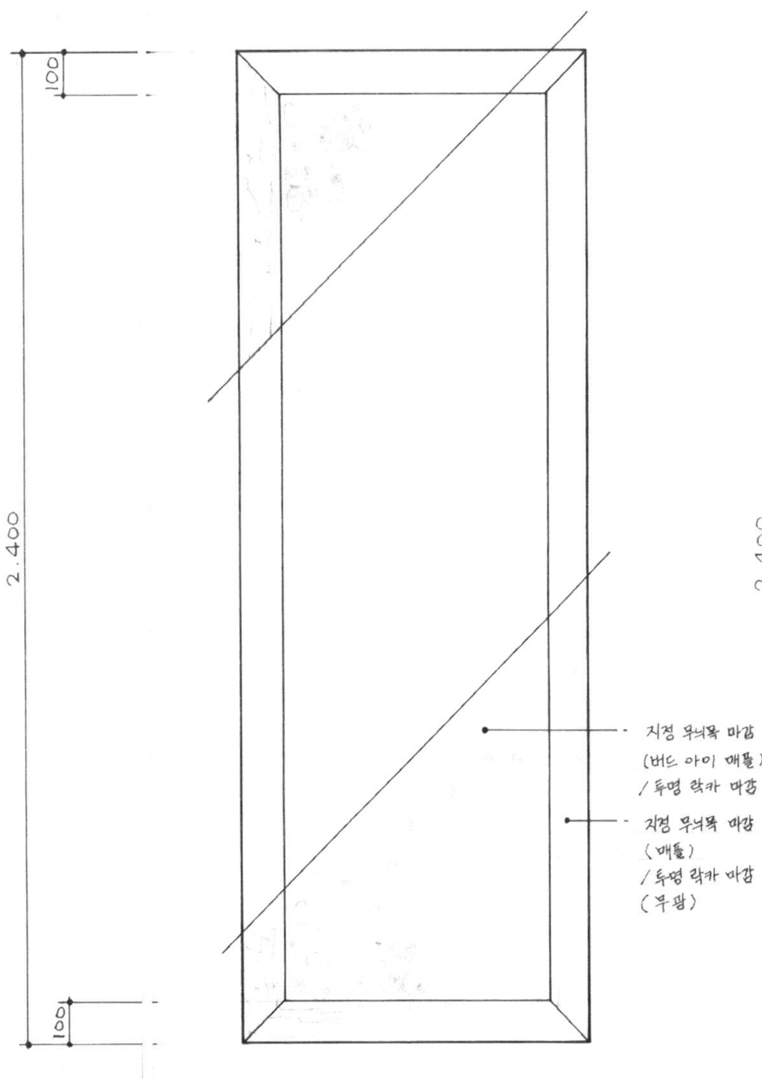

1 I 21 격납고문
SCALE : 1/10

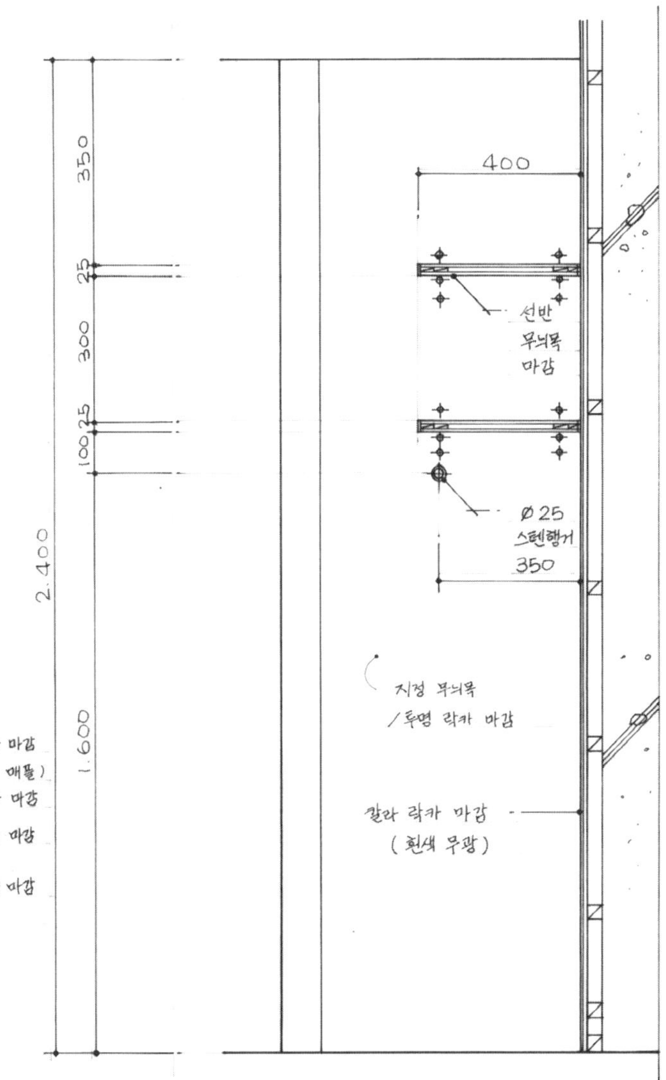

2 I 21 옷장단면도
SCALE : 1/10

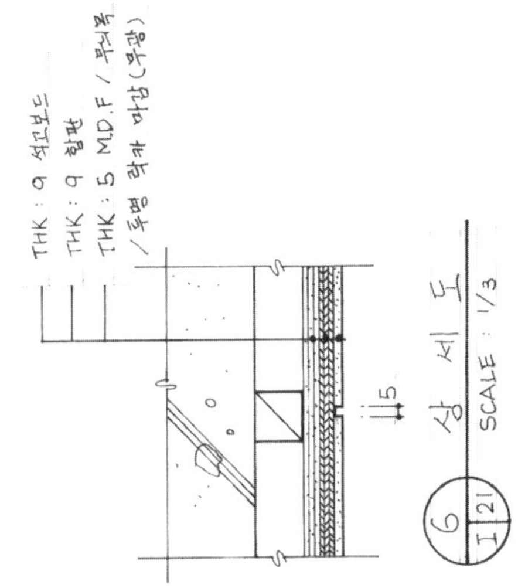

6 I 21 상세도
SCALE : 1/3

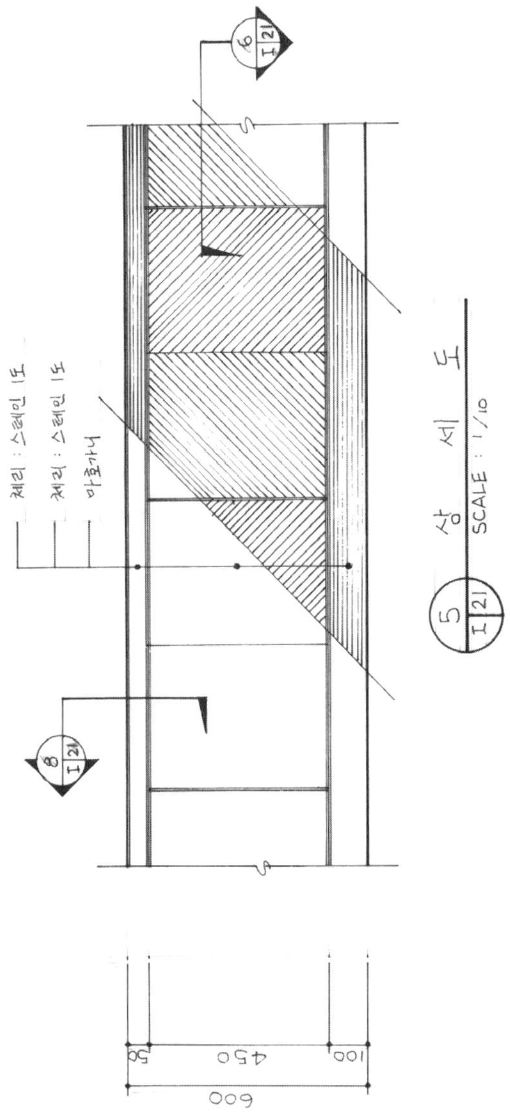

5 I 21 상세도
SCALE : 1/10

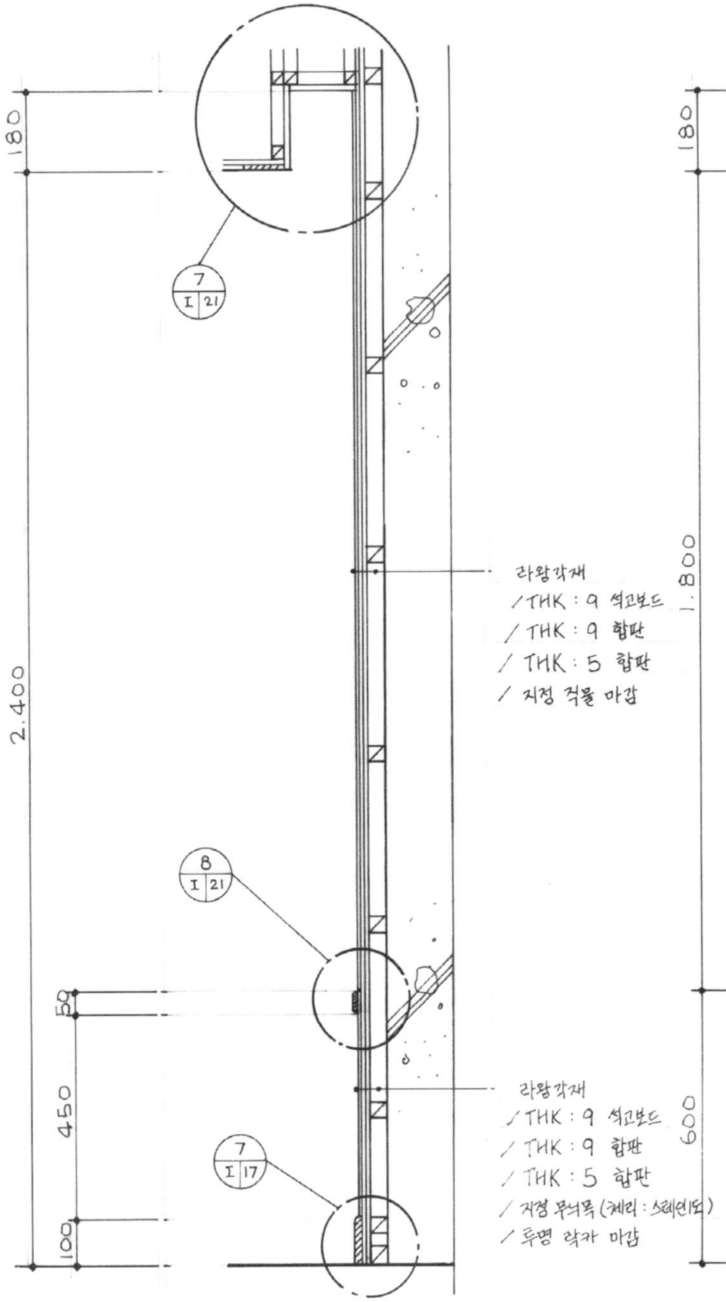

3 단 면 도
I 21 SCALE : 1/10

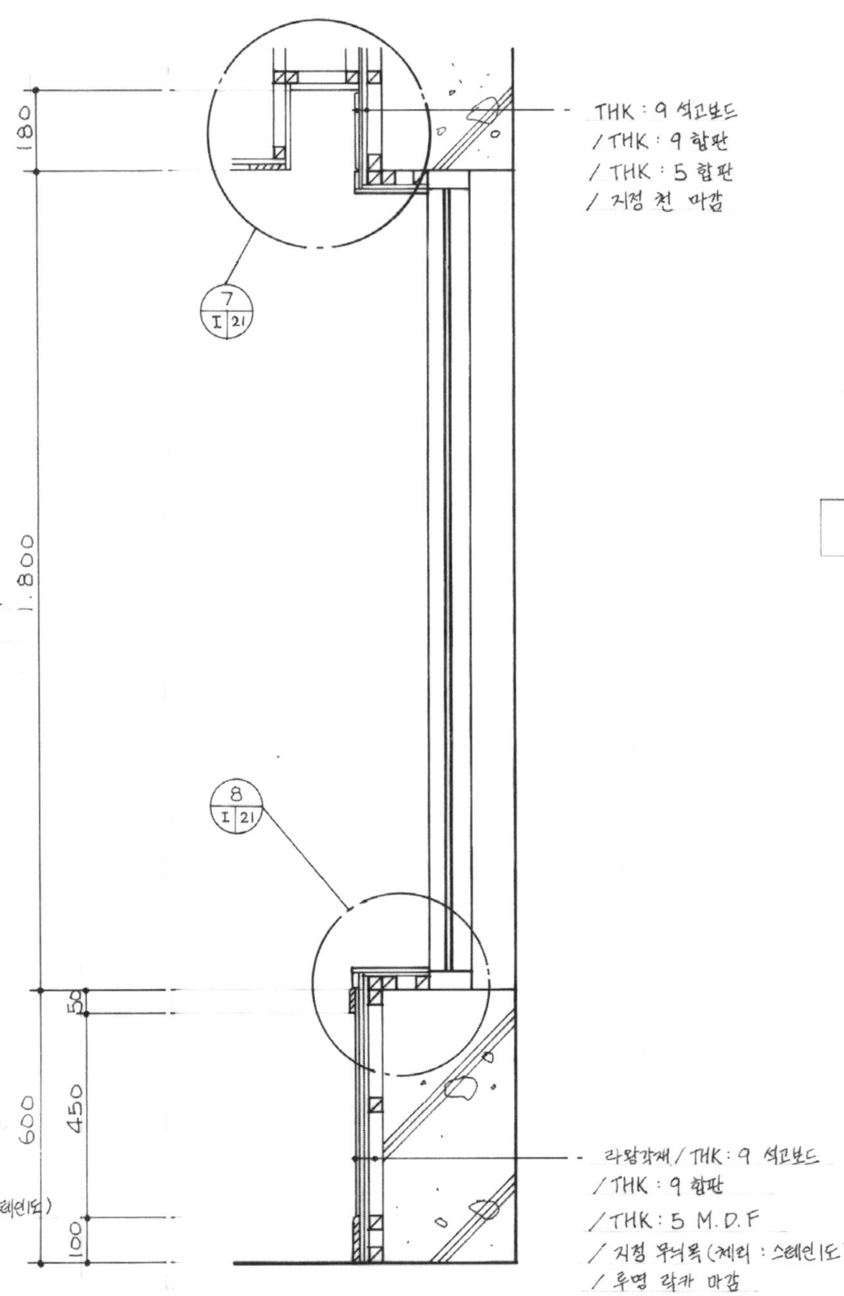

4 단 면 도
I 21 SCALE : 1/10

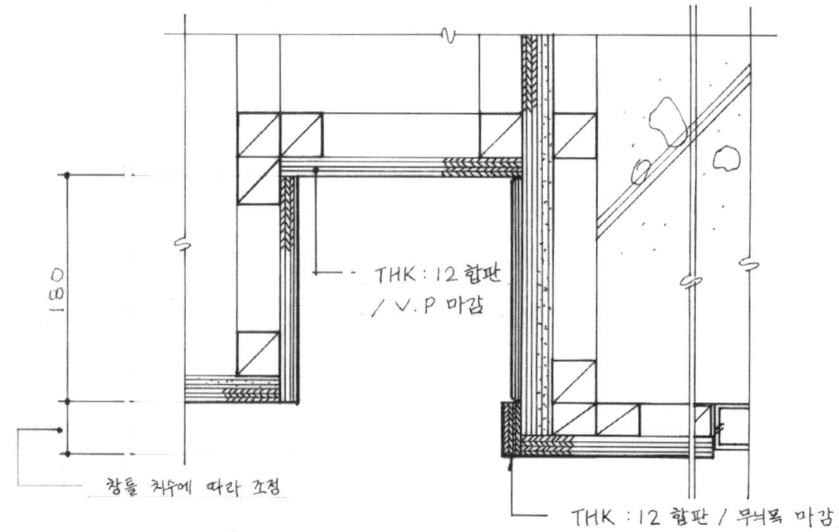

7 상 세 도
I 21 SCALE : 1/3

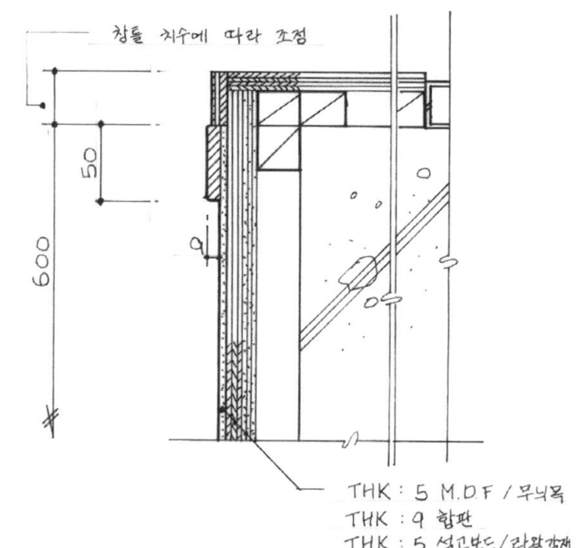

8 상 세 도
I 21 SCALE : 1/3

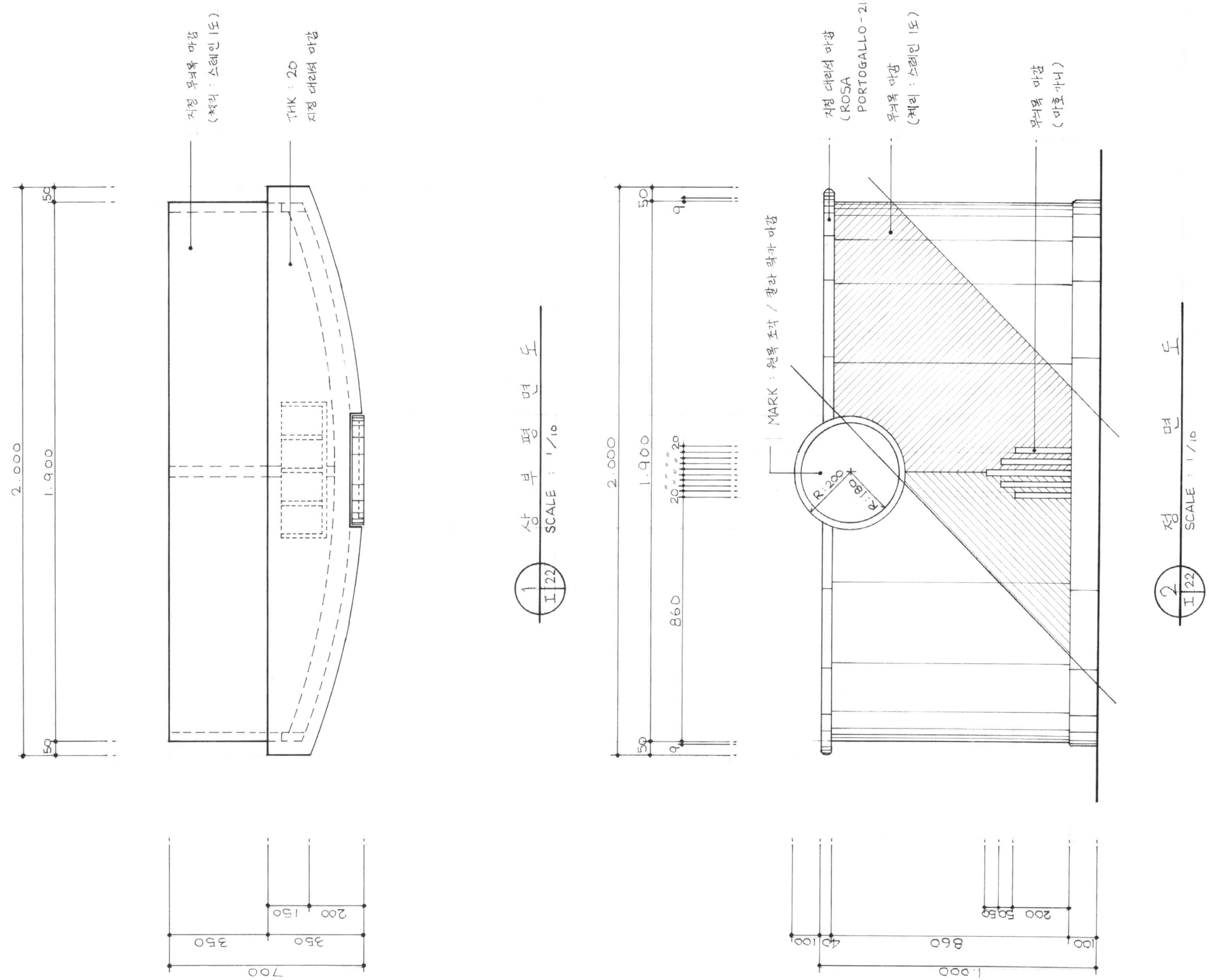
지정 무늬목 마감
(체리 : 스테인 1도)
THK : 20
지정 대리석 마감
상부평면도
SCALE : 1/10
지정 대리석 마감
(ROSA
PORTOGALLO-216)
무늬목 마감
(체리 : 스테인 1도)
무늬목 마감
(마호가니)
MARK : 원목 조각 / 칼라 락카 마감
정면도
SCALE : 1/10

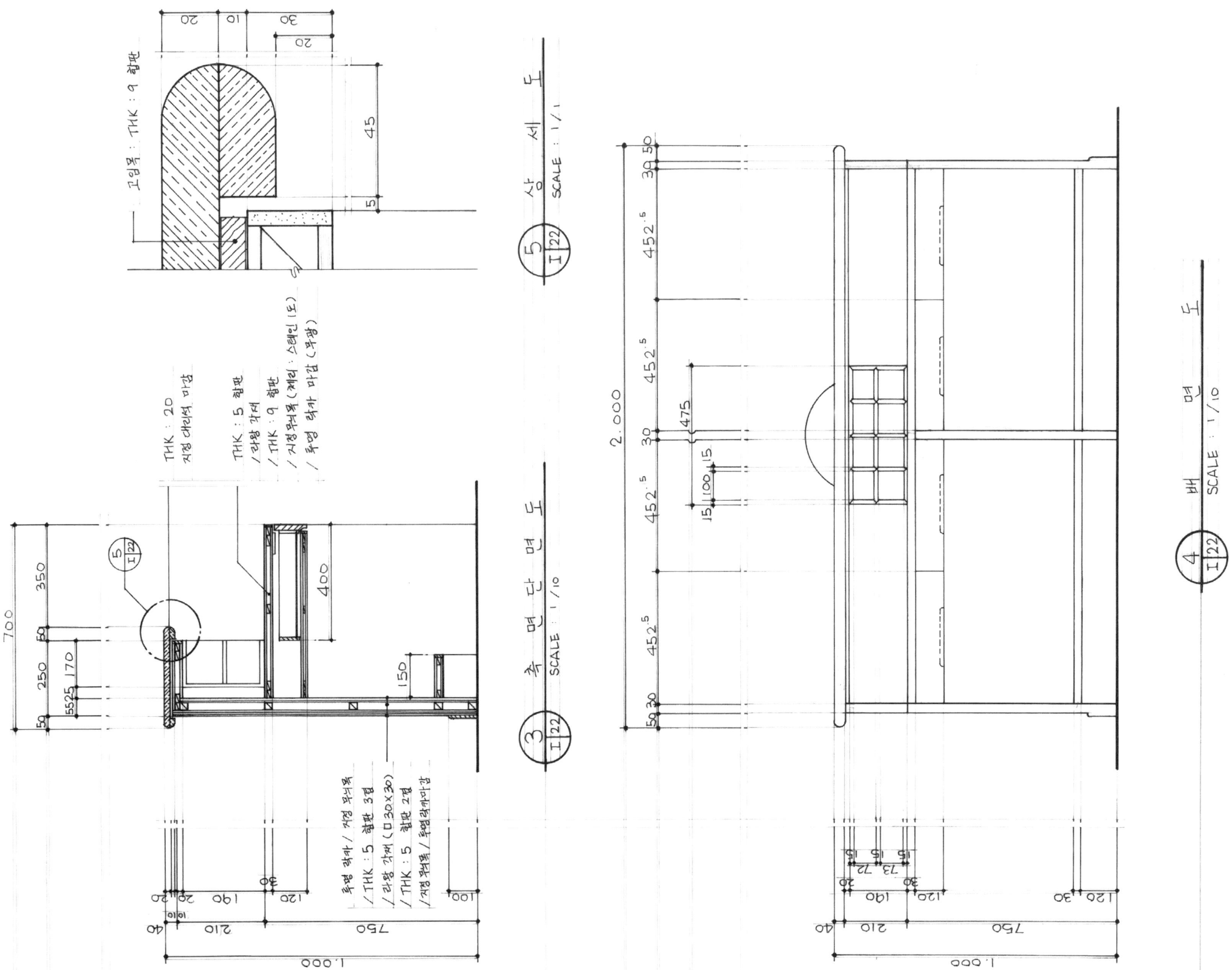
측면단면도 SCALE 1/10
상세도 SCALE 1/1
배면도 SCALE 1/10
THK : 20 지정 대리석 마감
THK : 5 합판
2.000
1.000

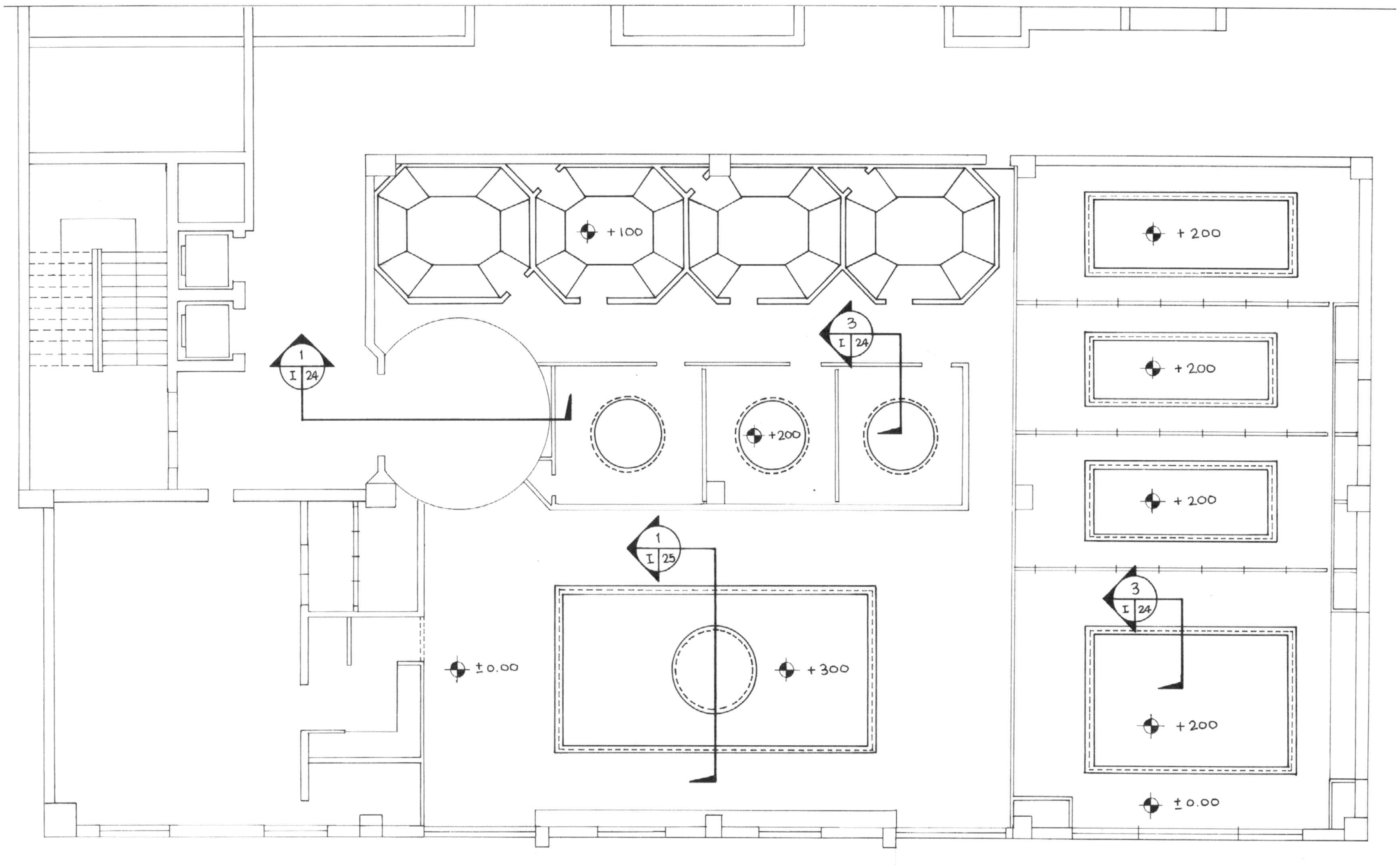

천장고 표시도

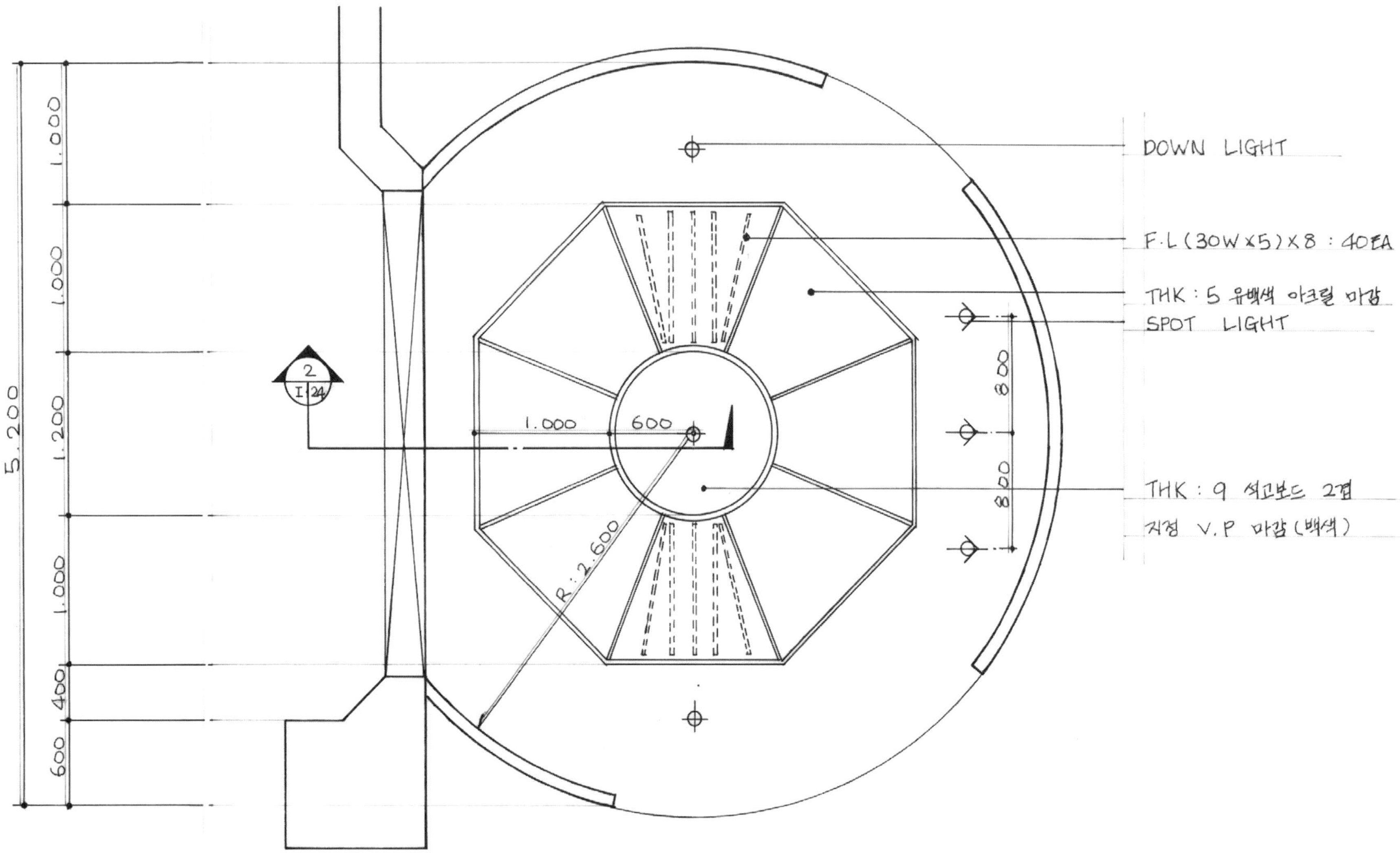

1 I 24 부 분 천 장 도
SCALE : 1 / 30

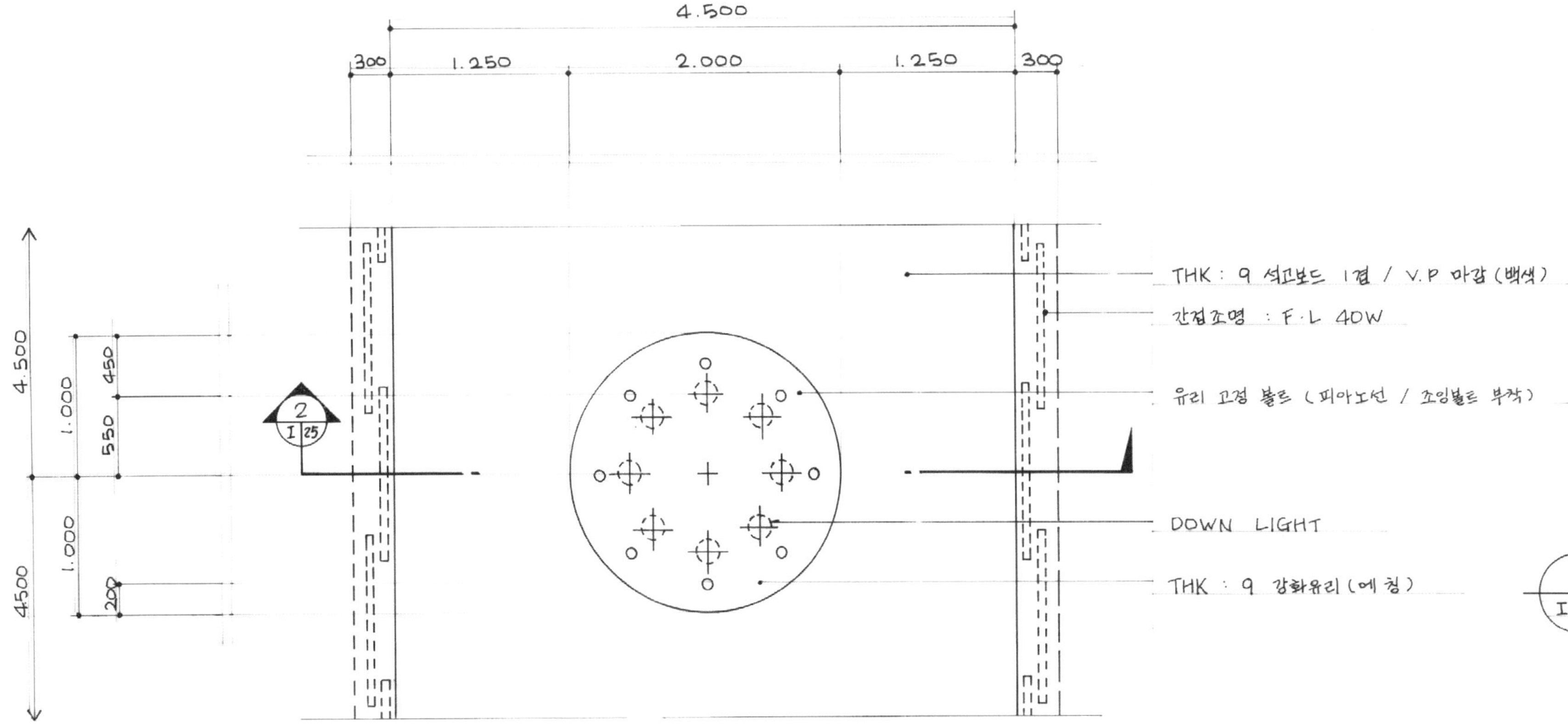

1 / I 25 부 분 천 장 도
SCALE : 1 / 30

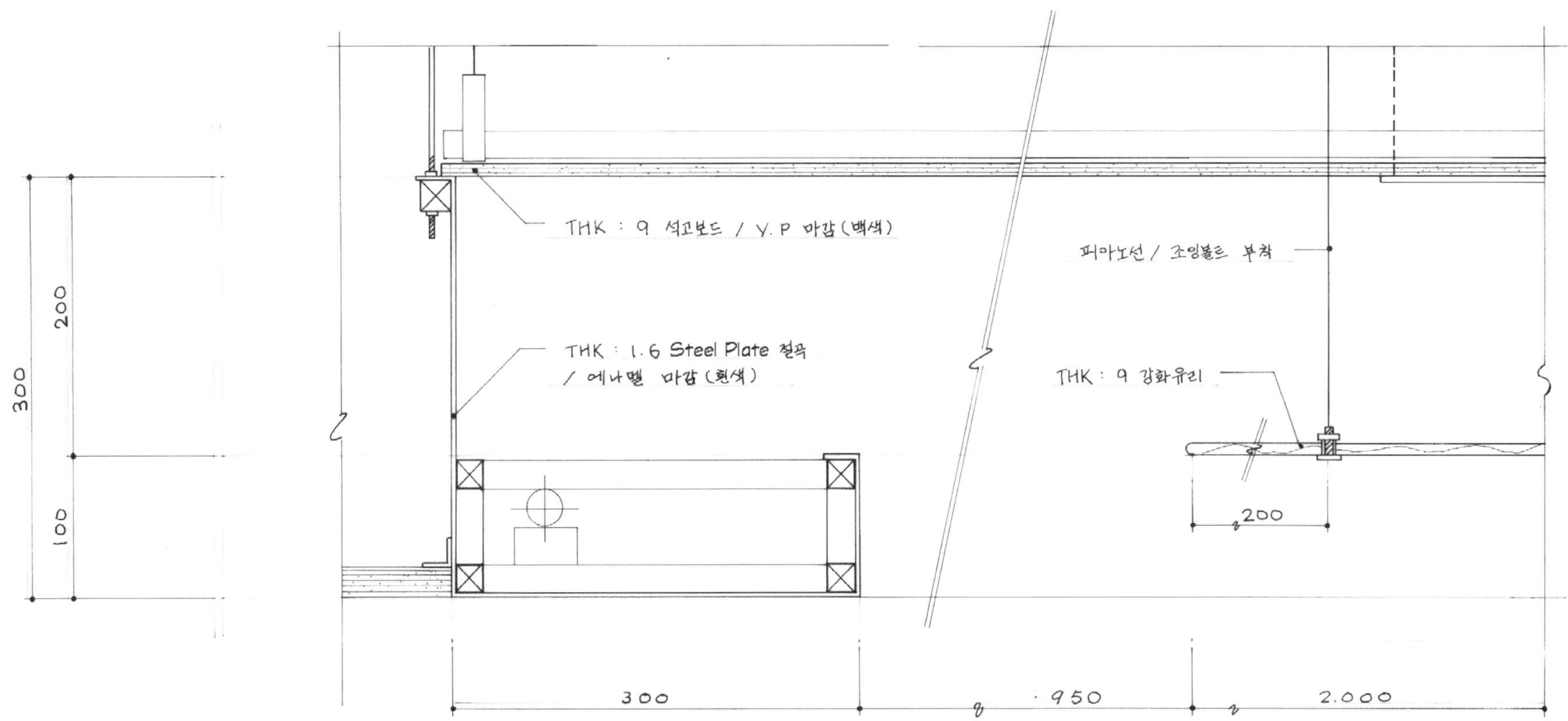

2 / I 25 단 면 도
SCALE : 1 / 3

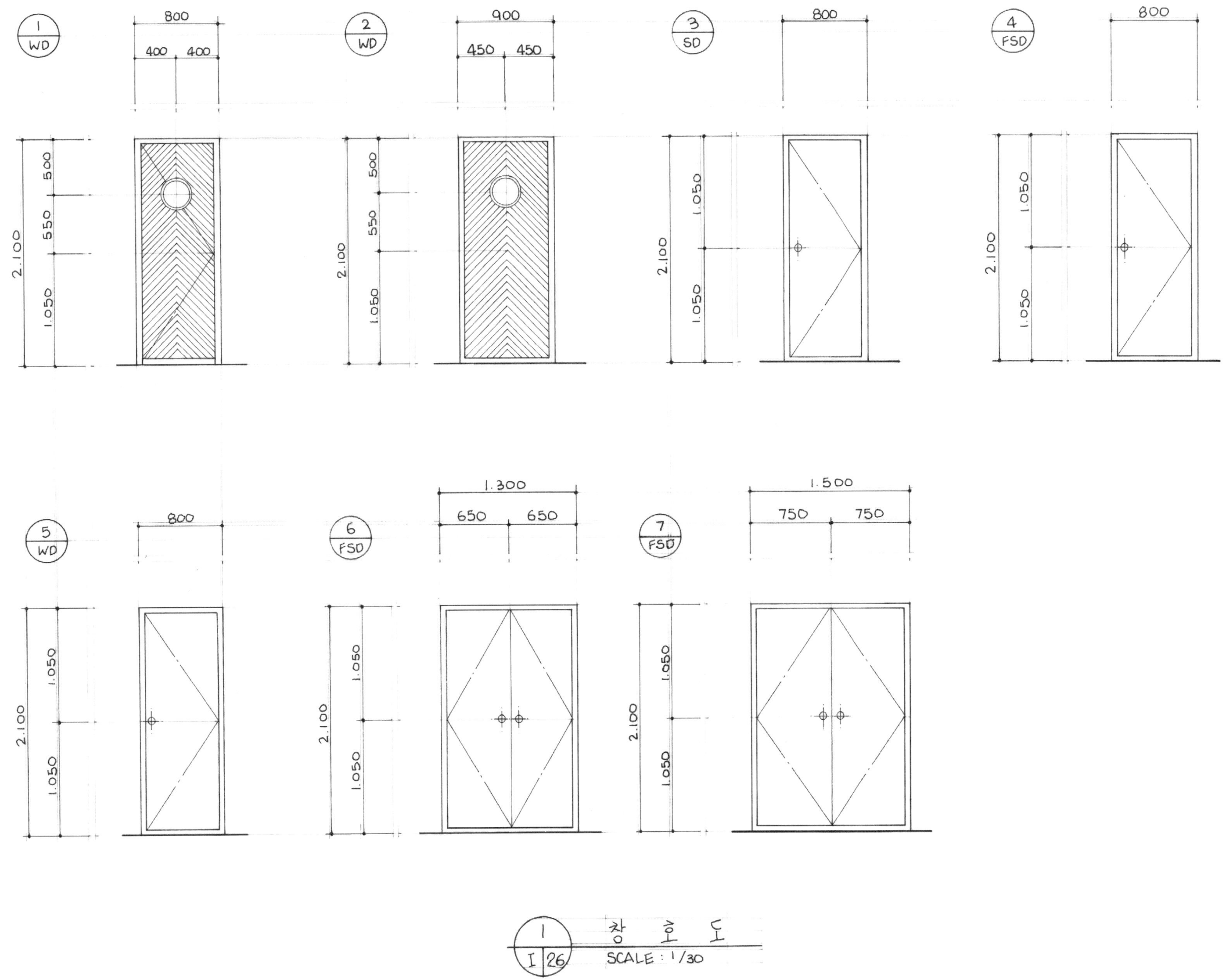
1 WD
800
400 400
2.100
500
550
1.050
2 WD
900
450 450
3 SD
4 FSD
5 WD
6 FSD
1.300
650 650
7 FSD
1.500
750 750
1 I 26
창 호 도
SCALE : 1/30

상업공간 C

- Cafe

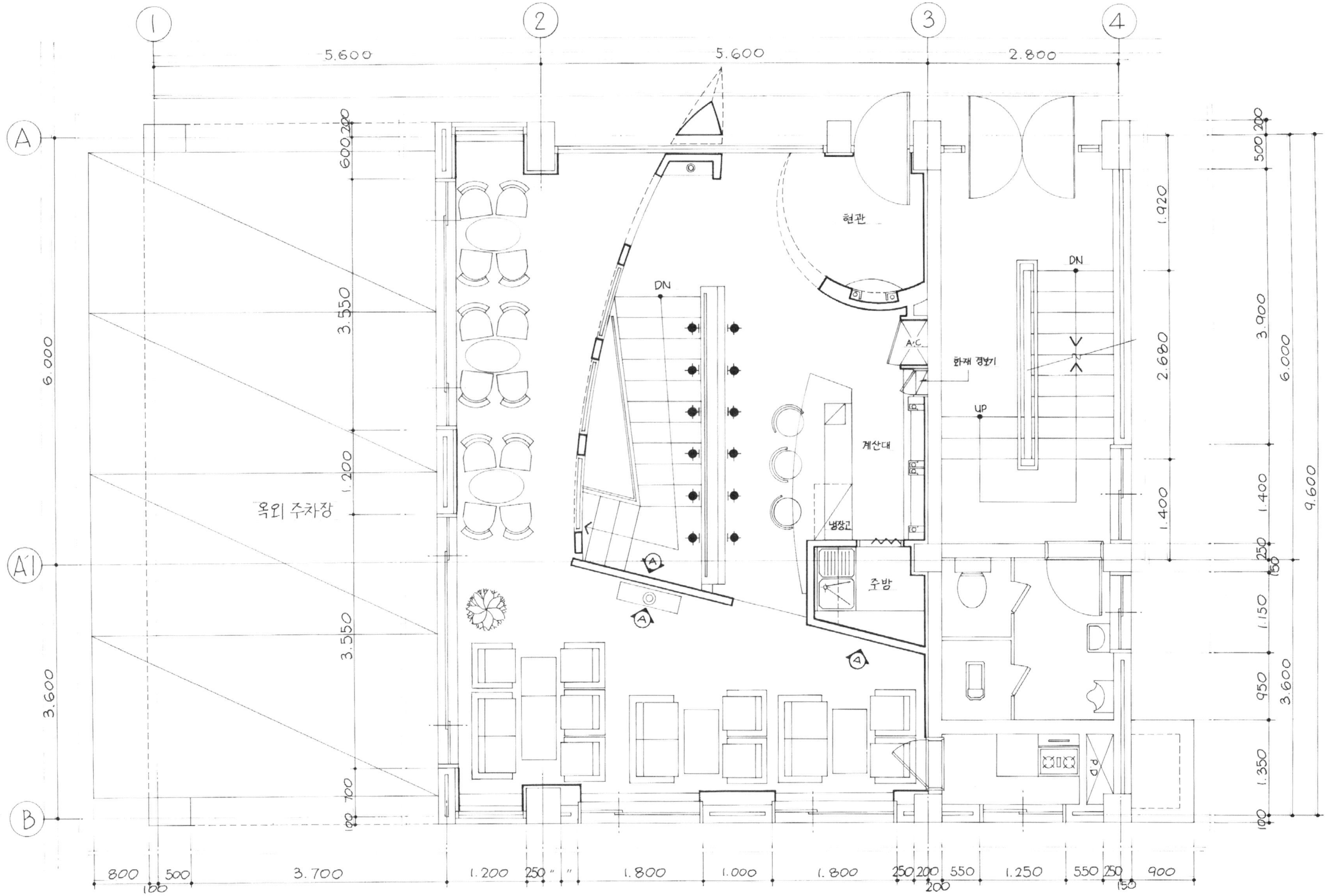

※ 제도시 가구의 형태는 간략화해서 그려도 무방 함.

※ CAD로 도면 작성시는 보조선을 생략 함.

1F - 평면도
SCALE : 1/40

FOOT(DOWN LIGHT) 벽부등

Ⓐ 액자

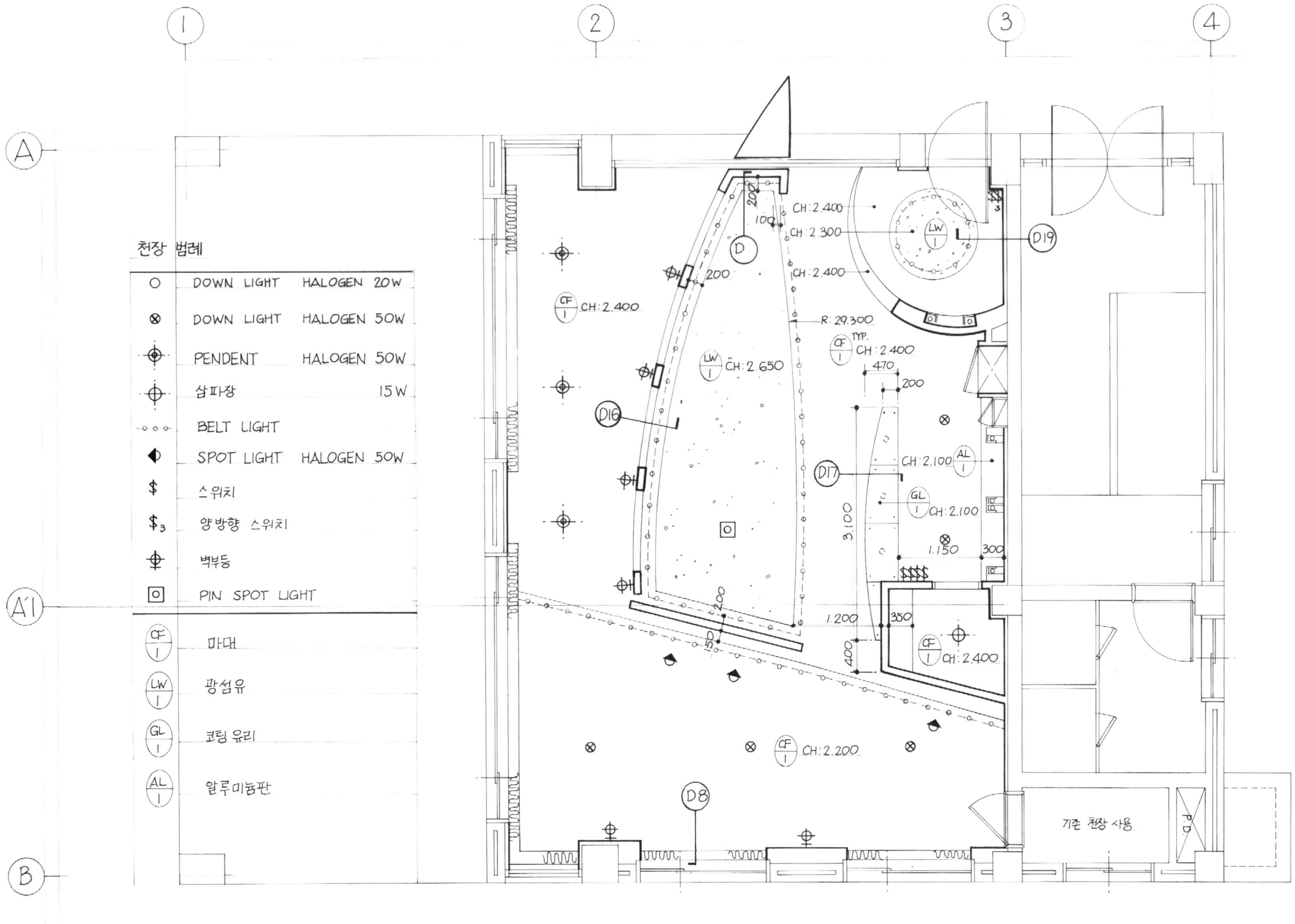

1F — 천장도
SCALE : 1/40

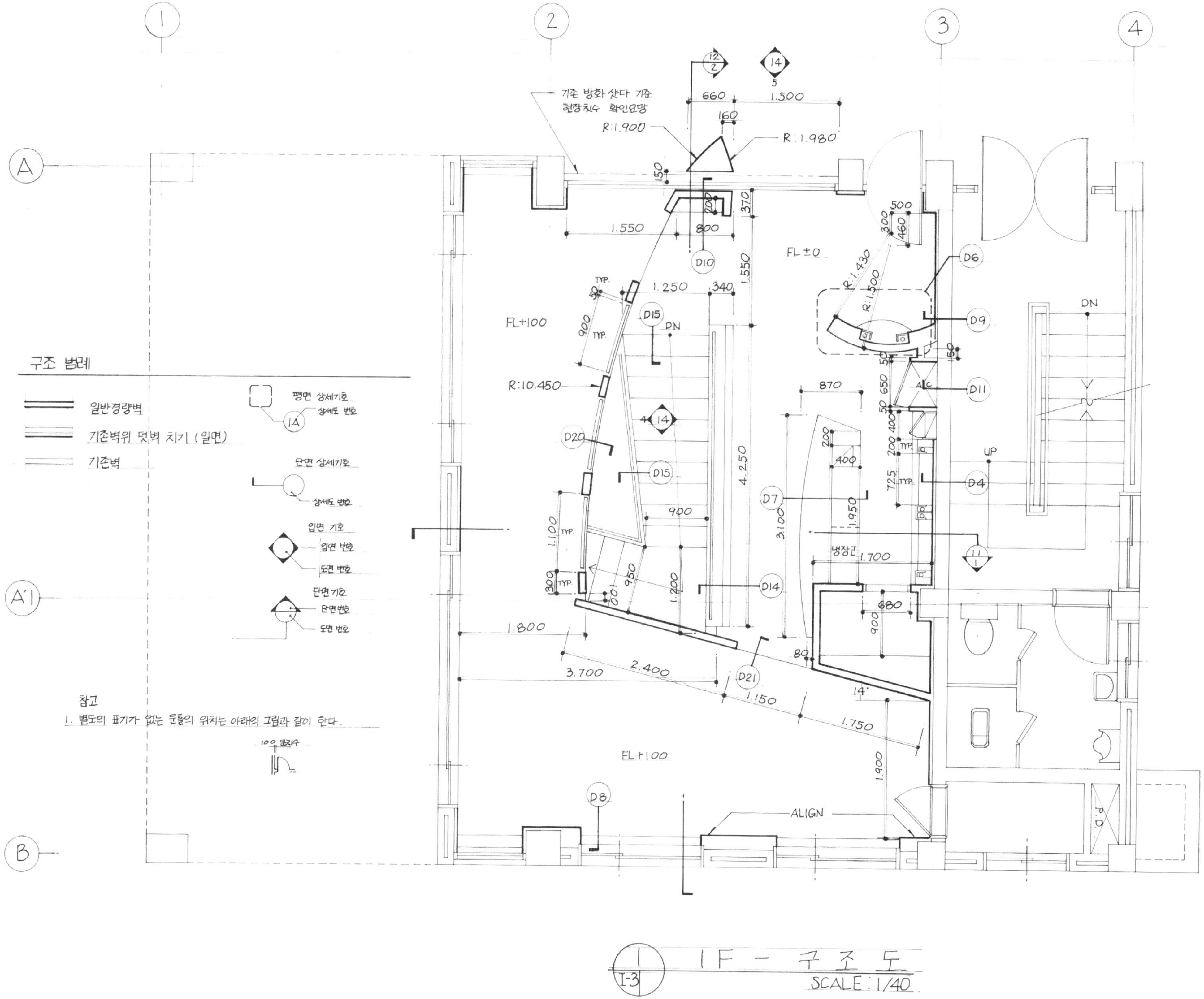

기존 방화 샷다 기존
현장치수 확인요망
FL±0
FL+100
FL+100
DN
UP
ALIGN
냉장고
구조 범례
일반경량벽
기존벽위 덧벽 치기 (입면)
기존벽
평면 상세기호
상세도 번호
단면 상세기호
상세도 번호
입면 기호
입면 번호
도면 번호
단면기호
단면번호
도면번호
참고
1. 별도의 표기가 없는 문틀의 위치는 아래의 그림과 같이 한다.
1F - 구조도
SCALE : 1/40

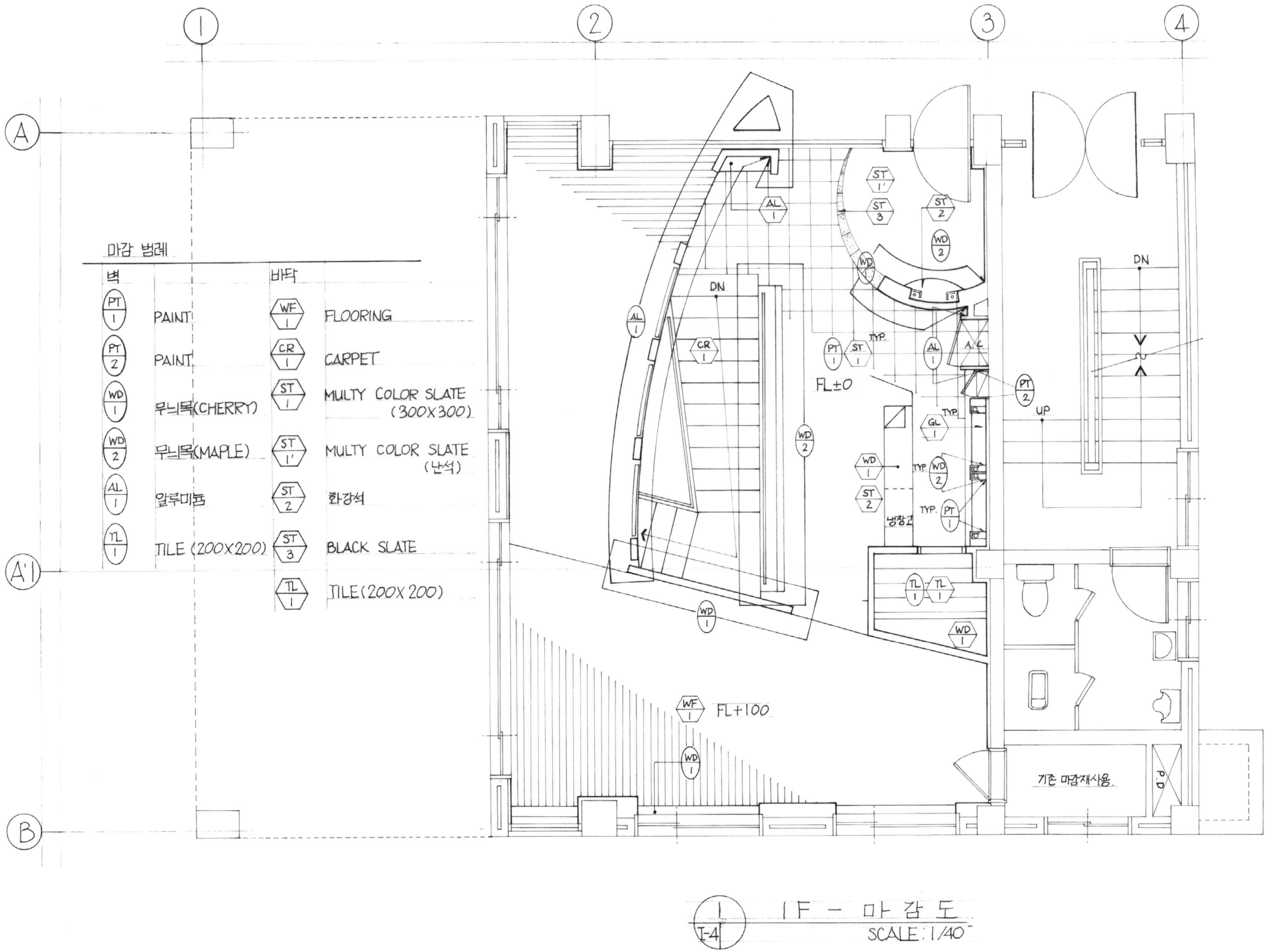
마감 범례
벽
PT 1 PAINT
PT 2 PAINT
WD 1 무늬목(CHERRY)
WD 2 무늬목(MAPLE)
AL 1 알루미늄
TL 1 TILE (200X200)
바닥
WF 1 FLOORING
CR 1 CARPET
ST 1 MULTY COLOR SLATE (300X300)
ST 1' MULTY COLOR SLATE (난석)
ST 2 화강석
ST 3 BLACK SLATE
TL 1 TILE(200X200)
DN
UP
FL±0
FL+100
TYP.
A.C
냉장고
기존 마감재사용.
P.D
1 I-4 1F - 마감도
SCALE: 1/40

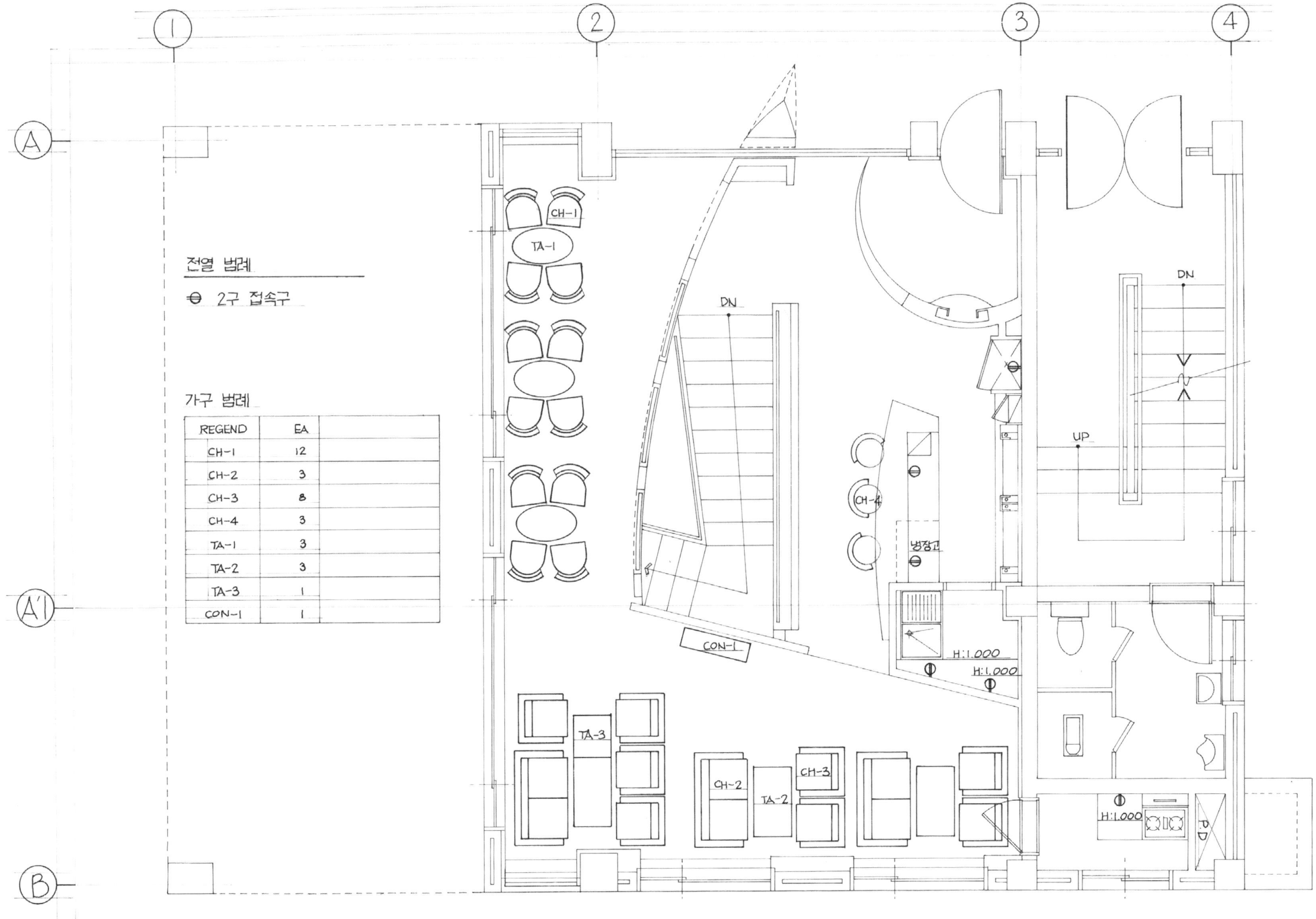

전열 범례

⊖ 2구 접속구

가구 범례

REGEND	EA	
CH-1	12	
CH-2	3	
CH-3	8	
CH-4	3	
TA-1	3	
TA-2	3	
TA-3	1	
CON-1	1	

1 / I-5 1F - 가구 및 전열도

SCALE : 1/40

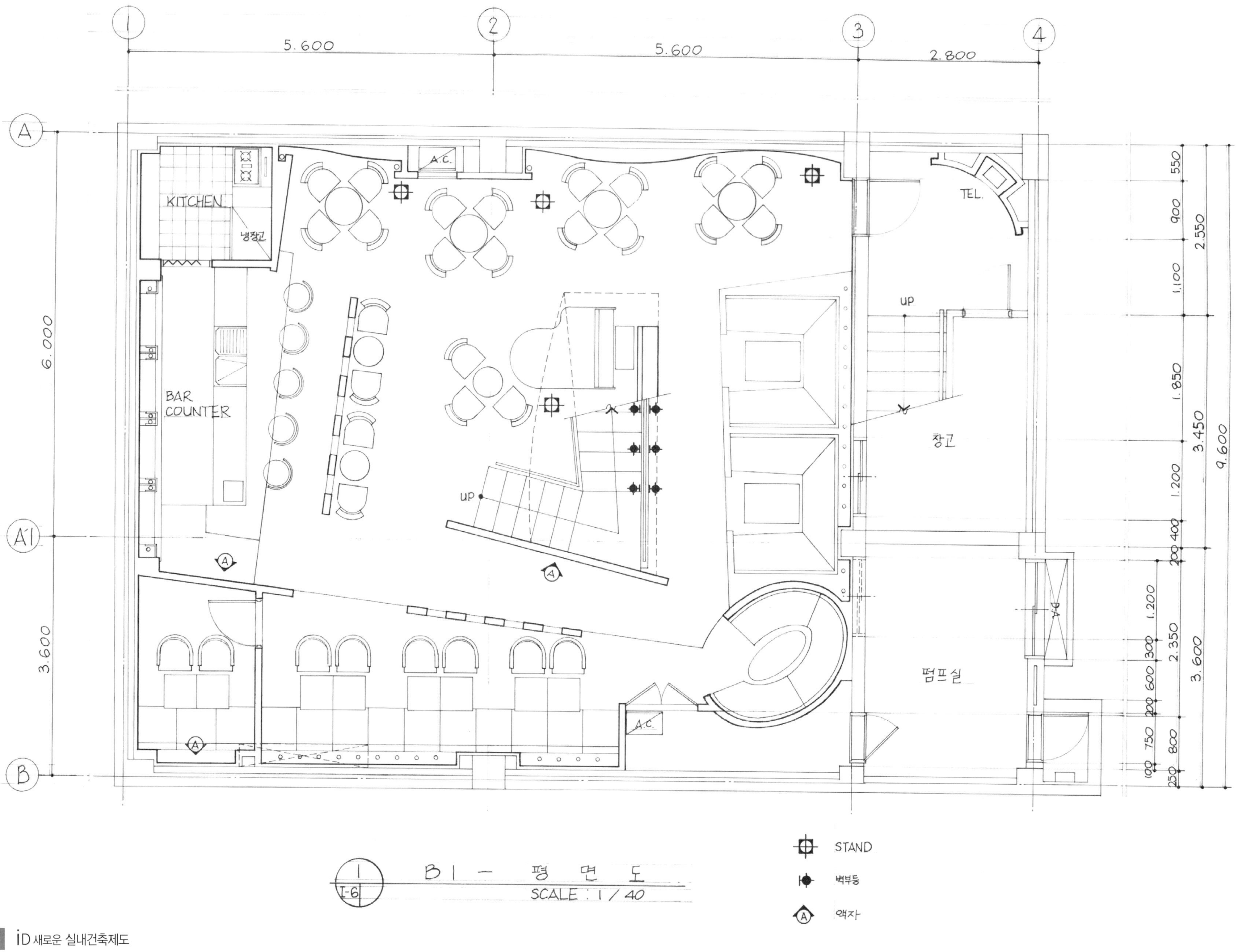

B1 - 평면도

SCALE : 1 / 40

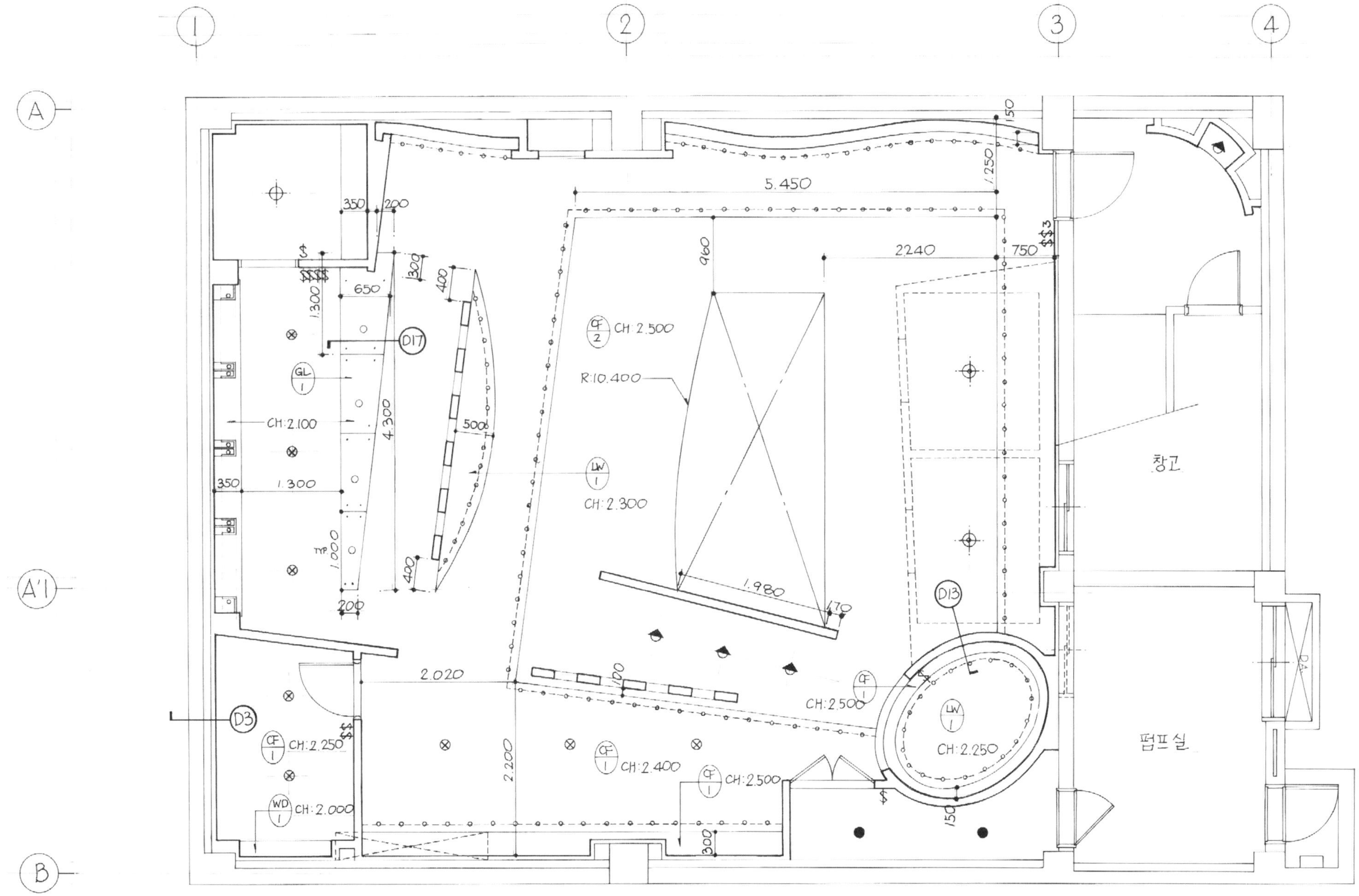

I-7 B - 1 천장도
SCALE 1/40

천정 범례

기호	명칭	사양
○	DOWN LIGHT	HALOGEN 20W
⊗	DOWN LIGHT	HALOGEN 50W
-o-o-	BELT LIGHT	
◐	SPOT LIGHT	HALOGEN 50W
●	IL 50W	
⊕	PENDANT	HALOGEN 50W
⊕	삼파장	15W

CF/1	마대
CF/1	마대 + PAINT
GL/1	코팅 유리
$	스위치
$_3	양방향 스위치
LW/1	광섬유
WD/1	무늬목(벚나무)

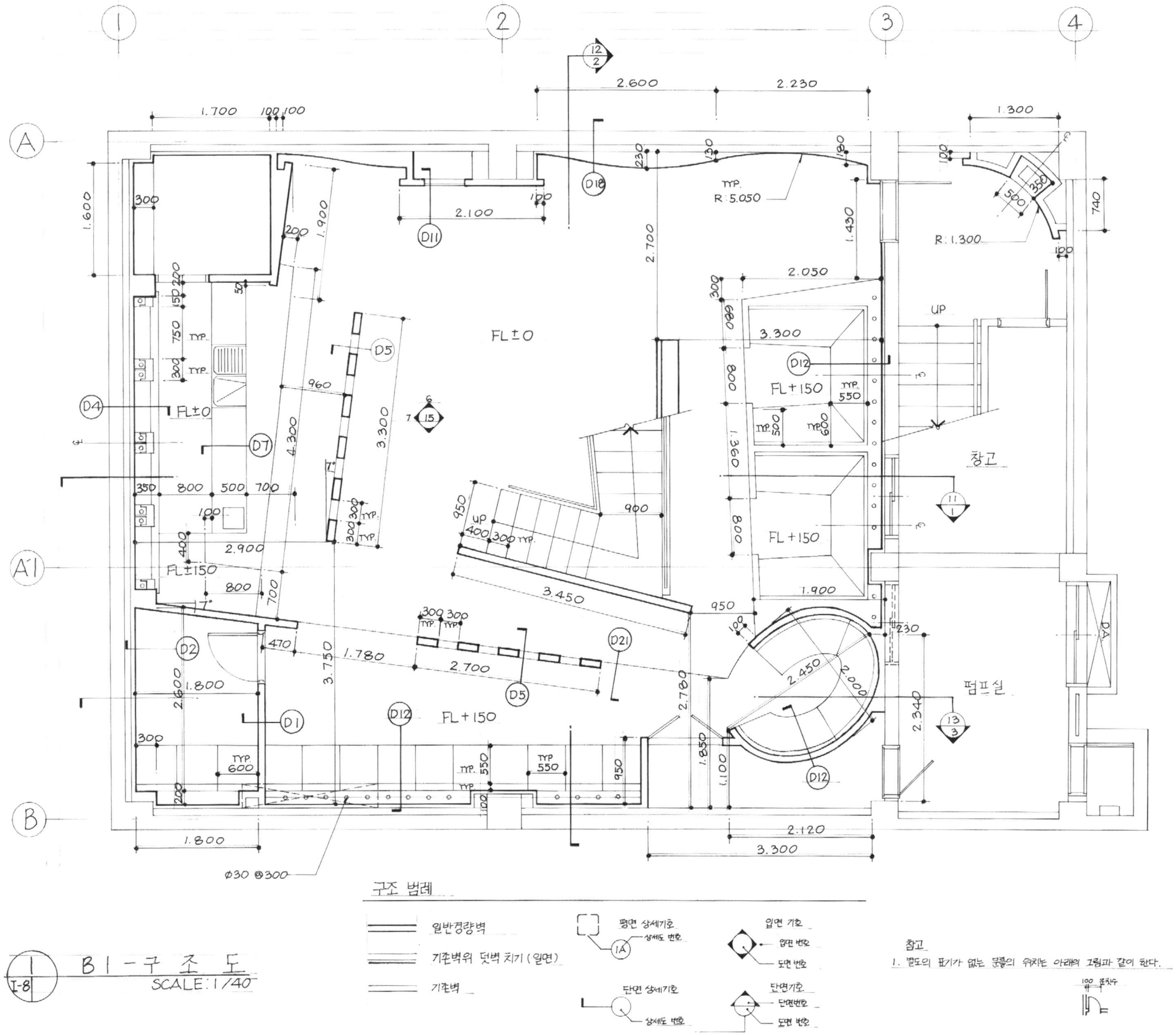
B1-구조도
SCALE:1/40
구조 범례
일반경량벽
기존벽위 덧벽 치기(일면)
기존벽
평면 상세기호
상세도 번호
입면 기호
입면 번호
도면 번호
단면 상세기호
상세도 번호
단면기호
단면번호
도면 번호
참고
1. 별도의 표기가 없는 문틀의 위치는 아래의 그림과 같이 한다.
FL±0
FL+150
창고
펌프실
UP

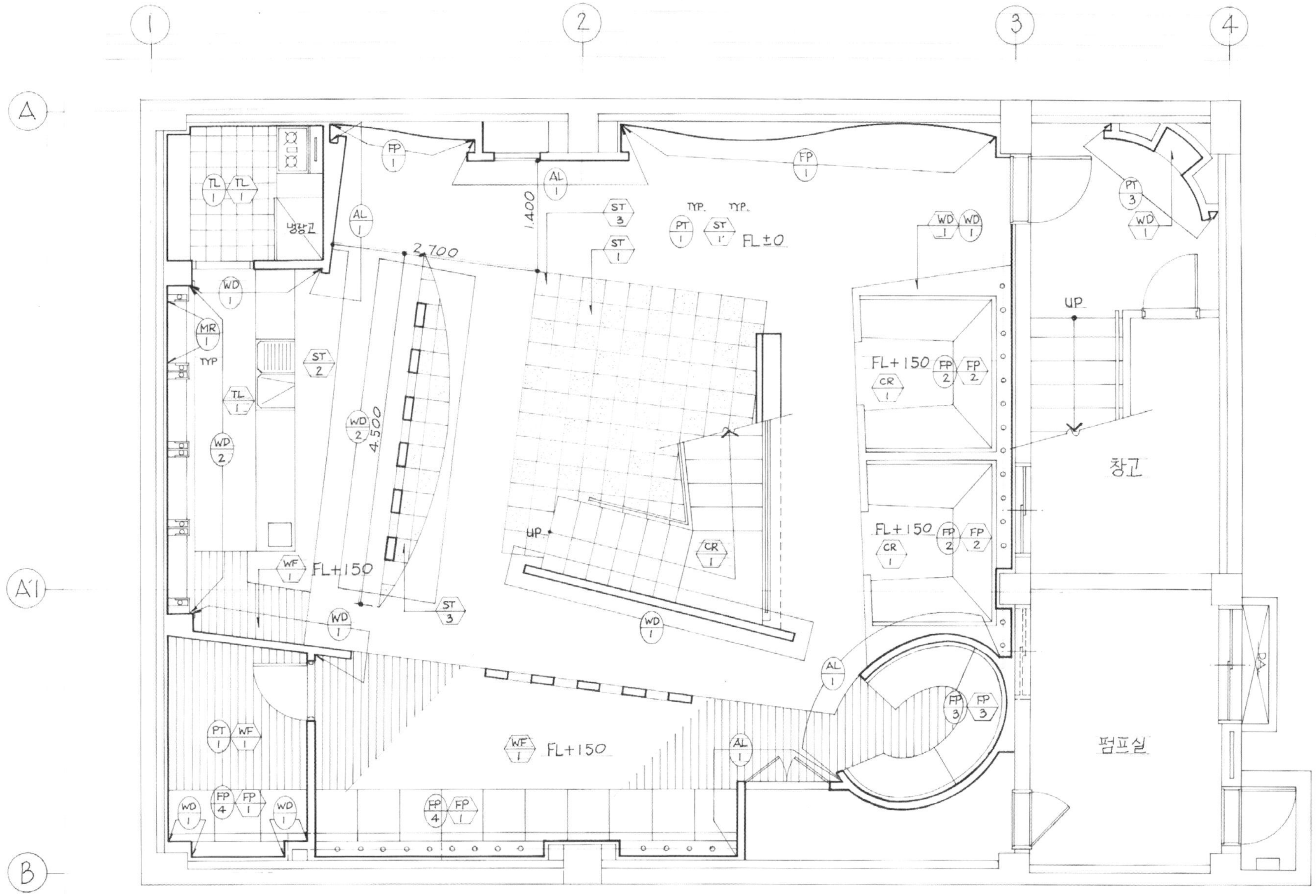

B1 - 마감도
SCALE : 1 / 40

1
I-9

마감 범례

벽						바닥			
PT 1	PAINT	WD 1	무늬목(CHERRY)	FP 1	FABRIC	ST 1	MULTY SLATE(300X300)	WF 1	FLOORING
PT 2	PAINT	WD 2	무늬목(MAPLE)	FP 2	FABRIC	ST 1'	MULTY SLATE(난석 깔기)	CR 1	CARPET
PT 3	PAINT	AL 1	알루미늄	FP 3	FABRIC	ST 2	화강석	TL 1	TILE (200X200)
MR 1	MIRROR	TL 1	TILE(200X200)	FP 4	FABRIC	ST 3	BLACK SLATE (300X300)	FP 1	FABRIC
								FP 2	FABRIC
								FP 3	FABRIC

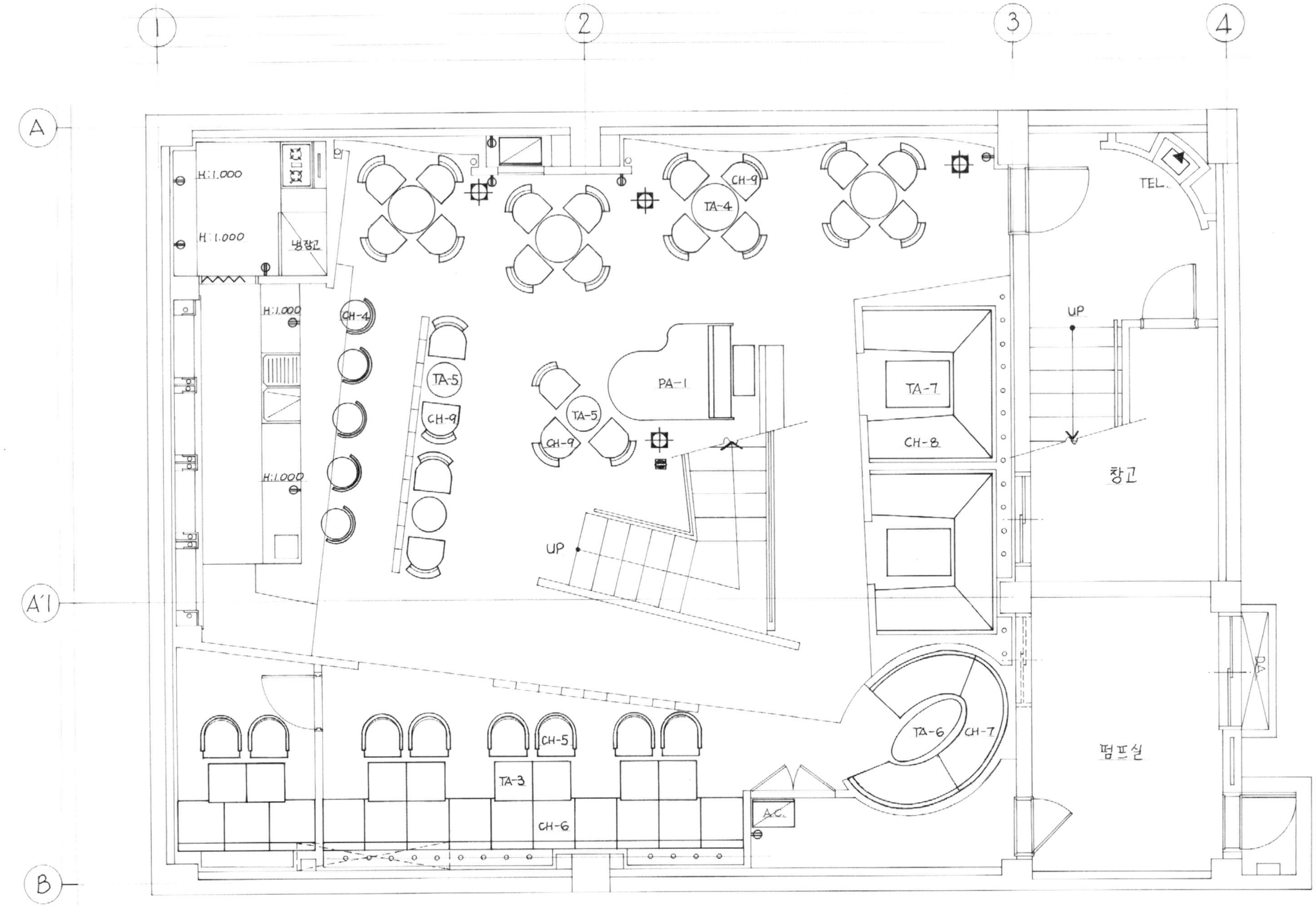

전열 범례

기호	내용
⊖	2구 접속구
▲	공중전화
⊟	1구 접속구(바닥)

가구 범례

REGEND	EA	
CH-4	5	
CH-5	8	
CH-6	13	
CH-7	3	
CH-8	6	
CH-9	23	

REGEND	EA	
TA-3	8	
TA-4	4	
TA-5	2	
TA-6	1	
TA-7	2	
PA-1	1	

1 / I-10 B-1 가구 및 진열도

SCALE : 1/40

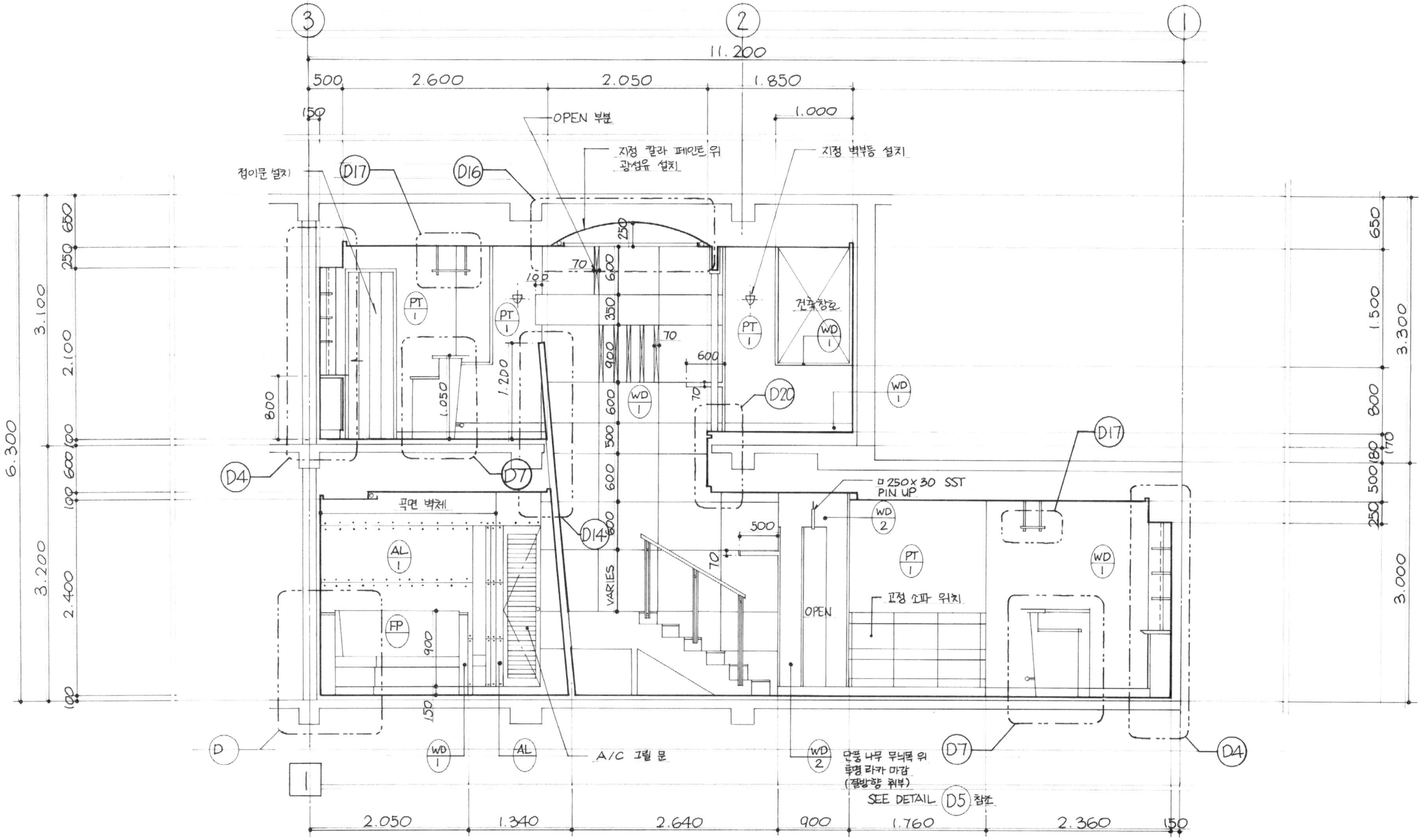

I
I-11
주 단 면 도
SCALE: 1/40

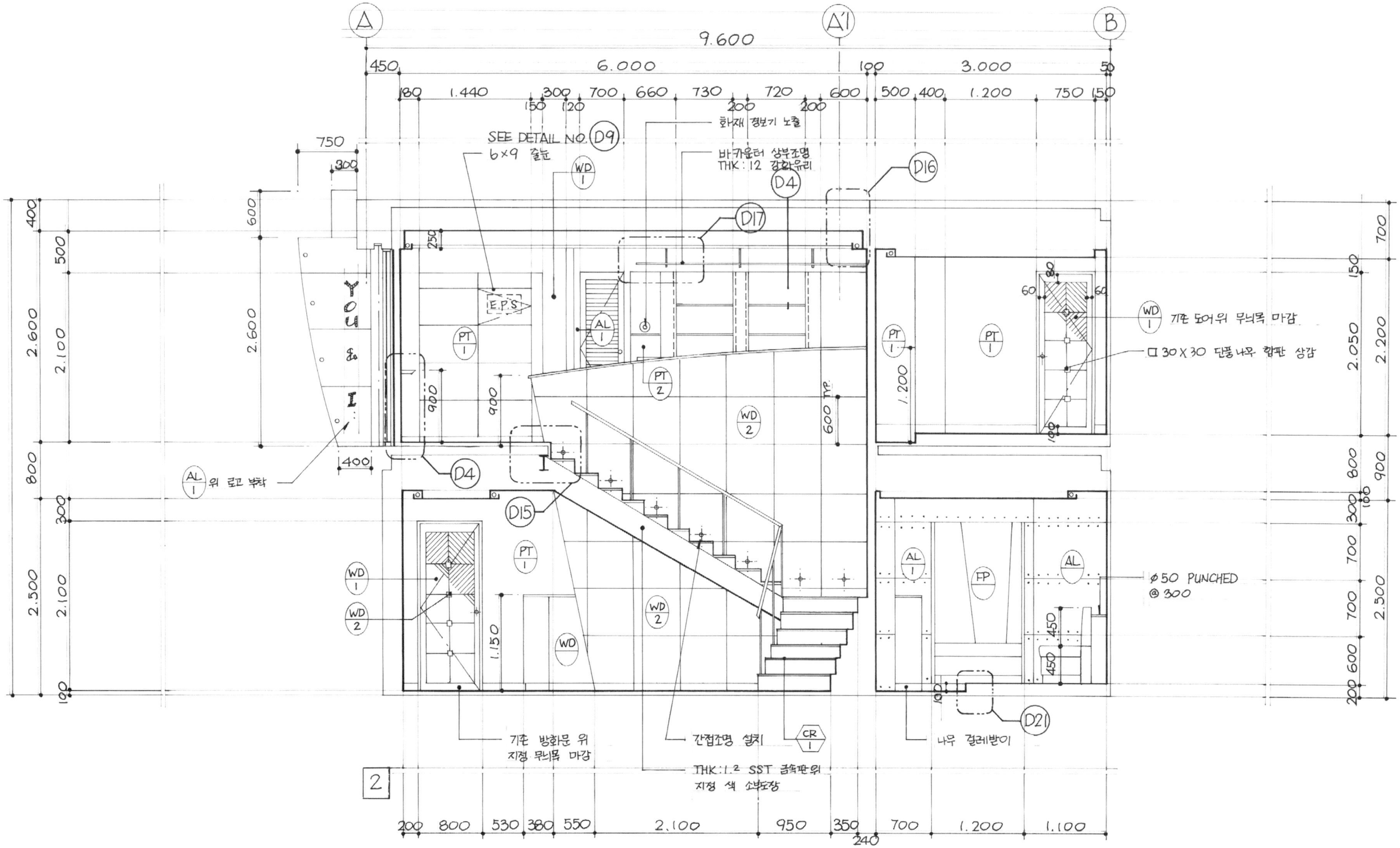

1 / I-12 주 단 면 도 SCALE : 1/40

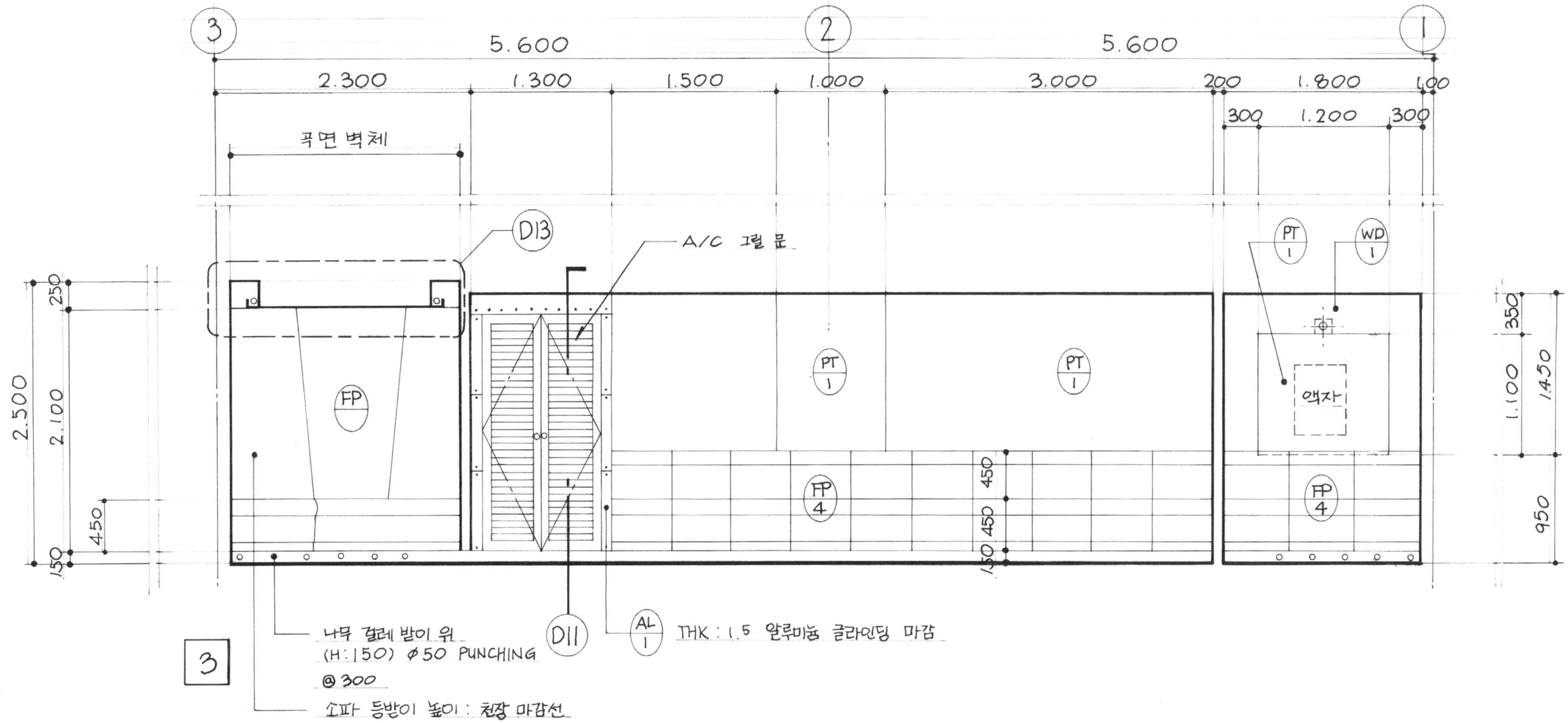

1 B1F 전개도 - 3
I-13 I-18
SCALE 1/40

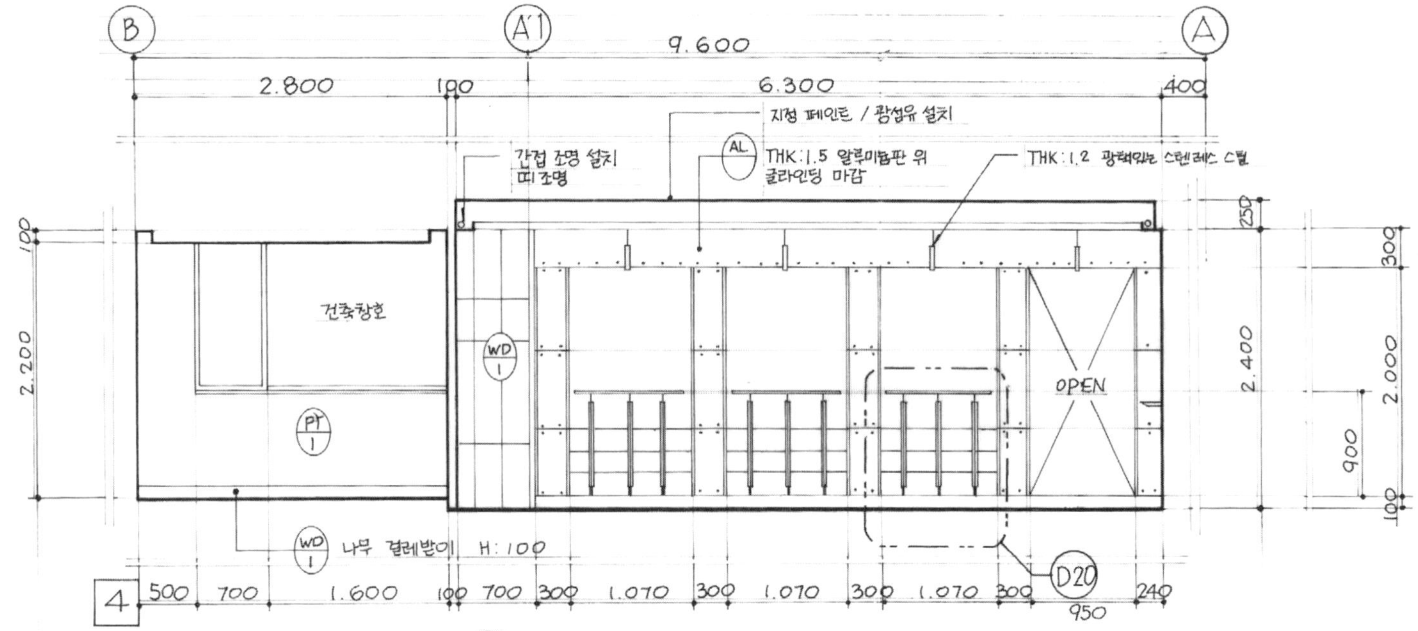

1 / I-14 1F 전개도 SCALE:1/40

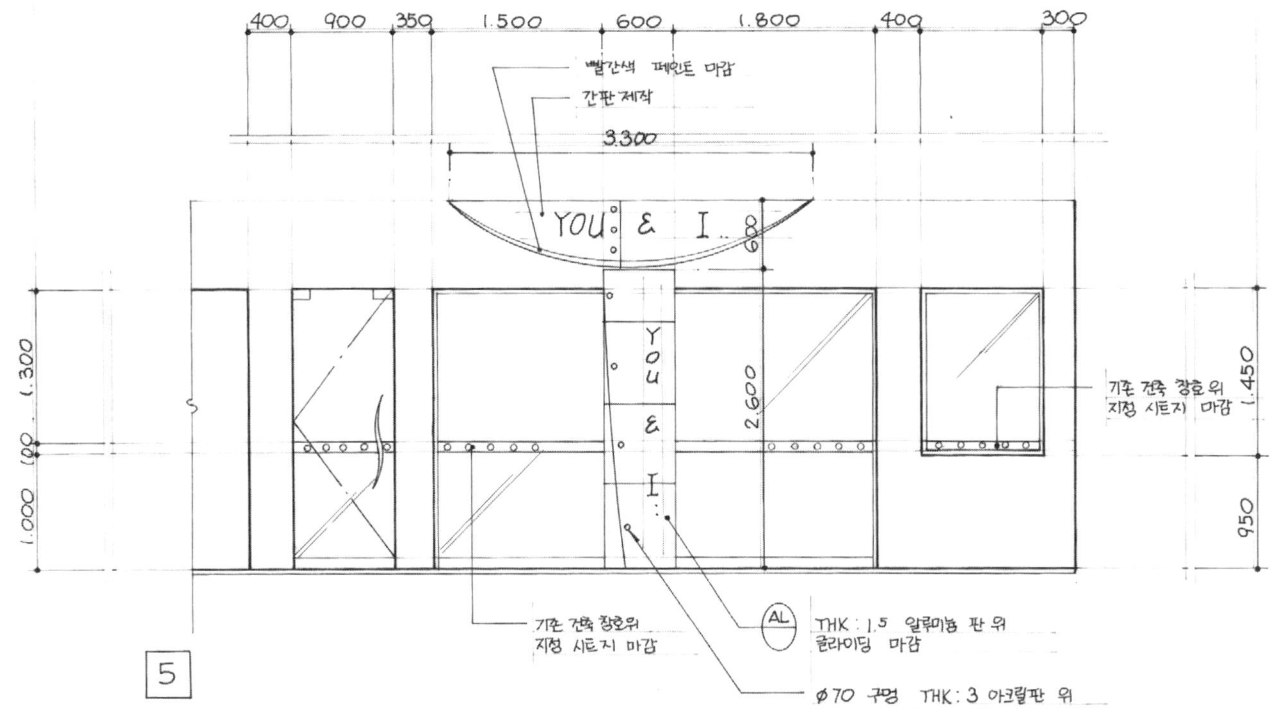

1 / I-14 1F 전개도 SCALE:1/40

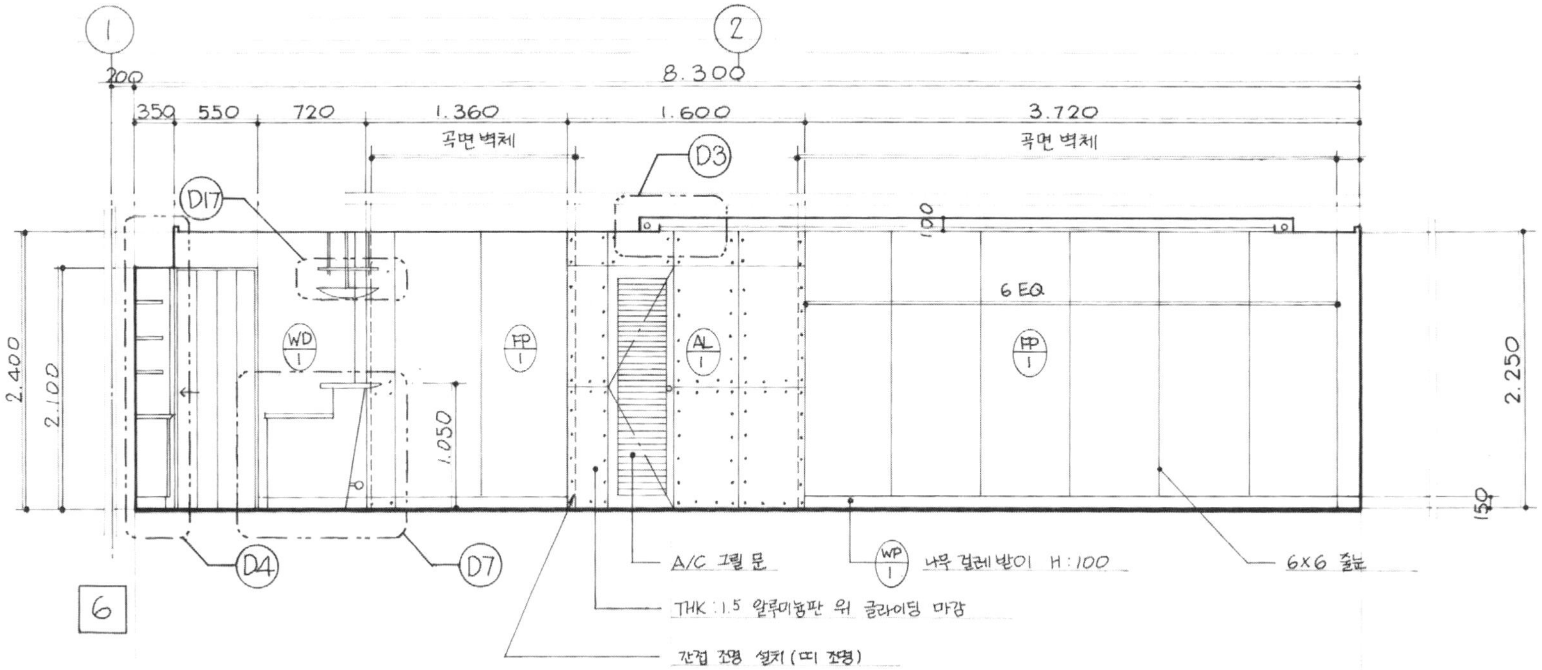

1 I-15 B1F 전개도-A SCALE : 1/40

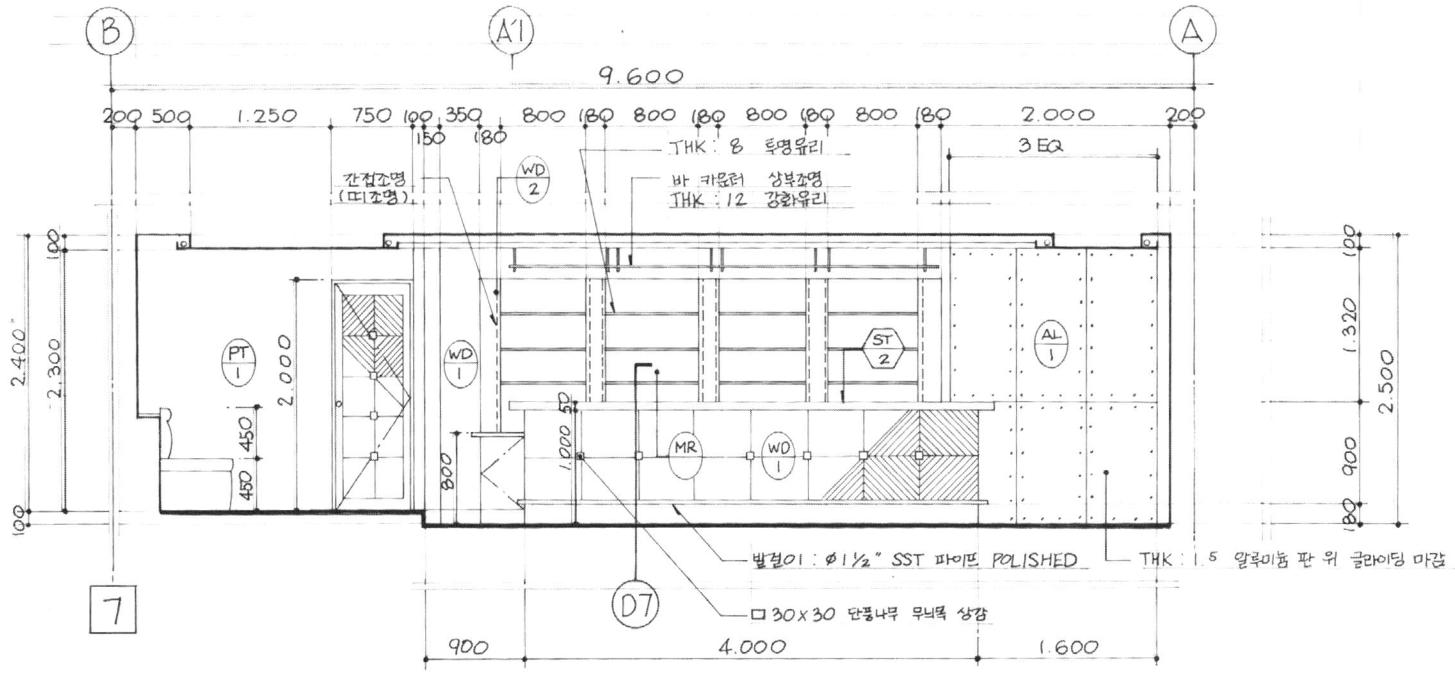

2 I-15 B1F 전개도-B SCALE : 1/40

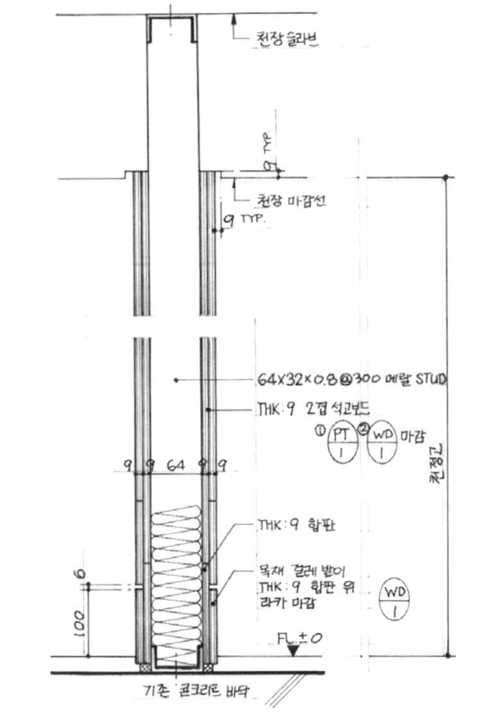

두께 100 경량 칸막이벽 | SCALE 1 : 5 | D1

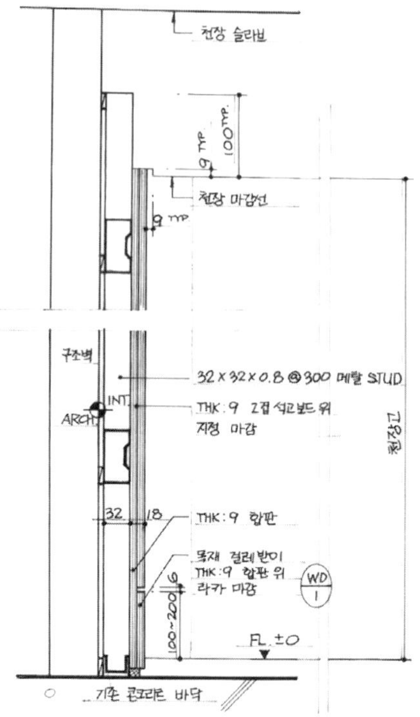

두께 50 기존벽체위 마감벽 | SCALE 1 : 5 | D2

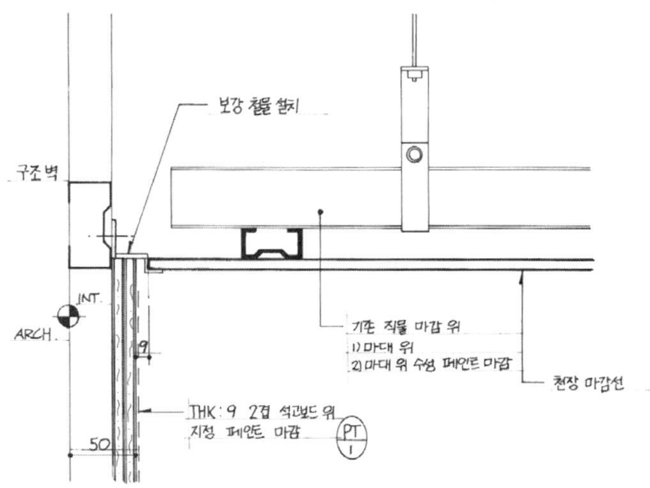

일반 천장 상세도 | SCALE 1 : 3 | D3

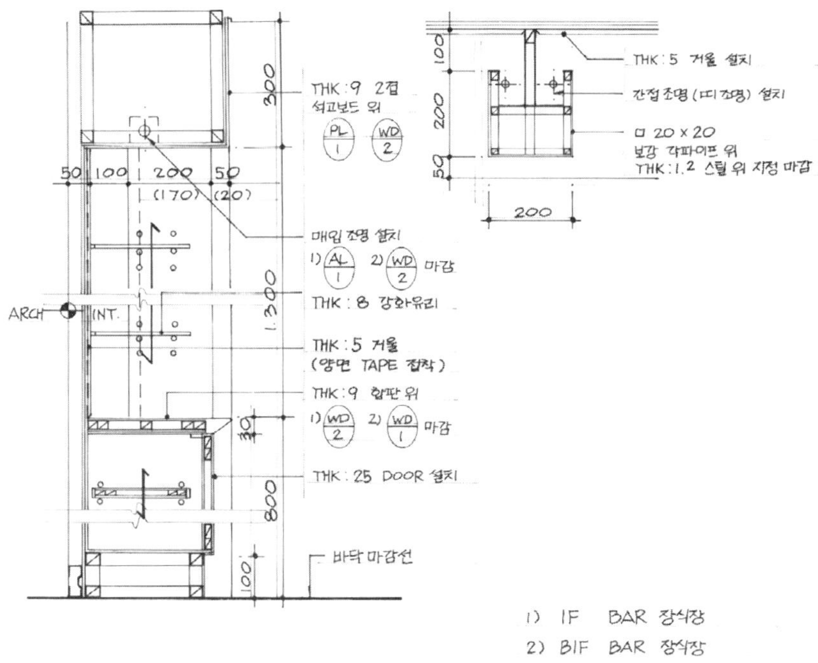

카운터 뒷면 장식장 상세 | SCALE 1 : 10 | D4

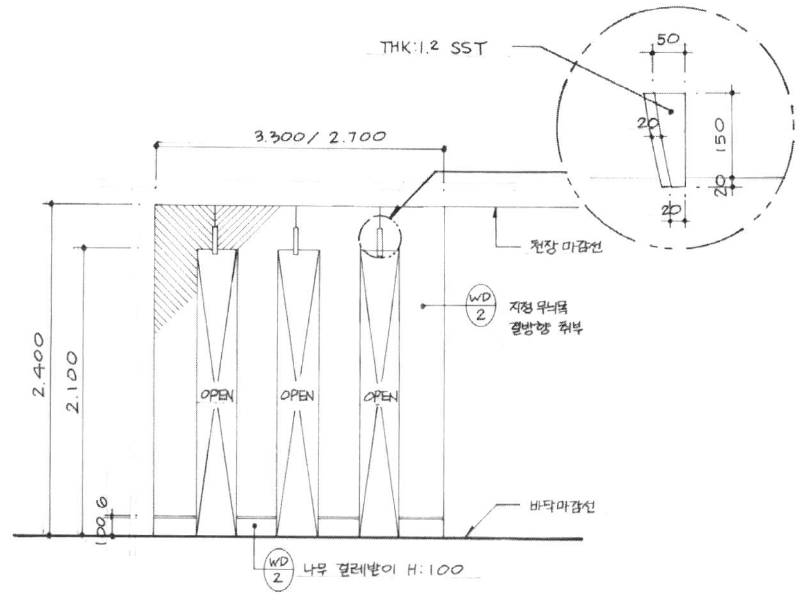

칸 막 이 벽 | SCALE 1 : 30 | D5

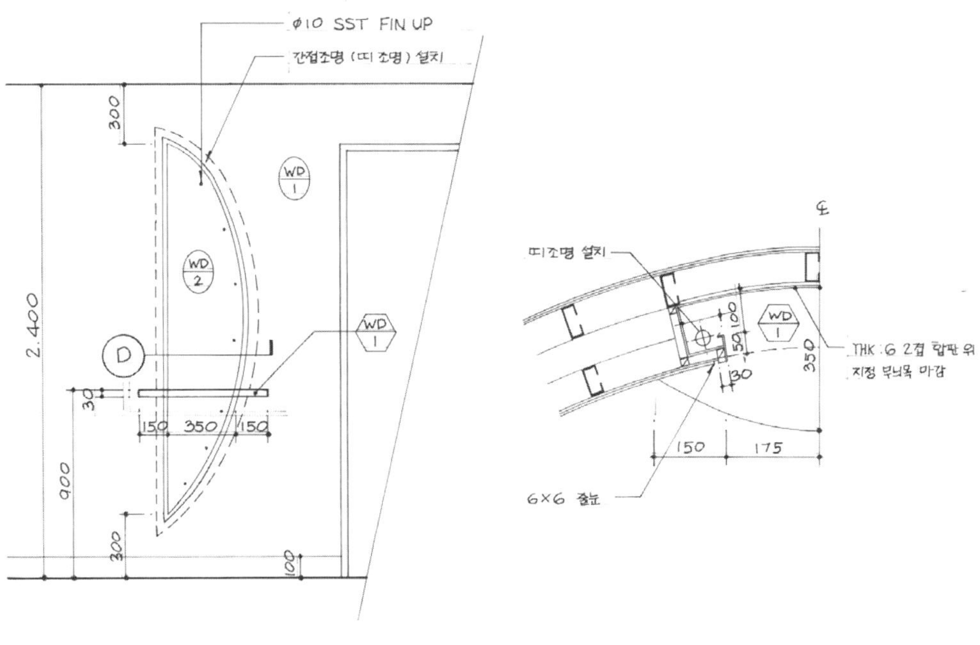

현 관 장식벽체 | SCALE 1 : 20 , 1 : 10 | D6

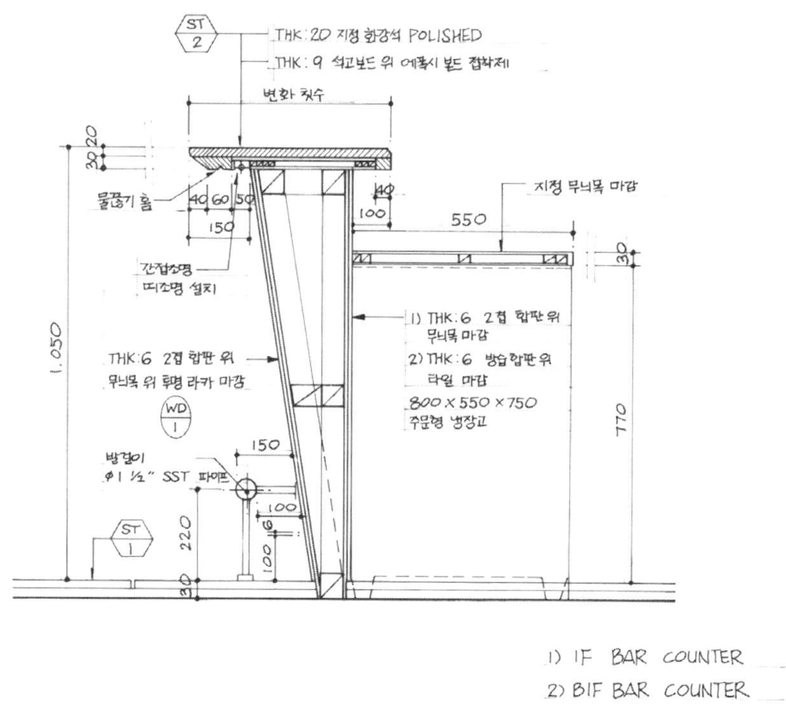

COUNTER 상세 | SCALE 1 : 10 | D7

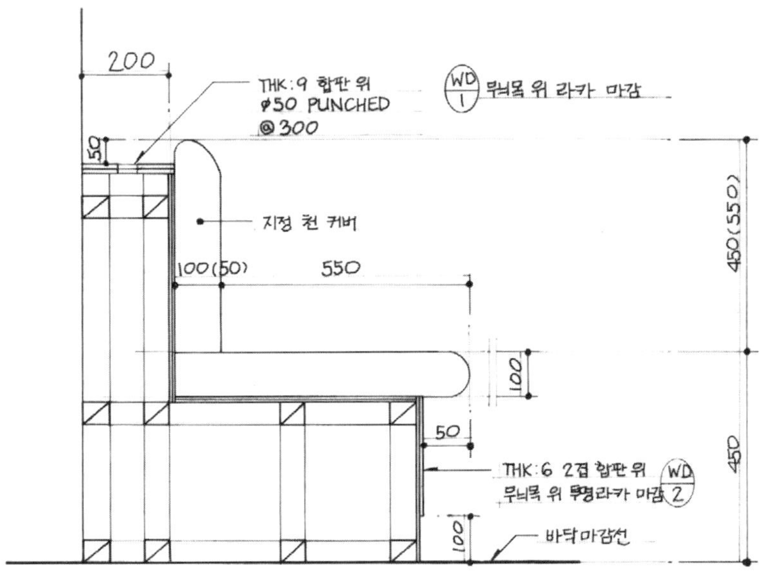

붙박이 소파 상세

SCALE 1 : 10

D12

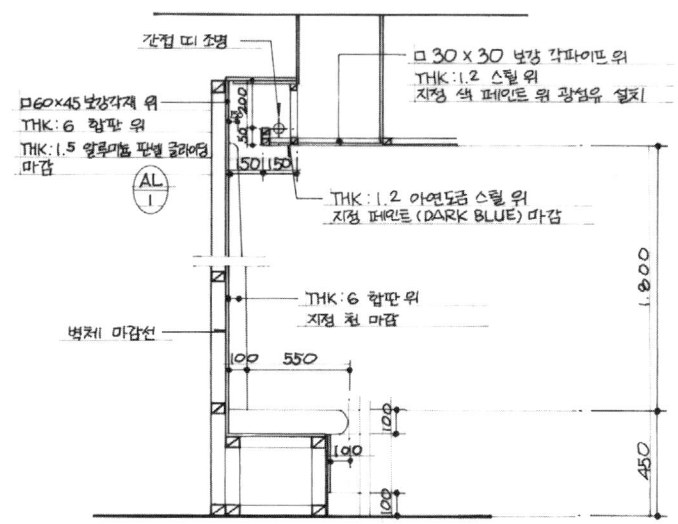

곡면 붙박이 소파

SCALE 1 : 20

D13

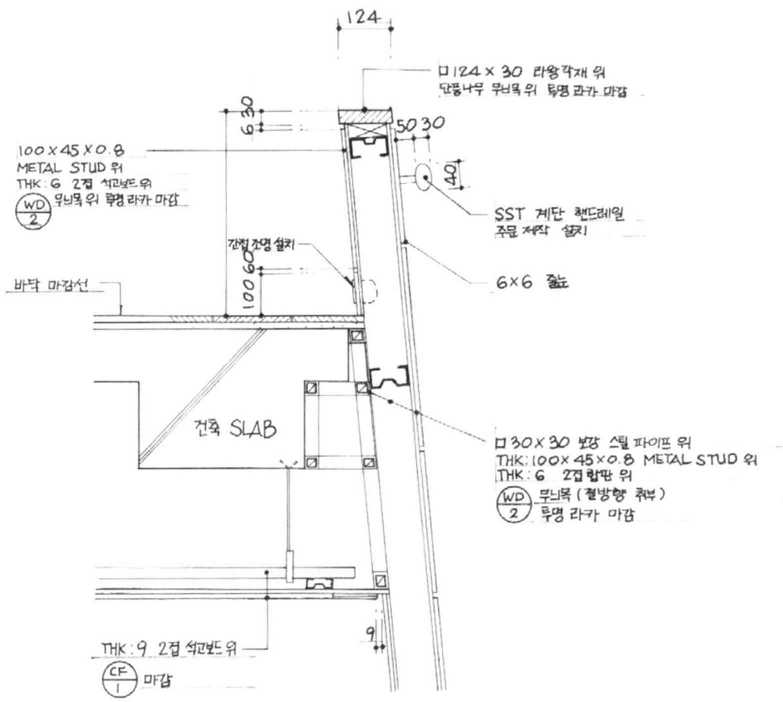

기울기 있는 무늬목 벽체	SCALE 1/10	D14

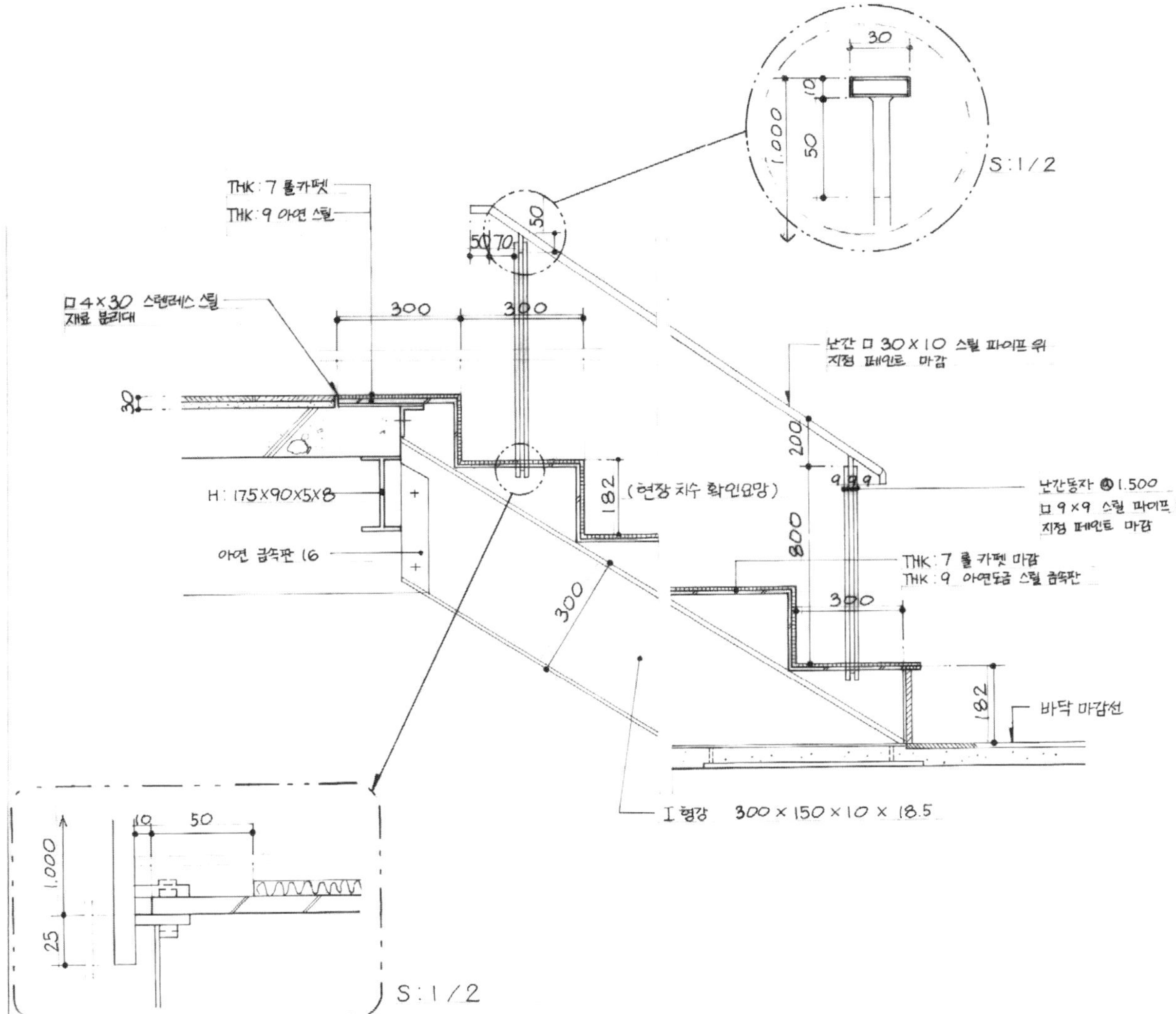

계단 및 난간 상세	SCALE 1/10, 1/2	D15

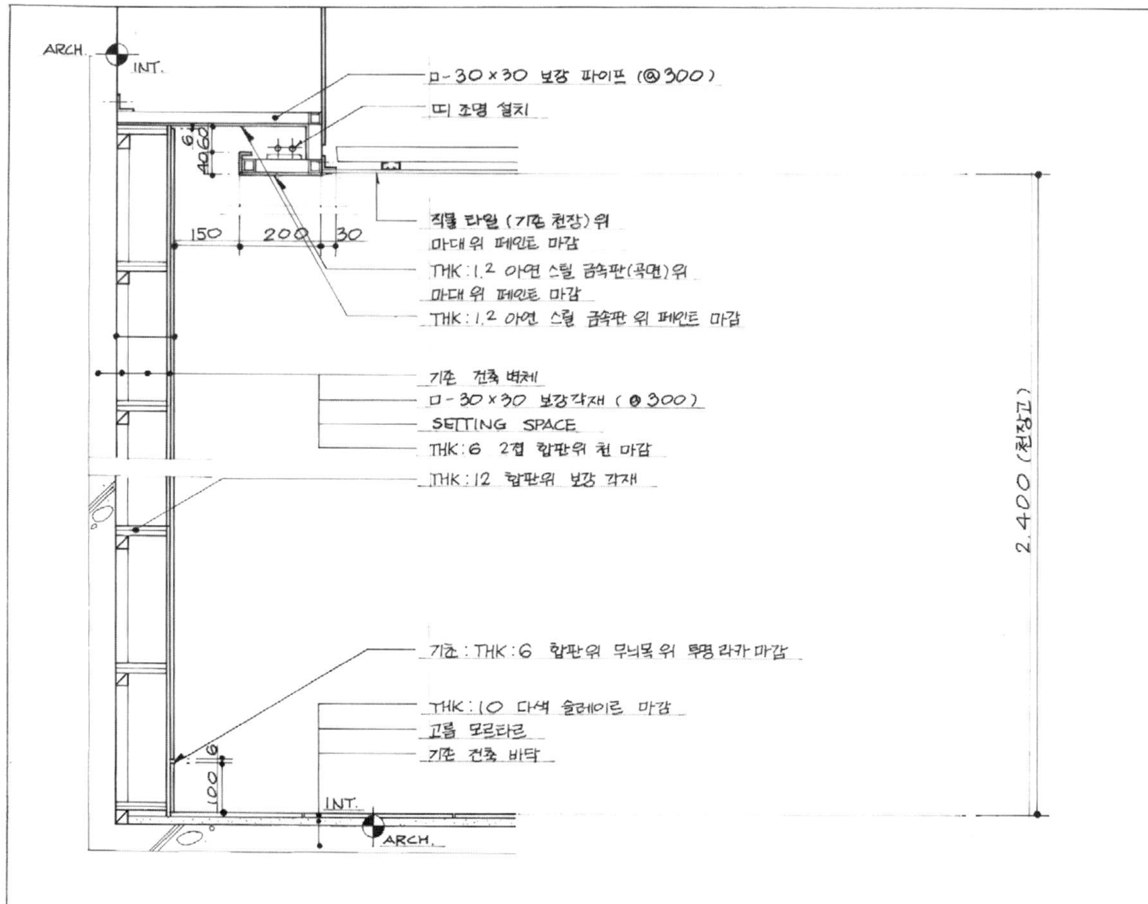

천벽체 상세	SCALE 1 : 10	D18

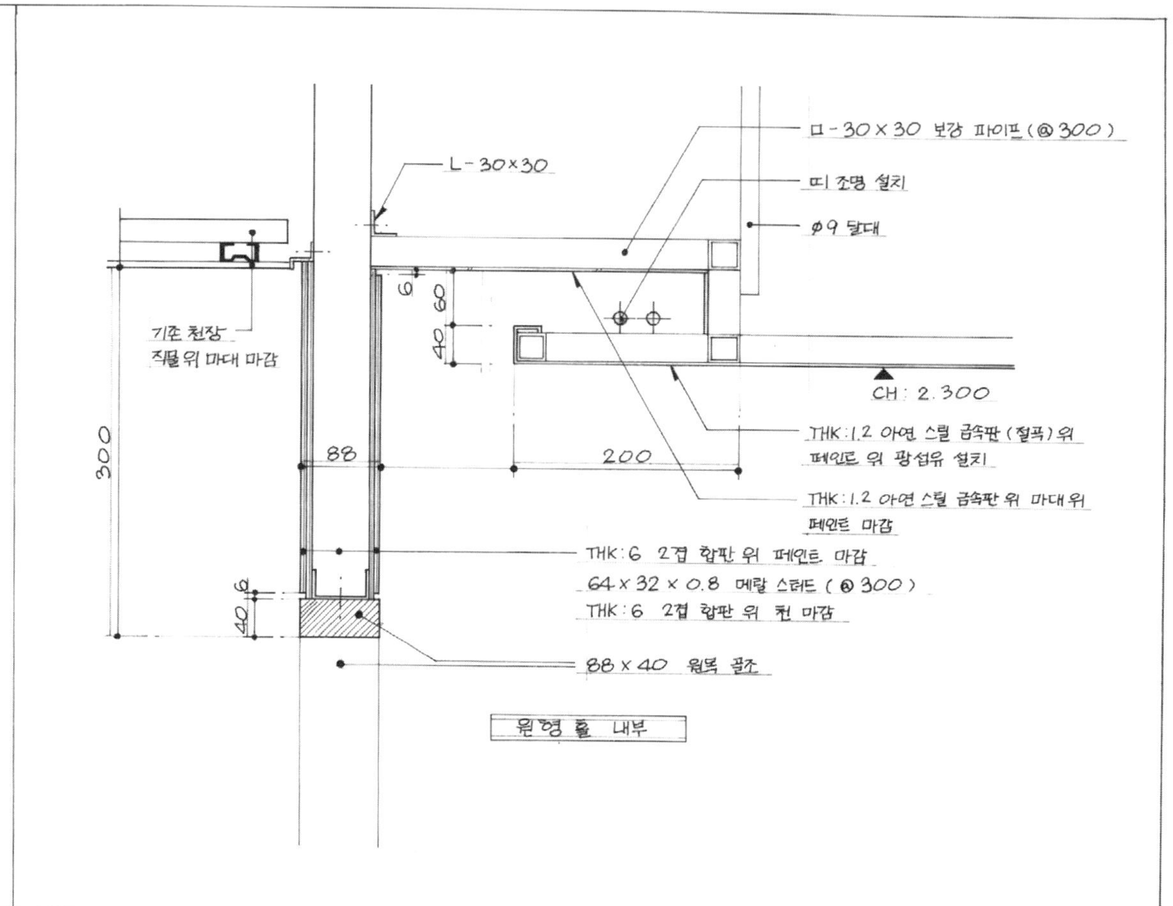

철제 간접 조명 BOX 상세 (ENTRANCE)	SCALE 1 : 5	D19

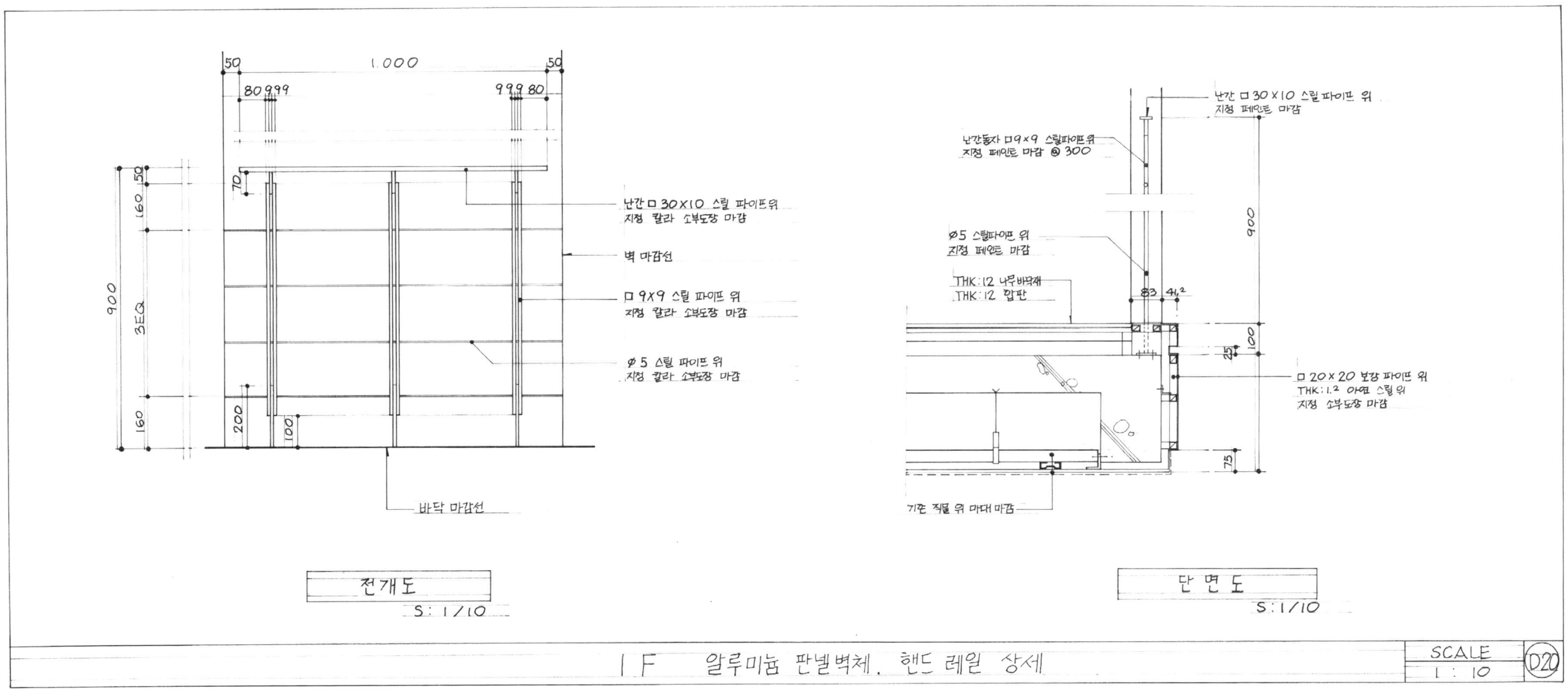

난간 □ 30X10 스틸 파이프 위
지정 칼라 소부도장 마감
벽 마감선
□ 9X9 스틸 파이프 위
지정 칼라 소부도장 마감
φ 5 스틸 파이프 위
지정 칼라 소부도장 마감
바닥 마감선
전개도
S: 1/10
난간 □ 30X10 스틸 파이프 위
지정 페인트 마감
난간동자 □ 9X9 스틸파이프 위
지정 페인트 마감 @ 300
φ5 스틸파이프 위
지정 페인트 마감
THK: 12 나무바닥재
THK: 12 합판
□ 20X20 보강 파이프 위
THK: 1.2 아연 스틸 위
지정 소부도장 마감
기존 작물 위 마대 마감
단면도
S: 1/10
1F 알루미늄 판넬벽체, 핸드 레일 상세
SCALE
1 : 10
D20

새로운
ID 실내건축제도 INTERIOR DESIGN DRAFTING

2013년 3월 5일 수정판 인쇄
2013년 3월 10일 수정판 발행

저 자 김 형 대
발 행 인 강 해 작
발 행 처 기문당
주 소 서울시 성동구 무학봉 28길 4-1
(왕십리동 966-22)
전 화 02) 2295-6171(代)~5
팩 스 02) 2296-8188
출판등록 1976. 10. 7(1-44)
홈페이지 http://기문당
http://www.kimoondang.com
I S B N 978-89-6225-125-8 93540

정 가 17,000원